云辐射与气候

张 华 荆现文 彭 杰 等 编著

气象出版社
China Meteorological Press

内 容 简 介

云可以将大气动力、辐射、水分循环和下垫面等多个物理过程相互耦合、通过多种方式影响气候系统，是当前气候模拟和气候变化研究中最大的不确定因子之一。本书首先结合地面与多种卫星观测资料，分别给出全球和东亚地区云与太阳辐射的变化特征及归因；研究了地面太阳辐射的变化对地面气温的影响程度。其次，基于卫星观测资料研究了气候模式中描述云辐射过程的关键物理参数（抗相关厚度）的时空变化特征，并用于提高气候模式对云辐射物理过程的模拟能力。最后，给出不同的云辐射处理方法对气候模式模拟的辐射收支和各种气候场的影响。

本书内容涉及目前大气科学和气候变化研究中的前沿和热点问题，对相关领域的研究生以及从事数值模拟和气候变化研究的人员均有一定的参考价值。

图书在版编目(CIP)数据

云辐射与气候 / 张华等编著. -- 北京：气象出版
社，2019.6

ISBN 978-7-5029-6983-7

Ⅰ. ①云⋯　Ⅱ. ①张⋯　Ⅲ. ①气象学　Ⅳ. ①P4

中国版本图书馆 CIP 数据核字(2019)第 120914 号

云辐射与气候

Yunfushe Yu Qihou

出版发行：气象出版社

地　　址：北京市海淀区中关村南大街 46 号		**邮政编码**：100081
电　　话：010-68407112（总编室）		010-68408042（发行部）
网　　址：http://www.qxcbs.com		**E - m a i l**：qxcbs@cma.gov.cn
责任编辑：杨泽彬		**终　　审**：吴晓鹏
责任校对：王丽梅		**责任技编**：赵相宁
封面设计：博雅思企划		
印　　刷：北京中石油彩色印刷有限责任公司		
开　　本：787 mm×1092 mm　1/16		**印　　张**：17.25
字　　数：430 千字		**彩　　插**：5
版　　次：2019 年 6 月第 1 版		**印　　次**：2019 年 6 月第 1 次印刷
定　　价：98.00 元		

本书如存在文字不清、漏印以及缺页、倒页、脱页等，请与本社发行部联系调换。

前　言

本书是作者团队近年来在云的特征量、云的辐射效应及其对气候影响领域最新研究成果的集成。内容包括了云的宏微观物理与光学特征;中国地区地面太阳辐射分布特征、变化趋势及其归因;气候模式中云-辐射计算方案的关键因子及其对气候模拟的影响等几部分。上述研究成果为全球气候模式中对云辐射物理过程描述的改进与全球气候模式未来的发展提供了重要的科学支撑作用。

云的宏微观物理特征和光学特征是云辐射效应的决定因子,更是研究云与大气辐射相互作用对气候模拟影响的基础。因此,本书进行背景介绍(第1章)后,在第2章首先利用ISCCP、MODIS、CloudSat和CALIPSO(Cloud-Aerosol Lidar and Infrared Pathfinder Satellite Observations)卫星遥感观测资料分析了东亚地区和全球云特征量的分布特征与变化趋势,主要包括云量、云顶高度、云水含量、云滴有效半径、云光学厚度等,并对国家气候中心全球气候模式(BCC_AGCM2.0)的模拟结果与相应的卫星观测结果进行了对比,以期改进模式中云的参数化方案,进而改善对云的模拟精度。另外,通过对西北干旱区和东亚季风湿润区的对比分析,初步阐述了干旱区与湿润区云参量的气候态差异。同时,为加深了解气溶胶在深厚云系统发展中的作用,本书第2章结尾部分统计了深厚云系统的出现频率和宏观特征的全球分布,试图为进一步在大尺度范围内研究气溶胶对云的激活效应奠定基础。

太阳辐射作为天气和气候系统发生、发展和演变的能量来源,部分到达地表后通过感热和潜热形式加热大气,从而驱动大气环流,是地气系统的能量收支平衡过程的主导因子。因此,掌握地表太阳辐射的变化特征及其归因,既是掌握气候变化的重要基本事实,更是从大气辐射角度研究气候变化的重要途径之一。本书第3章通过对中国地区太阳辐射站点资料进行质控后的分析,探究了华北,华东和东北地区太阳辐射变化的特征与归因,并在第4章中利用北京气候中心大气辐射传输模式(简称 BCC_RAD)研究了不同因子对地面太阳辐射及其谱分布的影响,同时分析了不同污染条件下气溶胶对短波辐射通量的影响。

云的辐射效应,是指云与短波辐射和长波辐射之间的相互作用对地气系统能量的调节,是地气系统辐射收支平衡中的重要因子之一。然而对云的描述与模拟迄今仍是气候模式的薄弱之处,这其中,云-辐射计算方案中对多层云垂直结构的描述是最大的不确定性来源之一。本书第5章首先利用具有垂直观测能力的CloudSat/CALIPSO多年主动卫星遥感观测资料,从观测角度分析了云垂直结构特征参数在全球的时空变化特征,总结出用于改进气候模式的气候态查找表。同时,采用日本高分辨率的非静力大气环流模式(NICAM, Non-hydrostatic ICosahedral Atmospheric Model)对云的模拟结果分析了云的垂直重叠特征,改进了对云量的模拟,并在热带地区建立有效抗相关厚度与大气环流场之间的联系。而后在第6章中,通过将具有快速、弹性和近似特点的蒙特卡洛独立柱近似(Monte Carlo Independent Column Approximation,简称 McICA)的云辐射传输算法植入 BCC_AGCM2.0,同时采用相关 k-分布气体吸收方案和 BCC_RAD 辐射模式,对 McICA 引入的随机误差进行了检验和评估,给出了次网格云的水平分布和垂直重叠结构对气候辐射场的影响。此外,还基于卫星数据得到的云重叠参数改进了模式对云量的模拟。由于新的 McICA 云-辐射方案与 BCC_AGCM 2.0 原有云-辐射方案相比,对云的微物理和光学性质及云的重叠假定等进行了较大更新,因此,本书第 7 章将新方案的气候模拟结果与使用原云-辐射方案的模拟结果以及观测(再分析)资料进行了比较,给读者呈现了新方案的气候模拟效果,目的在于全面了解新方案在全球气候模式中的表现(本书以 BCC_AGCM 2.0 模式为例),为将来云-辐射方案和气候模式的进一步发展提供科学参考。

本书由张华任主编。第 1 章由张华和周喜讯主笔;第 2 章的 2.1 节由杨冰韵、彭杰、周喜讯和张华主笔,2.2 节由周喜讯、赵敏和张华主笔,2.3 节由杨冰韵、周喜讯和张华主笔,2.4、2.5 和 2.6 节由杨冰韵和张华主笔,2.7 节由彭杰主笔;第 3 章的 3.1 节由尹青、朱思虹和张华主笔,3.2、3.3、3.4、3.5 和 3.6 节由尹青和张华主笔,3.7 节由张华和沈钟平主笔,3.8 节由朱思虹和张华主笔;第 4 章的 4.1 和 4.2 节由尹青和张华主笔,4.3 节由谢今范、张婷和张华主笔;第 5 章的 5.1 节由荆现文和彭杰主笔,5.2 节由彭杰和张华主笔,5.3 节由荆现文主笔;第 6 章的 6.1、6.2 和 6.3 节由荆现文和张华主笔,6.4 节由王海波和张华主笔;第 7 章由荆现文和张华主笔。周喜讯为本书做了大量细致和繁琐的整理、修改及其他辅助工作。在此谨向为本书做出贡献的所有成员表示诚挚的感谢。

在完成本书研究工作中,加拿大气候模拟与分析中心的李江南教授,东京大学中岛映至教授,美国华盛顿大学大气科学系的付强教授,加拿大环境署云物理研究分部的 Howard W. Barker 教授和中国科学院大气物理研究所石广玉院士等,都曾给予过非常重要的帮助。在此谨向他们表示诚挚的感谢。

本书中很多新的研究成果分别是在国家重点研发计划"全球变化及应对"重点专项项目"东亚地区云对地球辐射收支和降水的影响"(合同号:2017YFA0603500);国家自然基金重大研究计划重点项目"中国大气污染物对云和辐射的影响及其气候效应研究"(合同号:91644211);国家自然基金面上项目"新的水云和冰云辐射参数方案的研究及其在气候模式中的应用"(合同号:41375080)和"云的垂直结构的卫星观测和模拟研究"(合同号:41075056);以及科技部公益性行业专项项目"新一代云-辐射-气溶胶物理过程模块的研制与应用"(合同号:GYHY201406023)和"京津经济区气溶胶对辐射、云和降水的影响及其在天气预报模式中的应用"(合同号:GYHY200706036)等的资助下完成的,在此,一并致谢。

本书的出版得到了科技部公益性行业专项项目"新一代云-辐射-气溶胶物理过程模块的研制与应用"(合同号:GYHY201406023)和国家自然基金面上项目"新的水云和冰云辐射参数方案的研究及其在气候模式中的应用"(合同号:41375080)的共同资助。

由于时间仓促,科学认识水平有限,书中难免有误,敬请读者指正。

张华

2019 年 3 月

目　　录

第1章　绪论

1.1　云在气候系统中的作用

气候变化是当今世界各国都广泛关注的科学问题。政府间气候变化专门委员会（IPCC，Intergovernmental Panel on Climate Change）通过历次评估报告，不断加深了对人类活动引起的气候变化的认识，但仍然存在着很大的不确定性。其中，对云与气候系统之间相互作用的科学理解水平仍然较低。因此，研究云的各种物理特性，对于我们深入了解云、辐射和气候之间复杂的相互作用，认识云在气候变化中作用有着极为重要的意义。

云作为大气中微小水滴、过冷水滴、冰晶、雪晶的单一或者混合集合体，常年覆盖着地球表面约 66％ 左右的面积，是气候系统中各种热力、动力和地表过程共同作用的结果（Ramanathan et al.，1989；Sun et al.，2000；丁守国 等，2005；汪宏七 等，1994）。云自身的发展及其参与的物理过程能够将气候系统中的大气动力、辐射、水分循环和下垫面等多个过程相互耦合起来（Arakawa et al.，1974；Arakawa，2004），通过多种方式对气候系统产生影响。

云自身能从多方面影响气候系统。首先，通过反射、散射太阳短波辐射和吸收地表长波辐射，改变大气的辐射加热/冷却率，调节大气的稳定度，从而将大气辐射过程和动力过程耦合起来，进而影响气候系统。其次，云的形成伴随着地表水分的蒸发、对流、抬升冷却、过饱和和凝结等过程，而后云又以雨、雪等降水形式将大气中的水分返还地表，从而改变水分的传输和分布，这些过程将大气动力过程和下垫面的水文过程耦合起来，主要通过调节水分循环来影响气候系统。再次，在参与水分循环的过程中，云能够吸收和释放潜热，从产生的能量交换中影响大气动力过程，以结合潜热强迫和对流强迫的方式影响气候系统（汪宏七 等，1994）。

此外，气溶胶可以通过其间接效应影响云的宏微观物理性质来影响气候系统。气溶胶可以作为云凝结核，影响云的反照率、对流能量、生命周期和降水效率，改变云的物理特性、辐射特性和热力与动力过程，进而影响气候变化，通常被称之为"气溶胶的间接效应"。此外，当对辐射有吸收作用的气溶胶（吸收性气溶胶）作为云凝结核时，能够加热蒸发云滴粒子，通常被称之为气溶胶的"半直接效应"（Geleyn et al.，1979；Hansen et al.，1997；Ackerman et al.，2000；张华 等，2017）。气溶胶与云的相互作用引起的间接气候效应也是气候变化研究中最大的不确定因子之一。

这些方面的共同作用使得云对气候变化的影响十分复杂，长期以来一直是气候变化研究中最大的不确定性来源之一（Wielicki et al.，1995；Colman，2003；Potter et al.，2004；Randall et al.，2007；Solomon et al.，2007；Houghton et al.，2001）。

干旱是人类生存所面临的气象灾害之一，由于具备发生次数多、持续时间长、受灾面积大等因素，一直以来成为人们关注的热点。全球干旱及半干旱区的面积约占陆地总面积的 35％，我国干旱面积约占 47％，高于全球的比例，主要位于西北地区，反映了当地水汽条件的

1

不充分(钱正安 等,2001)。而云作为降水发生的必要因素,其产生与水汽条件及大气的动力作用密不可分,因此,从云的角度研究干旱气候的成因也具有十分重要的意义。

目前国际上对于云的观测手段包括地面观测、飞机观测、轮船观测和卫星观测等,不同的观测手段各有特点,这些观测是理解和把握云的演变规律不可或缺的工具和资料来源。地基和飞机观测因为受局地影响较大,其区域代表性并不是很理想,而且观测地点在全球分布的不均匀性,也会影响到对云的系统研究。卫星观测由于具备覆盖范围广、重复频率高、客观真实性强、云参数完备、信息源可靠等诸多优势,在现代的云的研究中已经越来越受到重视和关注,成为一个重要的手段(刘瑞霞 等,2004;戴进 等,2011;刘贵华 等,2011)。

深厚云系统往往伴随着降水过程,对水循环的调节更为直接,相比较于浅薄云系统,它对地表长波辐射的吸收和太阳短波辐射的反射也更为强烈。近年来的研究提出气溶胶能够通过一种被称之为"气溶胶对云的激活效应"显著改变深厚混合云系统的物理特性,不仅能够使深厚混合云系统的云顶高度和云层厚度有明显增加,而且能够减少(增加)弱降水(强降水)的概率,增加(减少)高层(低层)的云出现的概率,从而能够对气候系统中的水分循环和能量循环都存在潜在的深远影响。然而目前由于对这一现象的研究仍处于定性的探索阶段,科学理解水平仍然很低。

本书第 2 章利用 ISCCP(International Satellite Cloud Climatology Project)、MODIS (Moderate Resolution Imaging Spectroradiometer)和 CloudSat 等多种卫星观测资料,对东亚地区和全球的云量、云顶高度、云光学厚度、云水路径、云水含量、云滴有效半径等的分布与变化进行了分析,并采用 BCC_AGCM2.0 大气环流模式,将模拟结果与卫星观测结果进行了对比,以改进模式中云的参数化方案,得到更好的对云的模拟结果。另外,本书选取西北干旱区作为干旱区的代表,同时将东亚季风湿润区作为湿润区的代表,分析了中国干旱区与湿润区云物理量的不同特征,试图阐释干旱区和湿润区的气候差异。同时,为了更好地了解在深厚云系统中气溶胶的作用,本书在第 2 章的最后部分,利用 CloudSat 和 CALIPSO (Cloud-Aerosol Lidar and Infrared Pathfinder Satellite Observations)卫星观测资料,统计了深厚云系统的出现频数和宏观特征的全球分布,试图为在大尺度范围内进一步研究气溶胶对云的激活效应奠定基础。

1.2 中国地面太阳辐射的变化及归因

太阳辐射是天气和气候系统发生、发展和演变的能量来源。最新研究表明(IPCC, 2013;Wild *et al*.,2015):入射到地球大气中的太阳辐射有 29% 左右被反射回太空,23% 左右被大气吸收,剩余的 47% 左右被地表吸收后再以感热和潜热的形式加热大气,从而驱动大气环流(图 1.1)。太阳辐射加热地气系统的这种方式说明,到达地表的太阳辐射能量在整个地气系统的能量收支平衡过程中起着主导作用。

到达地面的太阳辐射的变化既受到外部影响(地球大气外的变化),即到达大气层顶太阳辐射本身的变化,同时也受到大气内部各种辐射活性介质的影响,即大气透明度在太阳辐射到达地面前的改变。地球大气上界某一点接收到的太阳辐射是由太阳常数、平均日地距离、纬度等因素决定的,这些因素变化缓慢,因此,大气上界太阳辐射的中长期变化非常小,而到达地球表面的太阳辐射量的变化相对较大,造成这种差别的原因是某一地区大气在不同时段对太阳辐射的吸收和散射不同,即大气透明度的变化。大气透明度的变化主要受以下几个方面的影响:①云特性的变化,包括云量和云的光学特征;②大气瑞利散射和气体吸收的变化;③气溶胶含量和光学性质的变化;④水汽的变化。

近年来许多研究表明,全球大部分区域的地面太阳辐射在年代际时间尺度上发生了变化,这种现象被称为全球变暗和全球变亮。全球多数地区包括中国的地面太阳辐射在 20 世纪 90 年代前后发生了由"变暗"到"变亮"的转变,但是在 21 世纪以后呈现出不同的变化趋势。这种变化是一种长期的变化还是仅仅为一种年代际的调整,还需要通过对更长时间的观测资料进行分析来确定,特别是引起这种变化的原因也有待进一步研究。太阳辐射的这种变化对全球气候变化也会产生重要的影响,因为 20 世纪 90 年代前持续的"变暗"现象可能会抵消部分由于温室效应的增强带来的向下长波能量的增加,这种由"变暗"到"变亮"的逆转会使得变暗时期太阳辐射减少对温室气体的遮蔽不再起作用,从而影响地面气候变化,加强了全球变暖。

长时间、分布广泛的地面站点常规太阳辐射观测资料,对于研究某一区域的气候变化至关重要(杨羡敏　等,2005)。本书第 3 章和第 4 章利用国家气象信息中心提供的中国地区太阳辐射站点资料,进行质量控制后分析了中国地区地面太阳辐射(包括总辐射、散射辐射和直接辐射)的空间分布和变化特征,并通过相关气象要素的变化,探讨了华北、华东和东北等不同地区地面太阳辐射变化的归因。

目前国内外学者对地面太阳辐射的研究多是对观测结果的统计分析,但直接观测到的地面太阳辐射是大气中各种因子共同作用的结果,只有通过模式计算才能区分大气中各种因子,如水汽、臭氧、云和气溶胶等对太阳辐射在各波段的削弱程度,以及太阳天顶角和地表反照率等外部因素对它的影响。因此,本书第 3 章还利用 BCC_RAD 辐射传输模式(张华,2016),计算了不同因子对地面太阳辐射及其谱分布的影响;探讨了不同污染条件下气溶胶对短波辐射通量的影响。

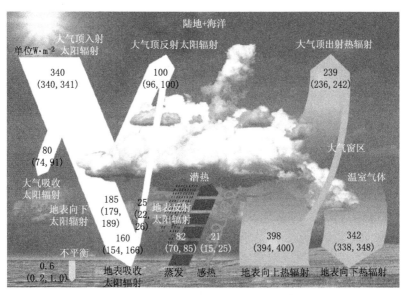

图 1.1　全球平均能量收支平衡图(引自:Wild *et al.*,2015)

图中的数值代表全球平均能量收支平衡各分量的最佳估计值,其中括号中的数值代表其不确定性范围(单位:W·m^{-2})

1.3　云的垂直重叠特征

云的辐射效应,是指云与短波辐射和长波辐射之间的相互作用对地气系统能量收支的调节,是地气系统辐射收支平衡中的重要因子之一(Liou,1992),通常用"云辐射强迫"来表示。云辐射强迫定义为晴空和有云大气条件下在大气层顶和地表的净辐射通量(向下通量减去向上通量,假定向下为正)的差别,适用于短波和长波辐射(石广玉,2007),其表示的是大气层顶或地表净辐射通量以及大气辐射加热/冷却率在有云与晴空条件下的显著差异。对地气系统而言,云的辐射效应主要包含有短波辐射冷却和长波辐射加热两方面:一方面通过对太阳短波辐射的反射作用,云增大了地气系统的行星反照率,减少了到达地面的太阳辐射,从而对地表有冷却作用,通常被称之为云的"反照率效应";另一方面,通过对地表和对流层下层大气的长波辐射的大量吸收,再以低于环境温度的自身温度向外太空发射红外辐射,云对地气能量的流失起削弱作用,通常称之为云的"温室效应"(汪宏七 等,1994)。

然而作为气候变化研究中重要工具的气候模式,对于云的描述与模拟一直是其薄弱之处。由于目前气候模式网格的水平分辨率过低,只能通过参数化来描述云的次网格结构,给气候模式对云的模拟和描述带来很大的不确定性(Wetherald et al.,1988;Houghton et al.,2001)。其中,云的垂直结构的不确定性是气候模式准确模拟云辐射过程的重要障碍之一。

对计算有云大气的辐射传输非常重要的云的垂直结构,即多层云系统在垂直方向上如何分布,在气候模式中尚不能被准确地描述,给辐射传输计算带来很大不确定性。这是由于全球气候模式网格尺度一般高达几十甚至几百千米,无法分辨小于网格尺度的次网格过程,而云的产生和演化中很多重要的物理过程的空间尺度远小于气候模式的网格点尺度,因此,包括云量,云的垂直结构等信息只能基于统计结果用参数化的形式给出。当参数化后的信息代入辐射传输计算过程中时,其计算结果不可避免地会产生误差。研究表明,全球气候模式气候模拟的精度对云的重叠关系十分敏感(Liang et al.,1997;Wu et al.,2005)。受云的种类和大气热力、动力结构等多方面因素的影响,云层的重叠关系十分复杂,目前尚没有理论能够完善地描述在全球气候模式次网格尺度中的云重叠关系,通常只能用假设的重叠方案来描述。

全球气候模式中常用的重叠假设有最大重叠、随机重叠(Manabe et al.,1964)以及最大/随机重叠的组合(Geleyn et al.,1979;Tian et al.,1989;Chou et al.,1998)。Hogan 等(2000)以及 Bergman 等(2002)根据地面雷达观测结果,通过加入一个可调节的重叠系数,将整体云层的真实云量假设为垂直各层云的最大重叠云量和随机重叠云量中的某一个值,称之为通用重叠(general overlap)假设方案,更好地描述了云的重叠和云层垂直距离的关系,使得云的重叠关系表达灵活可变。由于重叠系数呈指数分布,因而导出一个可以有效去除云垂直结构对于模式垂直分辨率的依赖的参数——抗相关厚度(L_{cf})。L_{cf} 表示通用假设方案内重叠系数减小为 e^{-1} 时云层之间的距离,反映的是云层的垂直重叠关系。

近年来一种新的、被称为随机云生成器(Stochastic Cloud Generator,以下简称 SCG)的次网格云参数化方案显示出独特的优越性(Barker et al.,1999),它可以将云的结构和辐射传输计算分离开来,在辐射传输模块外描述云的结构,因此,可以很容易进行云的结构调整而不用涉及辐射传输代码的改变的方法,易于在气候模式中改进对云的描述,为未来模式的发展提供了广阔的空间。

目前通过卫星和地面雷达等观测资料的分析,尚不能获取抗相关厚度时空变化可用一定的数学表述的规律,因此,常见的气候模式或将其表示为固定值(目前普遍取全球平均值 2 km),或线性拟合为随纬度变化的函数,均无法反映出 L_{cf} 理论上的复杂性,从而成为气候模式不确定性的重要来源之一(Barker,2008)。因此,有必要利用可获得的卫星资料深化对抗相关厚度的研究,从云的垂直重叠入手,减少气候模式对云辐射效应模拟的不确定性,加强气候模式对气候变化的模拟能力。

本书第 5 章利用 CloudSat/CALIPSO 观测资料分析了云在全球的重叠参数,结合气候模式反演出抗相关厚度在全球的时空变化,并总结得到云重叠参数平均气候态的查找表,用于改进气候模式中对云垂直结构的描述。同时,采用日本高分辨率的非静力大气环流模式(NICAM,Nonhydrostatic ICosahedral Atmospheric Model)对云的模拟结果分析了云的垂直重叠特征,改进了对云量的模拟,并在热带地区建立有效抗相关厚度与大气环流场之间的联系。

1.4 不同云-辐射方案对气候模拟的影响

通常,云生成器需要产生几十个次网格柱来得到足够精细的云结构。如果在每个次网格柱内进行全波段的辐射计算(这种方法称为独立气柱近似,英文为 independent column approximation,简称 ICA),势必大大增加模式的运算时间。为了避免 ICA 计算带来的巨大计算机耗时,Pincus 等(2003)提出一种快速、弹性、近似的云辐射传输算法,称为蒙特卡洛独立柱近似(Monte Carlo Independent Column Approximation,简称 McICA)。在云生成器基础上利用 McICA 进行辐射传输计算,使模式在实现云的复杂次网格结构的同时保证辐射计算的高效和准确,这是一种有效的、不同于传统方案的云-辐射方案。

次网格云生成器和 McICA 辐射计算方法相结合的云-辐射方案(简称 McICA 云-辐射方案)相对传统云-辐射方案的最直接的优越性在于,其能够通过云生成器给出任意复杂程度的次网格云结构,如云的垂直重叠结构、云水的水平分布等,对云结构的描述比传统方案更灵活、更接近实际分布(Räisänen et al.,2004);另一个重要的优越性在于,为在模式中实现对云的次网格结构的描述和辐射传输过程的分离,提供了一个更灵活的计算框架,这种框架下云的次网格结构和辐射模式的调整都大大简化,从而为这两个物理过程在未来的改进和发展都提供了很大的便利和空间,也增加了模式的灵活性。

传统云-辐射方案的一个很明显的问题是,云的结构和辐射算法互相缠绕,云的结构往往需要在辐射计算的过程中进行设定;这使得云和辐射互相牵制,缺少灵活性,不利于其后续对两个过程的改进。而在上述新方案中,云的结构由云生成器来阐释,使辐射计算与对云结构的描述分离开来,大大简化了辐射计算。因此,从灵活性来看,这种新的云-辐射方案有着很好的应用前景。

McICA 方案的模拟性能主要取决于 McICA 方案具体采用的云微物理和光学性质、云的重叠假定、辐射传输模式等,但是也受到其所引入的随机误差的一定影响。在对新方案的模拟性能进行评估之前,有必要对随机误差的影响有所了解。随机误差的影响是 McICA 方案不可避免的,鉴于计算时效性的要求,不能对所有次网格柱进行全波段的光谱积分,只能对每个次网格云柱随机选取光谱进行辐射计算。研究表明,虽然对于一次 McICA 辐射计算而言,其结果相对于精确的 ICA 计算可能偏差较大,但是对于多次计算的平均而言,其在统计意义上相对 ICA 计算是无偏差的,McICA 是 ICA 的很好近似。利用不同模式、不同辐射方案的研究结果表明,模式模拟结果对 McICA 随机误差并不敏感,大尺度模式的区域和时间平均很好地平滑掉了这种误差(Räisänen et al.,2005;Pincus et al.,2005;Räisänen et al.,2007;Barker et al.,2008)。

为提高全球气候模式对云-辐射过程的模拟能力(本书以国家气候中心的全球气候模式 BCC_AGCM 2.0 为例给出模拟结果),McICA 方案是一个很好的选择。虽然以上研究工作都表明 McICA 方法在解决次网格云-辐射计算问题上的优越性,但是在将这种方法应用于新的气候模式和辐射模式时仍需谨慎,因为 McICA 误差与辐射模式的光谱分辨率关系密切,气候模式对随机误差的响应也因其分辨率、物理过程等的不同而有差异。在把 McICA 引入一个新的大尺度模式时,应首先检验 McICA 的误差水平以及其对气候模拟的影响程度。

本书第 6 章将 McICA 云-辐射方案植入全球气候模式 BCC_AGCM 2.0 中,并采用 Zhang 等(2003;2006a,b)发展的相关 k-分布辐射模式和 BCC_RAD 辐射方案(张华,2016),对 McICA 引入的随机误差进行了检验和评估,并给出了次网格云的水平分布和垂直重叠结构对气候辐射场的影响。此外,还基于卫星数据得到的云重叠参数对云量的模拟进行了改进(Jing et al.,2016;王海波 等,2018)。

由于新的 McICA 云-辐射方案与 BCC_AGCM 2.0 原有云-辐射方案相比,对云的微物理和光学性质及云的重叠假定等进行了较大改变,因此,本书第 7 章将新方案的气候模拟结果与使用原云-辐射方案的模拟结果以及观测(再分析)资料进行了比较,以评估新方案的气候模拟效果,目的在于全面了解新方案在 BCC_AGCM 2.0 的表现,为将来云-辐射方案和气候模式的进一步发展提供参考。

参考文献

戴进,余兴,刘贵华,等,2011.青藏高原雷暴弱降水云微物理特征的卫星反演分析[J].高原气象,30(2):288-298.

丁守国,赵春生,石广玉,等,2005.近 20 年全球总云量变化趋势分析[J].应用气象学报,16(5):670-677.

荆现文,2012.气候模式中一种新的云-辐射处理方法的研究及应用[D].北京:中国气象科学研究院.

刘贵华,余兴,师春香,等,2011.FY-3A/VIRR 反演云微物理特征及与 TERRA/MODIS 反演结果的比较[J].高原气象,30(2):461-470.

刘瑞霞,刘玉洁,2004.中国云气候特征的分析[J].应用气象学报,15(4):468-476.

彭杰,2013.云的垂直重叠和热带地区气溶胶间接效应[D].北京:中国气象科学研究院.

钱正安,吴统文,宋敏红,等,2001.干旱灾害和我国西北干旱气候的研究进展及问题[J].地球科学进展,16(1):28-38.

石广玉,2007.大气辐射学[M].北京:科学出版社,302-318.

王海波,张华,荆现文,等,2018.不同云重叠参数对全球和东亚地区模拟总云量的影响[J].气象学报,76(5):767-778,doi:10.11676/qxxb2018.027.

汪宏七,赵高祥,1994. 云和辐射(Ⅰ):云气候学和云的辐射作用[J]. 大气科学,**18**(增刊):910-932.

杨冰韵,2013. 基于 CloudSat 卫星资料分析云的微物理和光学特性的分布特征[D]. 北京:中国气象科学研究院.

杨羡敏,曾燕,邱新法,等,2005. 1960—2000 年黄河流域太阳辐射气候变化规律研究[J]. 应用气象学报,**16**(2):243-248.

尹青,2010. 中国地区变暗变亮问题的研究[D]. 南京:南京信息工程大学.

张华,2016. BCC_RAD 大气辐射传输模式[M]. 北京:气象出版社.

张华,王志立,赵树云,等,2017. 大气气溶胶及其气候效应[M]. 北京:气象出版社.

Ackerman A S,Welton E J,2000. Reduction of tropical cloudiness by soot[J]. *Science*,**288**(5468):1042-1047.

Arakawa A,Schubert W H,1974. The interaction of a cumulus cloud ensemble with the large-scale eviroment,Part I[J]. *Journal of the Atmospheric Sciences*,**31**:674-701.

Arakawa A,2004. The Cumulus Parameterization Problem:Past,Present,and Future[J]. *Journal of Climate*,**17**(13):2493-2525.

Barker H W,Stephens G L,Fu Q,1999. The sensitivity of domain-averaged solar fluxes to assumptions about cloud geometry[J]. *Quarterly Journal of the Royal Meteorological Society*,**125**(558):2127-2152.

Barker H W,2008. Overlap of fractional cloud for radiation calculations in GCMs:A global ananlysis suing CloudSat and CALIOSO data [J]. *Journal of Geophysical Research*,**113**:D00A01. doi:10.1029/2007JD009677.

Barker H W,Cole J N S,Morcrette J J,*et al*.,2008. The Monte Carlo independent column approximation:An assessment using several global atmospheric models[J]. *Quarterly Journal of the Royal Meteorological Society*,**134**(635):1463-1478.

Bergman J W,Rasch P J,2002. Parameterizing Vertically Coherent Cloud Distributions[J]. *Journal of the Atmospheric Sciences*,**59**(14):2165-2182.

Chou M D,Suarez M J,Ho C H,1998. Parameterizations for Cloud Overlapping and Shortwave Single-Scattering Properties for Use in General Circulation and Cloud Ensemble Models[J]. *Journal of Climate*,**11**(2):202-214.

Colman R,2003. A comparison of climate feedbacks in general circulation models[J]. *Climate Dynamics*,**20**(7):865-873.

Geleyn J F,Hollingsworth A,1979. An economical method for computation of the interaction between scatting and line absorption of radiation of radiation[J]. *Contribution to Atmospheric Physics*,**52**:1-16.

Hansen J,Sato M,Ruedy R,1997. Radiative forcing and climate response[J]. *Journal of Geophysical Research Atmospheres*,**102**(D6):6831-6864.

Hogan R J,Illingworth A J,2000. Deriving cloud overlap statistics from radar[J]. *Quarterly Journal of the Royal Meteorological Society*,**126**(569):2903-2909.

Houghton J T,Ding Y H,Griggs J,*et al*.,2001. Climate Change 2001:The Scientific Basis[R]. Cambridge University Press.

IPCC,2013. Climate Change 2013:The Physical Science Basis[R]. Contribution of Working Group Ⅰ to the Fifth Assessment Report of the Intergovernmental Panel on Climate Change[Stocker T F,Qin D,Plattner G K,*et al*.(eds)]. Cambridge University Press,Cambridge,United Kingdom and New York,NY,USA:1535.

Jing X,Zhang H,Peng J,*et al*.,2016. Cloud overlapping parameter obtained from CloudSat/CALIPSO dataset and its application in AGCM with McICA scheme[J]. *Atmospheric Research*,**170**:52-65.

Liang X Z, Wang W C, 1997. Cloud overlap effects on general circulation model climate simulations[J]. *Journal of Geophysical Research*, **102**(D10):11039-11047.

Liou K N, 1992. Radiation and Cloud Processes in the Atmosphere[M]. New York:Oxford University press:172-248.

Manabe S, Strickler R F, 1964. Thermal Equilibrium of the Atmosphere with a Convective Adjustment[J]. *Journal of the Atmospheric Sciences*, **21**(4):361-385.

Pincus R, Barker H W, Morcrette J J, 2003. A fast, flexible, approximate technique for computing radiative transfer in inhomogeneous cloud fields[J]. *Journal of Geophysical Research*:Atmospheres, **108**(D13). doi:10. 1029/2002JD003322.

Pincus R, Hemler R, Klein S A, 2005. Using Stochastically Generated Subcolumns to Represent Cloud Structure[J]. *Monthly Weather Review*, **134**(12):3644-3656.

Potter G L, Cess R D, 2004. Testing the impact of clouds on the radiation budgets of 19 atmospheric general circulation models [J]. *Journal of Geophysical Research Atmospheres*, **109**:D02106, doi:10. 1029/2003JD004018.

Räisänen P, Barker H W, Khairoutdinov M F, et al., 2004. Stochastic generation of subgrid-scale cloudy columns for large-scale models[J]. *Quarterly Journal of the Royal Meteorological Society*, **130**(601):2047-2067.

Räisänen P, Barker H W, Cole J N S, 2005. The Monte Carlo Independent Column Approximation's Conditional Random Noise:Impact on Simulated Climate[J]. *Journal of Climate*, **18**(22):4715-4730.

Räisänen P, Järvenoja S, Järvinen H, et al., 2007. Tests of Monte Carlo Independent Column Approximation in the ECHAM5 Atmospheric GCM[J]. *Journal of Climate*, **20**(19):4995-5011.

Ramanathan V, Cess R D, Harrison E F, et al., 1989. Cloud-radiative forcing and climate:results from the Earth radiation budget experiment[J]. *Science*, **243**(4887):57-63.

Randall D A, Wood R A, Bony S, et al., 2007. Climate Models and Their Evaluation. In Climate Change 2007:The Physical Basis of Climate Change[R]. Contribution of Working Group I to the Fourth Assessment Report of the IPCC, edited by Solomon S, et al., Cambridge and New York:Cambrige University Press:589-662.

Solomon S, Qin D, Manning M, et al., 2007. Climate change 2007:the Physical Science Basis[R]. Cambridge University Press:996.

Sun B, Groisman P Y, 2000. Cloudiness variations over the former Soviet Union[J]. *International Journal of Climatology*, **20**(10):1097-1111.

Tian L, Curry J A, 1989. Cloud Overlap Statistics[J]. *Journal of Geophysical Research*, **94**(D7):9925-9935.

Wetherald R T, Manabe S, 1988. Cloud Feedback Processes in a General Circulation Model[J]. *Journal of the Atmospheric Sciences*, **45**(8):1397-1416.

Wielicki B A, Harrison E F, Cess R D, et al., 1995. Mission to Planet Earth:Role of Clouds and Radiation in Climate[J]. *Bulletin of the American Meteorological Society*, **76**(76):2125-2153.

Wild M, Folini D, Hakuba M Z, et al., 2015. The energy balance over land and oceans:an assessment based on direct observations and CMIP5 climate models[J]. *Clim. Dyn.*, **44**:3393-3429.

Wu X, Liang X, 2005. Effect of subgrid cloud-radiation interaction on climate simulations[J]. *Geophysical Research Letters*, **32**:L24806. doi:10. 1029/2005GL024432.

Zhang H, Nakajima T, Shi G, et al., 2003. An optimal approach to overlapping bands with correlated k distribution method and its application to radiative calculations[J]. *Journal of Geophysical Research Atmospheres*, **108**(D20):4641. doi:10. 1029/2002JD003358.

Zhang H, Shi G, Nakajima T, et al. , 2006a. The effects of the choice of the k-interval number on radiative calculations[J]. *Journal of Quantitative Spectroscopy & Radiative Transfer*, **98**(1):31-43.

Zhang H, Suzuki T, Nakajima T, et al. , 2006b. Effects of band division on radiative calculations[J]. *Optical Engineering*, **45**(1):016002.

第 2 章　东亚地区和全球云宏微观物理及光学特征量的变化规律

云覆盖着地球表面约 66% 的区域,是地气系统中辐射收支最重要的调节器(Liou, 2004)。云可以通过直接影响大气中长短波辐射的传输,调节局地的总能量收支和能量在大气层中的垂直分布,在全球和区域的能量收支中发挥着调控作用。与此同时,全球气候的变化也会引起云的调整,改变云量及其分布、云层高度、云光学厚度、云水含量、云微物理特性等属性。本章利用卫星观测资料对东亚地区和全球云的宏微观物理及光学特征量进行了分析,在 2.1 节给出了所用的资料与方法,2.2 节和 2.3 节分别利用不同卫星资料分析了云量、云顶高度和云光学厚度的分布与变化。2.4 节利用 CloudSat 卫星观测资料分析了不同的云物理量(包括水云和冰云的云水路径、云水含量、云滴数浓度和云滴有效半径)的分布和季节变化。

干旱是人类生存所面临的气象灾害之一,由于其具备发生次数多、持续时间长、受灾面积大等特点,一直是人们关注的热点之一。我国干旱面积约占国土面积的 47%,主要位于西北地区,反映了当地水汽条件的不充分。因云作为降水发生的必要因素,其产生与水汽条件及大气的动力作用密不可分。为了从云的角度更直观地解释干旱气候的形成原因,本章 2.5 节分析了中国西北干旱区与季风湿润区云物理量的不同分布特征。

气候模式是研究气候系统和气候变化的重要手段,在利用环流模式进行的气候分析和研究工作中,要得出可靠的预报结果,必须对云有正确描述,要求使用可靠的云参数化方案,而通过研究卫星资料产品中有关云物理量的分布规律,可以改进模式中云参数的输入值,对于获取更好的气候模拟结果有很大帮助。本章 2.6 节采用大气环流模式 BCC_AGCM2.0,将其对云的模拟结果与卫星观测的结果进行了对比。

近年来的研究提出气溶胶能够通过一种被称之为"气溶胶对云的激活效应"显著改变深厚混合云系统的物理特性,不仅能够使深厚混合云系统的云顶高度和云层厚度有明显增加,而且能够减少(增加)弱降水(强降水)的概率,增加(减少)高层(低层)的云出现的概率,从而能够对气候系统中的水分循环和能量循环产生潜在的深远影响。然而,目前由于对这一现象的研究仍处于定性的探索阶段,科学理解水平仍然很低。本章 2.7 节利用 CloudSat 和 CALIPSO 卫星 4 年的观测资料,统计了深厚云系统在全球分布的统计特征,为下一步在大尺度范围内研究气溶胶的激活效应奠定基础。

2.1　资料和方法

2.1.1　云物理量的理论基础

2.1.1.1　云量

云量代表了云对天空的遮蔽率,以百分比表示。晴空无云时,云量为 0;天空完全为云覆盖时,云量为 100%。

2.1.1.2　云顶高度

云顶高度即为云顶所在的海拔高度,单位为 km。

2.1.1.3　云水含量

云的冰水含量定义为:

$$IWC = \int_0^\infty V\rho_i n(L)\mathrm{d}L \tag{2.1}$$

式中 ρ_i 是冰的密度,L 是冰晶的最大尺寸(Liou,2004)。冰水含量反映了冰云中所含的冰晶质量,是冰云的重要光学参数。

冰水路径是冰水含量的整层积分量,用公式可以表示为:

$$IWP = \int_0^z \int_0^\infty V\rho_i n(L)\mathrm{d}L\,\mathrm{d}z \tag{2.2}$$

式中 ρ_i 是冰的密度,L 是冰晶的最大尺寸。

云的液态水含量反映了水云中的含水量,它的表达式为:

$$LWC = \frac{4\pi}{3}\rho_w \int a^3 n(a)\mathrm{d}a \tag{2.3}$$

式中 ρ_w 为水的密度,a 为水滴半径。

液态水路径是液态水含量的整层积分,反映了整层大气中液态水含量的水平分布情况。表达式为:

$$LWP = \frac{4\pi}{3}\rho_w \int_0^z \int_0^\infty a^3 n(a)\mathrm{d}a\,\mathrm{d}z \tag{2.4}$$

2.1.1.4　云滴有效半径

冰云有效半径反映了冰云粒子的平均有效尺度。其定义式为:

$$D_e = \frac{\int V n(L)\mathrm{d}L}{\int A n(L)\mathrm{d}L} \tag{2.5}$$

式中 L 是冰晶的最大尺寸,V 是体积,A 是冰晶在垂直于入射光束的平面上的几何投影面积,$n(L)$ 是冰晶的尺度分布(Liou,2004)。

水云有效半径反映了水云中云滴的尺度大小,其定义为:

$$a_e = \frac{\int \pi a^3 n(a)\mathrm{d}a}{\int \pi a^2 n(a)\mathrm{d}a} \tag{2.6}$$

其中云滴的截面是作为权重因子来考虑的,不管云滴尺度的具体分布如何,反射和透射的太阳光主要是由有效半径这个参数决定(Liou,2004)。有效半径的减小会使得云的反照率增大(段婧 等,2008)。

2.1.1.5　冰云有效半径和冰水含量的关系

由公式(2.1)和公式(2.5)可以得出:

$$a_e = \frac{IWC}{\rho_i \int A(L)n(L)\mathrm{d}L} = \frac{IWC}{\rho_i A_c} \tag{2.7}$$

式中 A_c 代表给定冰晶尺度和分布的总投射面积。Heymsfield 等(1996)发现 $A_c \sim a\,IWC^b$ 的这一比例关系,其中 a,b 是经验系数。由此可以得出 D_e 和 IWC 之间也存在直接的相关。IWC 越大,D_e 也越大,这与冰晶的碰并增长原理一致(Liou et al.,2008)。

2.1.1.6 云光学厚度

云光学厚度是研究云的光学性质时的一个重要参数,描述的是云的消光作用,定义为

$$\tau = \Delta z \cdot \int Q_e \pi a^2 n(a) \mathrm{d}a \qquad (2.8)$$

式中 Q_e 是消光效率因子,是云滴半径、波长和折射率的函数。Δz 是云层厚度,$n(a)$ 是单位体积内半径为 a 的粒子数浓度。在可见光波段,当云粒子尺度增大到一定值时,$Q_e \to 2$,则有:

$$\tau = \Delta z \cdot 2\pi \int a^2 n(a) \mathrm{d}a \qquad (2.9)$$

这时云光学厚度与单位体积云滴浓度、云滴半径以及云厚有关。结合(2.4)式、(2.6)式、(2.9)式可以得到:

$$\tau = \frac{3}{2\rho_w} \frac{LWP}{a_e} \qquad (2.10)$$

式(2.10)把光学厚度与 LWP 和云滴半径联系起来了。当两块云的 LWP 相同时,含有较小云滴的云将具有较大的光学厚度,可以反射较多的太阳光(Liou,2004)。气溶胶可以增加云滴数量,从而减小云粒子半径,即气溶胶的间接效应(段婧 等,2008)。对于冰云来说,同样可以得到三者的关系:

$$\tau \approx IWP(c + \frac{b}{D_e}) \qquad (2.11)$$

式中 b,c 为与冰晶形状有关的参数。式(2.10)和式(2.11)为水云和冰云的微物理参量分布规律和光学特征量分布规律之间的关系提供了理论依据。

2.1.2 资料与模式介绍

本章采用的资料主要包括 ISCCP、MODIS 和 CloudSat/CALIPSO 卫星资料,此外还使用了 GPCP(Global Precipitation Climatology Project)降水资料,以及 NCEP/NCAR (National Centers for Environmental Prediction/ National Center for Atmospheric Research)再分析资料。本章选取的气候模式是国家气候中心第二代大气环流模式 BCC_AGCM2.0。

2.1.2.1 ISCCP

国际卫星云气候计划 ISCCP(International Satellite Cloud Climatology Project)是世界气候研究计划 WCRP(World Climate Research Program)的一个子计划,始于 1982 年,至今已经 30 多年。经过多年观测建立的云气候资料集,首次系统性提供了全球云气候资料。本研究采用的 ISCCP D2 数据集,时间范围从 1983 年 7 月到 2009 年 12 月,时间分辨率为月平均 8 个时次(世界时 00、03、06、09、12、15、18 和 21),空间分辨率为 280 km,2.5°×2.5°,包括总云量(月平均云量、云发生频数)、高/中/低云量、云顶气压、云顶温度(高中低云)、云光学厚度、云水路径、雪冰覆盖率、地表平均气压等 130 个参数。

ISCCP D2 数据集根据云顶气压对云进行了分类,如图 2.1 所示(Rossow et al.,

1999)。其中云顶气压大于 680 hPa 的为低云,位于 680 hPa 和 440 hPa 之间的为中云,小于 440 hPa 的为高云。在此基础上,根据云的光学厚度进行了进一步的分类,共分为 9 类云:按照光学厚度从小到大,低云又分为积云(Cu)、层积云(Sc)和层云(St);中云又分为高积云(Ac)、高层云(As)和雨层云(Ns);高云又分为卷云(Ci)、卷层云(Cs)和深对流云(Dc)。由于夜间无法测得云的光学厚度,所以在夜间只依据云顶气压将云分为低、中、高三种。

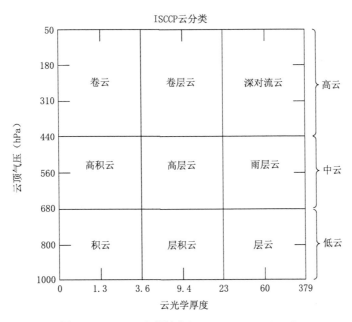

图 2.1　ISCCP 云型划分(Rossow *et al.*,1999)

2.1.2.2　MODIS

中分辨率成像光谱仪 MODIS(Moderate Resolution Imaging Spectroradiometer)是 Terra 和 Aqua 两颗太阳同步极轨卫星上装载的重要传感器。MODIS 的地面分辨率为 250 m、500 m 和 1000 m,扫描宽度 2330 km,一天可过境 4 次,获得 36 个波段的观测数据,从 0.4 μm(可见光)到 14.4 μm(热红外)全光谱覆盖。与 ISCCP 相比,MODIS 资料的空间分辨率更高,但时间范围不如 ISCCP 长。MODIS 产品可以分为如下 6 种(王冠,2008):

0 级产品:指由进机板进入计算机的数据包,也称原始数据(Raw Data);

1 级产品:指 1A 数据,即已经被赋予定标参数的数据;

2 级产品:指 1B 级数据,经过定标定位后的数据,采用国际标准的 HDF 格式存储,可用商用软件包(如 ENVI)直接读取;

3 级产品:在 1B 数据的基础上,对由遥感器成像过程产生的边缘畸变(Biwtie 效应)进行校正,产生 3 级产品;

4 级产品:由参数文件提供的参数,对图像进行几何纠正,辐射校正,使图像的每一点都有精确的地理编码、反射率和辐射率;

5 级产品:根据各种应用模型开发的产品被称为 5 级产品。

2. 1. 2. 3　CloudSat

CloudSat 卫星于 2006 年 4 月 28 日在美国发射升空,是 A-Train 卫星观测系统的成员。A-Train 卫星观测系统由 Aqua、CloudSat、CALIPSO、PASASOL 和 Aura 五颗卫星组成,这些卫星互相配合,在同一轨道上实现了准同步主被动多波段对地球的观测(Stephens et al., 2008)。

CloudSat 卫星首次从空间中采用主动毫米波遥感对云体垂直结构进行探测,能够提供云体的垂直廓线及云中粒子的相关特性。它搭载的遥感探测器是云廓线雷达 CPR(Cloud Profile Radar),该雷达为 94 GHz 的毫米波雷达,灵敏度是标准天气雷达的 1000 倍,云廓线雷达向地球发射能量并按距离函数计算由云返回的能量(马占山 等,2008)。该卫星位于高度为 705 km 的太阳同步轨道上,卫星绕地球一周称为一个扫描轨道,一个轨道的扫描时间大约是 99 min,扫描长度大约是 40022 km,每轨有 36383 个星下像素点,每个像素点的星下点波束覆盖宽度的沿轨分辨率是 2.5 km,横轨分辨率是 1.4 km,垂直分辨率是 500 m(周毓荃 等,2008)。每个垂直剖面上共有 125 个垂直层,每层厚度 240 m。主要有标准数据和辅助数据(王帅辉 等,2010)两类数据。标准数据按反演程度分为两个等级,level-1 是通过卫星搭载的云雷达直接得到的数据产品,level-2 是根据 level-1 产品结合其他卫星产品反演得到的。产品主要包括雷达回波强度、云覆盖和雷达反射率、云分类、液态水/冰水含量、辐射通量和加热率等。其中主要产品的具体名称和内容如表 2.1 所示。

表 2.1　CloudSat 主要的数据产品

名称	内容
1B-CPR	1B 平台下获得的回波强度(CPR:云廓线雷达)
2B-GEOPROF	云覆盖和雷达反射率
2B-CLDCLASS	云的分类
2B-CWC-RO	雷达探测到的液态水/冰水含量
2B-TAU	云的光学厚度
2B-CWC-RVOD	雷达和可见光学厚度探测的液态水/冰水含量
2B-FLXHR	辐射通量和加热率
2B-GEOPROF-Lidar	云廓线雷达和毫米波雷达探测的云覆盖

本章 2.3 节至 2.6 节采用 CloudSat 资料中主要描述云光学厚度的 2B-TAU 和主要描述雷达探测到的液态水/冰水含量的 2B-CWC-RO 数据产品(算法及物理意义参见 http://www.cloudsat.cira.colostate.edu.html)(Polonsky et al.,2008;Austin,2007),分析的物理量有 2B-TAU 中提取的总云光学厚度和分层云光学厚度以及 2B-CWC-RO 中提取的冰水含量、冰水路径、冰云有效半径、液态水含量、液态水路径以及水云有效半径,时间范围为 2007 年 1 月至 2010 年 12 月;2.7 节主要使用了 2B-GEOPROF 产品中的 CPR_Cloud_mask 和 Radar_Reflectivity 数据以及 2B-GEOPROF-Lidar 中的 Cloud Fraction 数据。

2. 1. 2. 4　CALIPSO

CALIPSO(Cloud-Aerosol Lidar and Infrared Pathfinder Satellite Observations)上搭载的 CALIOP(Cloud-Aerosol Lidar with Orthogonal Polarization-云气溶胶偏振激光雷达)是双波段(532 nm 和 1064 nm)、具有正交偏振探测能力的气溶胶/云激光雷达。通过对天底

方向后向散射垂直廓线和 532 nm 波段的线性退偏散射垂直廓线的测量,能够较准确地反演出气溶胶层和云层的垂直廓线和消光系数(Liu *et al*.,2009;Young *et al*.,2009;Vaughan *et al*.,2009)。通过两个波段信号的比值和激光雷达比,以及退偏振的测量,CALIOP 能够给出气溶胶粒子的类型、尺度信息(Omar *et al*.,2009),对冰云和水云的区分也较为准确(Hu *et al*.,2009)。CALIPSO 还搭载有 IIR(Imaging Infrared Imager-红外成像仪)和 WFC(Wide-Field Camera-宽视角相机),前者由法国空间署提供,主要提供在 8.65 μm,10.6 μm 和 12.05 μm 三个波段的中等分辨率近天底方向的红外观测,用于探测卷云粒子尺度和红外发射率。而后者主要用于观测 620~670 nm 波段的日间高分辨率图像,三者之间可相互结合来观测云特性。

　　CALIPSO 的三个仪器提供不同的数据产品,CALIOP 提供的主要是 532 nm 波和 1064 nm 波段的消光后向散射信号以及气溶胶和云的垂直廓线信息。气溶胶的相关信息有:气溶胶类型、气溶光学厚度、柱反射比、积分消光后向散射、激光雷达退偏比等;而云的相关信息有:云顶高、云底高、云层温度、云光学厚度、层积分消光后向散射、柱反射比、激光雷达退偏比等。这些数据被广泛地应用到气溶胶和卷云的气候效应等领域(Huang *et al*.,2007,2008;Virts *et al*.,2010;Yang *et al*.,2010)。IIR 提供的信息有红外辐射通量、三个波段(8.65/10.6/12.05 μm)的亮温、最上层云或气溶胶的有效发射率、冰云的粒子形状指数(Parol *et al*.,1991)、12.05 μm 的光学厚度及冰水路径(*IWP*)。WFC 提供辐射和反射比参数。此外,CALIPSO 数据中还耦合有来自 GEO-5(Goddard Earth Observing System Model-戈达德地球观测系统模式)的气象数据,包含有海表风速、相对湿度、对流层顶高度/温度等。详细的 CALIPSO 卫星数据的参数说明及数据链接,可参阅网站:(http://eosweb. larc. nasa. gov/PRODOCS/calipso/)。

2.1.2.5　BCC_AGCM2.0

　　本章选取的气候模式是国家气候中心第二代大气环流模式 BCC_AGCM2.0,模式的分辨率为 2.8°×2.8°。它是由 CAM3/NCAR 发展而来的,CAM3 是美国国家大气研究中心(NCAR)研制的第三代集合气候系统模式(CCSM3)的大气部分的子模式,它既可以作为 CCSM3 的一部分和其他子模式如海洋模式(SOM)、陆面模式(CLM)等耦合运行,也可以单独的作为大气环流模式运行模拟大气变化。该模式包含欧拉光谱、半拉格朗日和有限柱差分三种动力核可选,标准的设置以欧拉光谱动力核为基础。CAM3 已广泛用于厄尔尼诺、南方涛动和季风的研究,并经过不同方式的检验,具有很好的模拟能力(Collins *et al*.,2006)。国家气候中心第二代大气环流模式 BCC_AGCM2.0 的整体模拟能力比原来 CAM3 有所提高,特别是对热带和副热带降水、风场、海洋上感热和潜热通量的模拟(Wu *et al*.,2010)。该模式采用 T42 水平分辨率(近似于 2.8°×2.8°),垂直方向采用混合 σ-压力坐标系,共 26 层,最顶层高度约为 3.5 hPa。模式动力积分步长为 20 min,辐射方案每小时(3 个步长)执行一次。相对于 CAM3 模式,引入了新的参考大气和参考面气压,在对流参数化(Zhang *et al*.,2005)、雪盖参数化(Wu *et al*.,2004)、干对流调整(颜宏,1987)及洋面潜热通量调整等方面作了改进(董敏 等,2009)。辐射方案为 BCC_RAD(Zhang *et al*.,2003;Zhang *et al*.,2006a,b;张华,2016)。云重叠方案采用同为 McICA 方案(荆现文 等,2012;Zhang *et al*.,2014)。模式运行时间与卫星观测资料的时间同为 2000 年 1 月—2009 年 12 月。

2.1.3 统计方法

2.1.3.1 资料处理方法

在每个格点上对所用卫星资料进行年平均和季节平均,统计出云各种物理量的分布。在北半球将 3、4、5 月划分为春季,6、7、8 月划分为夏季,9、10、11 月划分为秋季,12、1、2 月划分为冬季,南半球的划分与之相反。对于 2.2 节至 2.6 节采用的 CloudSat 资料,由于卫星探测在南北纬 83°以上区域没有扫描廓线,将南北纬 83°之间的区域按经纬度划分为 $2.8° \times 2.8°$ 的网格,一共 128×60 个网格区域。根据星下点位置,筛选出每个网格内的 CloudSat 卫星扫描的廓线,然后选取所需要的云物理量进行网格内的平均,统计出这些量在全球范围内的月平均分布情况。

为研究云量和云光学厚度的变化趋势,本章采用最小二乘法对资料的时间序列 $y(x)$ 进行线性拟合,即: $y(x) = a + bx$,其中:

$$b = \frac{\sum\limits_{i=1}^{n}(x_i - \overline{x})(y_i - \overline{y})}{\sum\limits_{i=1}^{n}(x_i - \overline{x})^2} \tag{2.12}$$

式中 n 为序列的长度,x_i 为年份,y_i 为 x_i 年份对应的物理量。b 为趋势项,b 为正值则表明云量或云光学厚度有随时间而增大的趋势,负值则表明云量或云光学厚度有随时间而减小的趋势,b 的绝对值的大小代表变化趋势的大小。

利用下式计算相关系数 r,r 的值在-1 到 1 之间,r 的绝对值越接近 1,说明两者具有越好的相关性。

$$r = \frac{\sum\limits_{i=1}^{n}(x_i - \overline{x})(y_i - \overline{y})}{\sqrt{\sum\limits_{i=1}^{n}(x_i - \overline{x})^2 \sum\limits_{i=1}^{n}(y_i - \overline{y})^2}} \tag{2.13}$$

2.1.3.2 东亚地区分区方案

在 2.3 节和 2.4 节中,根据彭杰等(2013)的分区方案,参照 1995 年版《中国自然地理》(赵济,1995)中的划分方法,将东亚地区划分为西北地区(以下简称 Nw),青藏高原区(以下简称 Tibet),北方地区(以下简称 North),南方地区(以下简称 South)和东部海域(以下简称 E.O)5 个部分(图 2.2),选取了云的冰/液态水路径、冰/液态水含量、冰/水云有效半径、冰/水云云滴数浓度等云微物理量进行研究。

2.1.3.3 西北干旱区和东亚季风湿润区分区方案

2.5 节中关于西北干旱区和东亚季风湿润区的划分方案如图 2.3 所示,其中参考了任朝霞等(2007)和钱正安等(2001)关于西北干旱区的划分方案,以及廖荣伟等(2010)关于东亚季风湿润区的划分方案。具体划分区域如下:

西北干旱区的范围为(73°~106°E,35°~50°N),东亚季风湿润区的划分区域包括 6 个边界,A 边界:22°~30°N,105°E;B 边界:30°N,105°~110°E;C 边界:30°~41°N,110°E;D 边界:41°N,110°~120°E;E 边界:22°~41°N,120°E;F 边界:22°N,105°~120°E。

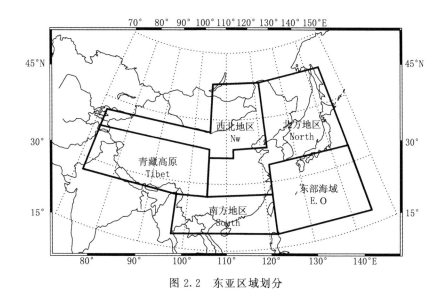

图 2.2　东亚区域划分

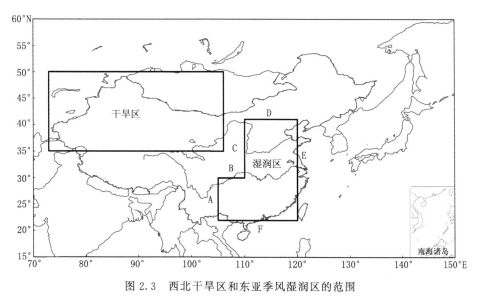

图 2.3　西北干旱区和东亚季风湿润区的范围

2.2　云量和云顶高度的分布与变化

2.2.1　东亚地区云量的分布与变化趋势

本节利用 ISCCP D2 月平均资料集得到东亚地区 1984—2009 年云量的分布与变化趋势,并分为总云量、低云量、中云量和高云量分别进行分析。

2.2.1.1　总云量

图 2.4 给出了东亚地区总云量的分布和变化趋势。由图 2.4a 可知,由于中国南方地区及海洋上空水汽充足,故其总云量显著高于北方地区。南方及海洋大部分地区的总云量在

65%以上,其中在四川盆地、东海及日本海总云量可高达75%以上,表明这些地区具有很高的水汽含量。中国北方地区由于水汽较少,总云量在65%以下,西北地区与青藏高原西部等干旱地区总云量更为偏少,低值区位于青藏高原西部,可低至50%以下。

由图2.4b可知,中国中东部地区、渤海、黄海、朝鲜半岛及其周边海域的总云量呈现增加趋势;其中高值区位于渤海地区,每年增加量可达0.3%以上,并通过95%信度检验。而中国西部地区总云量呈显著的减小趋势并通过信度检验,减小最快的区域位于西藏和新疆的交界处,每年减小0.6%以上。在中国南海地区,总云量呈增加趋势,而从中国东南沿海省份向东直到日本地区,总云量呈减小趋势。

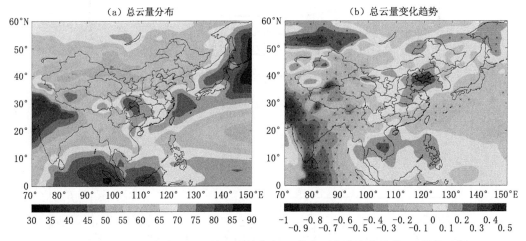

图2.4 1984—2009年东亚地区总云量的分布(a,单位:%)和变化趋势(b,单位:%/a,
符号"x"表示的阴影区域通过95%信度检验,下同)

东亚地区为典型的季风气候区,气候特征具有明显的季节变化,因此,从季节尺度了解云的分布和变化趋势能够揭示更多的关于云的乃至气候变化的信息。图2.5给出了东亚地区春、夏、秋、冬四季总云量的分布。可以看出,春夏两个季节的总云量显著高于秋冬两个季节。

春季(图2.5a),总云量呈现从南向北递减的分布型,四川盆地、华南至东海总云量最高(>80%),至北方大部分地区总云量减少到60%~70%;而在西藏西部和云南有两个低值中心,总云量小于60%。与春季的总云量南多北少的分布对应的是春季江南降水的增多。

夏季(图2.5b),由于夏季风的爆发和推进,大量暖湿气流从孟加拉湾向东向北影响中国,与之相应的是夏季云量的高值区(>80%)出现在西南地区;中国南海地区受季风影响,总云量在夏季也显著高于春季。在副热带高压北边缘带影响下的华北—东北地区南部以及朝鲜半岛和日本海,总云量相对春季有所增加,而副热带高压控制下的东海地区总云量有所减少。

秋季(图2.5c),整个东亚地区的总云量相比夏季均显著减少,西藏和新疆部分区域甚至小于40%。由于夏季风衰退,西南地区总云量也大幅度减少。

冬季(图2.5d),西南地区总云量进一步减少,南海海域总云量比起秋季也大幅减少。北方和西北地区受干冷冬季风影响,总云量较少。而在东部海域至日本海区域,总云量比起秋季有明显增加,这可能与副热带高压北侧暖湿气流交汇有关。

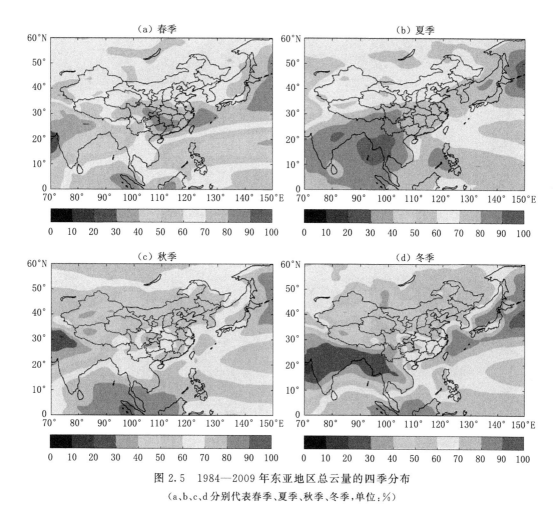

图 2.5　1984—2009 年东亚地区总云量的四季分布

（a、b、c、d 分别代表春季、夏季、秋季、冬季，单位：%）

图 2.6 给出了东亚地区四个季节总云量的变化趋势。由图可知，春季（图 2.6a），总云量在华北、东北、蒙古地区、朝鲜半岛、日本海及南海南部呈现增加趋势，部分地区每年增加量在 0.2% 以上。而中国南方地区、西北地区、青藏高原、南海北部及东海海域呈现减小趋势，其中减小最为显著的区域有两块，一块位于东南沿海，每年减小 0.2% 以上，另一块位于西藏和新疆的交界处，减小量最高可达 0.6%/a 以上，均通过显著性检验。

夏季（图 2.6b），中国陆地大部分地区（包括青藏高原），以及南海、朝鲜半岛、日本等地总云量均呈现增加趋势，华北、华中、华东等地增加趋势最为明显（>0.2%/a）并通过显著性检验。而在新疆、东北及东海海域，总云量呈减小趋势。

秋季（图 2.6c），大陆地区总云量的变化趋势与春季相似，增长最快的区域（>0.4%/a）位于渤海，减少最快的地区位于西藏和新疆的交界处（>0.6%/a），均通过显著性检验。南海地区的变化趋势与春季相反，南海北部总云量增加，南部总云量减少。从东海至日本周边，总云量均呈减小趋势。

冬季（图 2.6d），减小趋势最显著的区域依然位于西藏和新疆交界处（>0.6%/a），东海、日本及中国东北地区总云量减少，而在华北、华东和中部省份，以及新疆西部、蒙古东部和南海地区，总云量呈增加趋势。

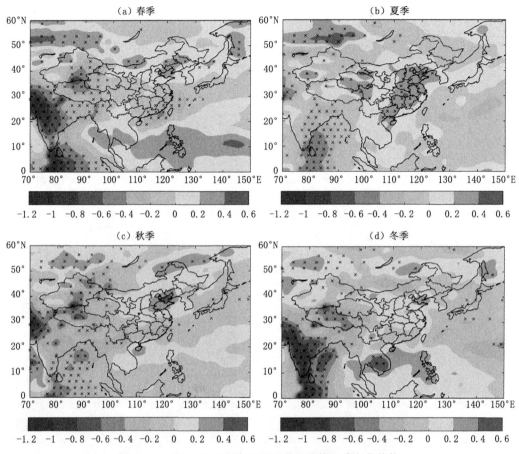

图 2.6 1984—2009 年东亚地区总云量的四季变化趋势

（a、b、c、d 分别代表春季、夏季、秋季、冬季，单位：%/a）

2.2.1.2 低云量

ISCCP 对于低云的判别是云顶气压大于 680 hPa，由于青藏高原海拔较高，气压较低，因此没有低云存在。图 2.7 给出了东亚地区低云量的分布与变化趋势。低云量在海洋上的分布明显高于陆地，大部分海洋地区低云量高于 25%，日本海地区低云量最高可达 35% 以上。而陆地上低云量普遍低于 25%，特别是越靠近青藏高原的地区低云量出现频率越低（图 2.7a）。东亚大部分地区的低云量呈现减小趋势，中国南方的减小趋势比北方显著，并通过 95% 信度检验，特别在华南部分海洋地区，减小达到 0.2%/a 以上（图 2.7b）。

图 2.8 给出了东亚地区低云量四个季节的分布，均呈现海洋地区高于陆地的特点。在陆地上，春季低云量最高，夏季南方低云量最低而冬季北方低云量最低。在海洋上，夏季低云量最低（<25%），而冬季大部分海洋地区低云量都在 35% 以上，南海北部和日本海出现两个高值中心，高达 45% 以上。

图 2.9 给出了东亚地区低云量的四季变化趋势。大部分地区低云量在四个季节均呈现减小趋势，其中在冬季南海地区最为显著，达到 0.5%/a 以上，并通过信度检验。春季在华北部分地区以及夏季在内蒙古北部和蒙古国低云量有明显的增加，每年增加超过 0.1%。

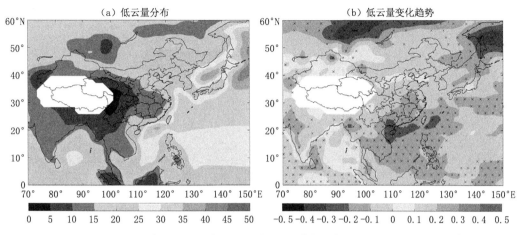

图 2.7　1984—2009 年东亚地区低云量的分布(a,单位:%)和变化趋势(b,单位:%/a)

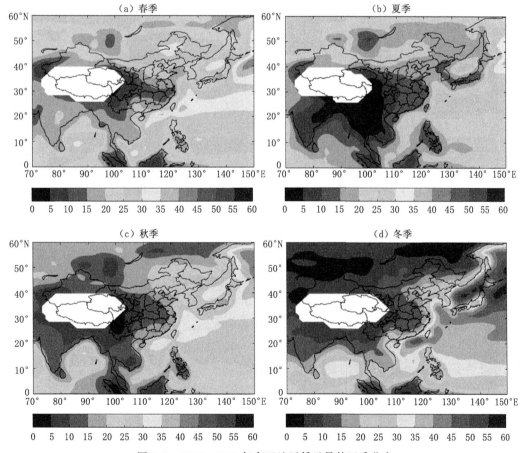

图 2.8　1984—2009 年东亚地区低云量的四季分布

(a、b、c、d 分别代表春季、夏季、秋季、冬季,单位:%)

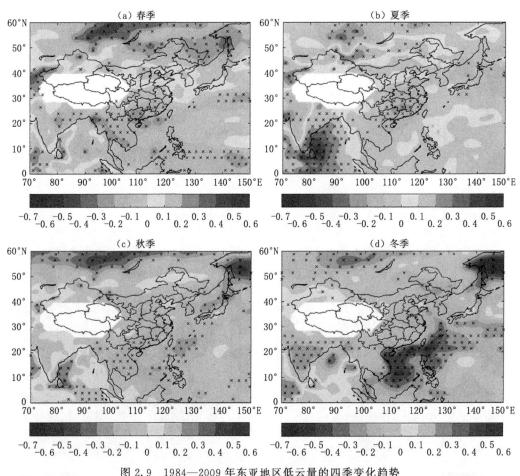

图 2.9 1984—2009 年东亚地区低云量的四季变化趋势

(a、b、c、d 分别代表春季、夏季、秋季、冬季,单位:%/a)

2.2.1.3 中云量

图 2.10 给出了中云量的分布与变化趋势。中云量在陆地上的分布与总云量类似,南方地区高于北方,但海洋上中云量较低,没有高值中心;四川盆地处为中云量的高值区,高于35%,青藏高原部分地区与渤海区域中云量小于 20%,而南海部分地区可小于 15%(图2.10a)。

中云量在东亚大部分地区呈现增加的趋势,尤其在南海和青藏高原西部部分地区的增加趋势最为显著,年增加可达 0.2% 以上;青藏高原东部向北至蒙古则呈现减小趋势,减小最快的地区位于西藏和新疆的交界处,以及青海省东部,年减小 0.2% 以上(图 2.10b)。

图 2.11 给出了东亚地区中云量的四季分布。四个季节均呈现陆地南方中云量较高,而陆地北方与海洋地区总云量较低的特点。四川盆地为中云量的高值区,这一高值区在冬季最为明显(>40%),而在夏季相对较低(<30%)。此外,冬季在东北与蒙古东部也存在中云量的高值区,部分区域超过 40%。东海地区在冬春两个季节中云量高于夏秋季节,而南海地区在冬春季节则低于夏秋季节,春季可低于 10%。

图 2.12 给出了中云量在春夏秋冬四个季节的变化趋势。

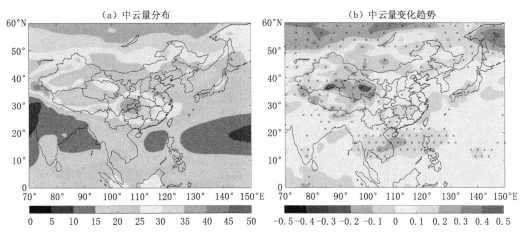

图 2.10　1984—2009 年东亚地区中云量的分布（a，单位：%）和变化趋势（b，单位：%/a）

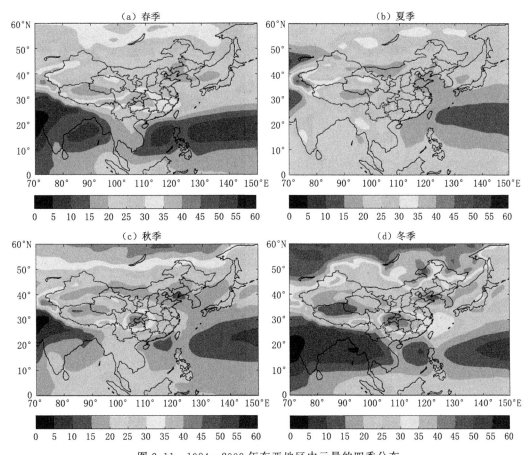

图 2.11　1984—2009 年东亚地区中云量的四季分布

（a、b、c、d 分别代表春季、夏季、秋季、冬季，单位：%）

　　春季（图 2.12a），从新疆东部向东一直延伸至朝鲜半岛和日本，中云量均呈现减小的趋势。在东北、蒙古，南方与南海地区，以及青藏高原西部，中云量均呈现增加趋势，其中青藏高原西部的增加趋势最为显著，部分区域可达 0.4%/a 以上。

夏季(图 2.12b),东亚大部分地区中云量呈现增加趋势,其中最显著的区域依然位于青藏高原西部,只在青海省、新疆东部与蒙古国有明显的减小区域。

秋季(图 2.12c),中国北方与东北地区,以及朝鲜半岛至日本地区,中云量均呈增加趋势,而南方地区与青藏高原大部分地区则呈现减小趋势,青藏高原部分地区每年减小 0.3%以上。

冬季(图 2.12d),青藏高原与西北、蒙古大部分地区中云量呈现减小趋势,最高达0.3%/a 以上。其余大部分地区中云量呈增加趋势,最显著的地区位于南海北部,每年可增加 0.5%以上。

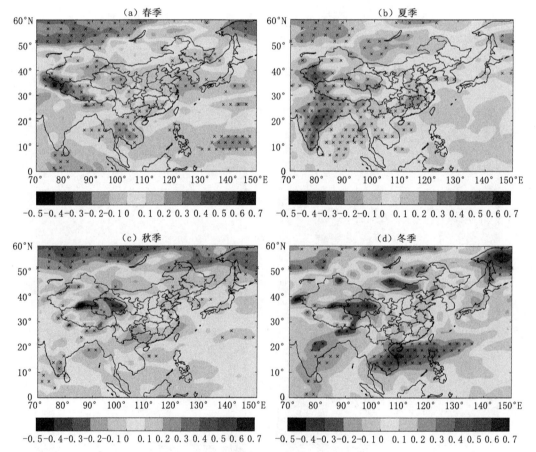

图 2.12　1984—2009 年东亚地区中云量的四季变化趋势
(a、b、c、d 分别代表春季、夏季、秋季、冬季,单位:%/a)

2.2.1.4　高云量

图 2.13 给出了东亚地区高云量的年均分布和变化趋势。由于青藏高原海拔较高,因此,高云量要显著高于中云和低云,最高可达 40%以上;其他地区的高云量普遍较少(<20%),位于较高纬度的新疆北部—蒙古—东北地区一带,以及南海北部,高云量低于15%(图 2.13a)。

高云量在中国陆地大部分地区以及东部海域、朝鲜半岛和日本的南部均呈减小趋势,其中青藏高原的减小最为明显,可达 0.2%/a 以上;新疆西部、青海省与蒙古,以及南海地区高云量呈增加趋势,新疆北部阿勒泰地区和南海部分海域最为明显,增加量每年超过 0.2%。
(图 2.13b)

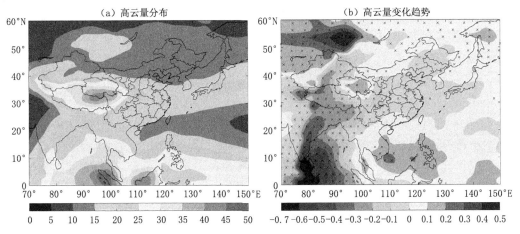

图 2.13 1984—2009 年东亚地区高云量的分布(a,单位:%)和变化趋势(b,单位:%/a)

图 2.14 给出了东亚地区高云量在四个季节的分布。可以发现高云量在四个季节的

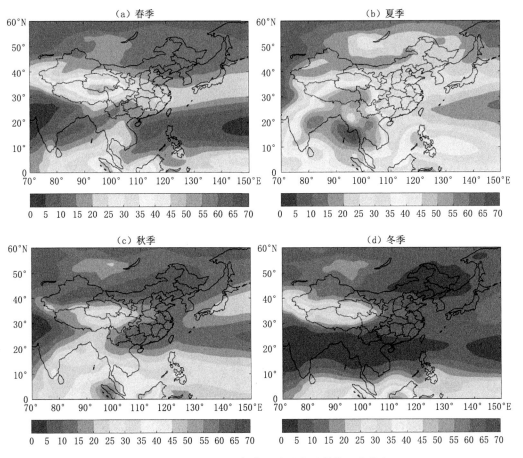

图 2.14 1984—2009 年东亚地区高云量的四季分布

(a、b、c、d 分别代表春季、夏季、秋季、冬季,单位:%)

高值中心均存在于青藏高原地区,其中春夏两季在这一区域的高云量显著高于秋冬两季。春季青藏高原处高云量最高达 45% 以上,而最低的区域位于南海(<10%)。夏季的高云量普遍高于其他三个季节,其中青藏高原处的高云量最高达 50% 以上,位于青藏高原南部,并延伸至印度洋区域,可能与南亚夏季风爆发有关。秋冬季节的高云量明显降低,青藏高原处普遍低于 35%。秋季高云量的低值区从东北延伸到新疆中部,低于 10%。冬季为高云量最小的季节,除青藏高原和西北外,高云量普遍小于 10%,东北地区与南海北部甚至小于 5%。

图 2.15 给出了东亚地区高云量四季的变化趋势。春季(图 2.15a),东亚大部分地区高云为减小趋势,青藏高原处最为显著,部分地区每年减小 0.5% 以上,而增加的区域主要位于蒙古与东北、朝鲜半岛与日本海的北部,以及南海地区。夏季(图 2.15b),在北方地区以及青藏高原南部和南海南部则呈减小趋势,而增加的区域位于新疆西部、青藏高原北部及南方地区、东海至日本。秋季(图 2.15c),在中国西部的变化趋势与夏季类似,但在其余地区则相反,在中国北方及南海为增加,中国南方至日本为减小。冬季(图 2.15d),中国地区的变化趋势与秋季类似,但青藏高原的减小趋势与南海的增加趋势更为明显,部分地区分别减小0.4%/a 与增加 0.4%/a 以上;东海至日本为增加趋势,与秋季相反。

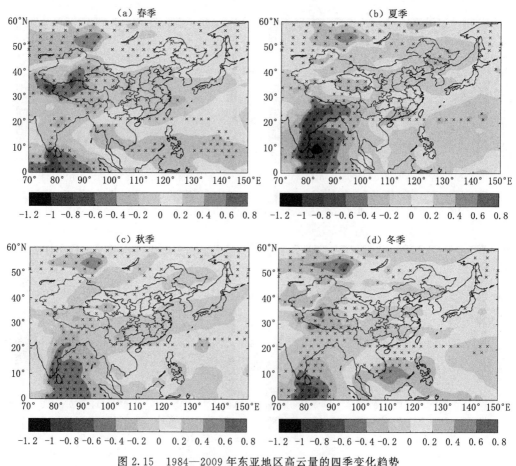

图 2.15 1984—2009 年东亚地区高云量的四季变化趋势

(a、b、c、d 分别代表春季、夏季、秋季、冬季,单位:%/a)

2.2.2　全球总云量的分布与变化趋势

本节采用 MODIS 的 L3 级月合成标准数据产品（MOD08_M3），空间分辨率为 $1° \times 1°$，时间范围为 2001—2013 年，首先得到了 2001—2013 年间总云量在全球的分布与变化趋势（图 2.16）。

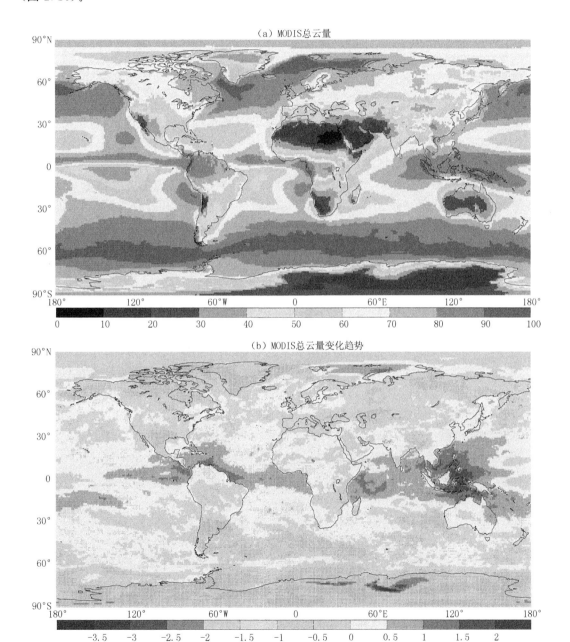

图 2.16　2001—2013 年全球总云量的年均分布与变化趋势

（图 a 为总云量的年均分布，单位：%；图 b 为总云量的变化趋势，单位：%/a。阴影部分通过 95% 信度检验。）

由图 2.16a 可知，总云量的分布呈现出海洋上空多而陆地上空少的特点，这是因为海洋地区的水汽相比大陆地区更为充足。总云量在赤道附近与 60°S、60°N 附近存在三个高值区,这是因为赤道地区海洋占比较大,水汽充沛,且能够接收到最多的太阳辐射,上升运动旺盛,因此,沿赤道辐合带(ITCZ:intertropical convergence zone)出现云量的高值区;而在60°S 和 60°N 附近,云量甚至高于赤道地区,这与中纬度气旋活动旺盛有关。总云量在南北回归线附近出现低值区,这两个纬度带处于哈德莱环流的下沉气流区,赤道地区的上升气流至这些地区开始下沉,从而抑制了云的生成。总云量在南北半球的分布不对称,南半球中低纬度以海洋为主,而北半球的中低纬度存在较多的陆地,故这些纬度带在北半球的总云量少于南半球。南半球高纬度由于南极大陆的存在,总云量低于北半球高纬度地区。

根据图 2.16a 可以看出,总云量分布最显著的高值区位于 60°S 附近的海洋上空,总云量高达 90% 以上;在 60°N 附近的太平洋与大西洋上空,以及格陵兰岛东部的海面上也存在总云量高于 90% 的区域。在热带太平洋上空存在沿纬圈方向的沃克环流,在西太平洋地区盛行上升气流,东太平洋盛行下沉气流,因此,在印度尼西亚附近云量较高,在 80% 以上,而热带东太平洋的中心地区云量降至 40% 以下。

总云量在大陆地区存在多个低值中心,在美国西海岸附近、南美洲智利地区、澳大利亚中西部、非洲南部、非洲北部撒哈拉沙漠地区以及阿拉伯半岛和伊朗高原地区,总云量均低至 30% 以下,且这些地区的海陆交界处的云量变化存在明显的梯度。这些地区为干旱地区,特别在撒哈拉沙漠至中东地区为世界上最大的沙漠地区,因此,总云量值也最低,撒哈拉沙漠东部总云量甚至低至 10% 以下。除此之外,在南极大陆存在总云量低于 20% 的低值中心。

图 2.16b 给出了 2001—2013 年间总云量在全球的年均变化趋势。可以看出,总云量增加的区域主要位于南北半球的低纬度地区,尤其在热带海洋赤道辐合带(ITCZ)附近,云量每年增加 0.5% 以上,部分地区可达到 1.0% 以上。在印度尼西亚附近,总云量的年均增长甚至超过 1.5%,这反映了沃克环流的增强。南北半球中高纬度的总云量主要表现为减少的趋势,在北美南部、哈萨克斯坦西部、西伯利亚北部、格陵兰岛以及南美洲南部存在总云量年均减少超过 0.5% 的区域。另外,南极大陆的总云量减小显著,年均减小量可达 1.0% 以上。

图 2.17 给出了 2001—2013 年全球总云量在北半球春、夏、秋、冬四个季节的分布。

与全年总云量的分布(图 2.16a)相比,北半球春季时(图 2.17a)北太平洋的总云量有所增加,而北半球高纬地区的总云量有所减少,从西伯利亚北部至加拿大北部的北冰洋面上总云量在 60% 以下,格陵兰岛部分地区总云量低于 30%。南美洲北部总云量较全年分布有所增大,部分地区达到 90% 以上。

夏季(图 2.17b)北半球高纬度地区的总云量比起春季显著增大,大部分地区的云量在70% 甚至 80% 以上。在拉丁美洲西部的海洋上空总云量也有所增大。受夏季南亚季风的影响,印度洋北部的总云量显著增加,印度半岛、中南半岛与孟加拉湾地区的总云量达到 90%以上。北纬 30° 附近的大西洋上空云量则有所减小,中心部分降至 40% 以下。夏季的总云量在中低纬度的大陆低值中心的范围与春季相比有所扩大,在巴西地区出现了总云量小于30% 的低值中心;澳大利亚与非洲南部的总云量减少至 20% 以下,特别是非洲南部部分地区的总云量低于 10%;在北纬 30° 附近的撒哈拉沙漠和中东所在的低值中心范围向北扩大,从撒哈拉南部一直向北到地中海区域和里海东部的总云量均低于 30%,特别在撒哈拉沙漠—阿拉伯半岛—伊朗高原地区存在大片总云量低于 10% 的区域。

秋季的总云量分布(图 2.17c)与全年分布(图 2.16a)较为接近,总云量的低值范围比夏季缩小。冬季(图 2.17d)云量的低值范围进一步缩小,而印度半岛与中南半岛的云量大幅度降低,部分地区低于 20%。南纬 60°附近云量的高值中心扩大;北大西洋的云量也有较为明显的增加。与夏季相比,冬季在北半球高纬度地区总云量减小,而中纬度大陆地区总云量则增加,这可能是哈德莱环流的下沉区向南移动导致,同时可以看出冬季的赤道辐合带比起夏季向南移动。

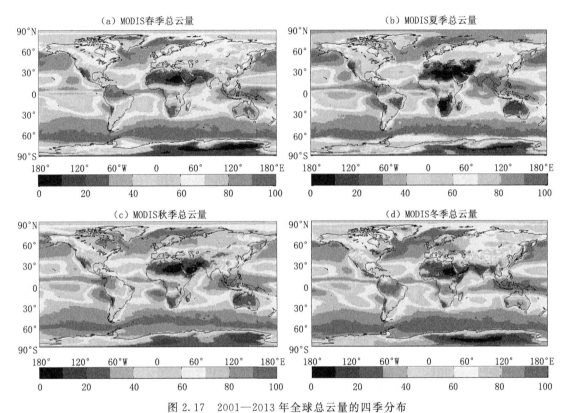

图 2.17　2001—2013 年全球总云量的四季分布

(图 a、b、c、d 分别为北半球春、夏、秋、冬四个季节总云量的分布,单位:%)

图 2.18 给出了 2001—2013 年间全球总云量在北半球春、夏、秋、冬四个季节的年均变化趋势,可以看到,四个季节总云量增加最显著的地区均位于赤道附近的海洋上。

春季(图 2.18a),在北极附近海洋上以及格陵兰岛北部的总云量呈现增加的趋势;西伯利亚北部、加拿大地区、美国和墨西哥交界地区总云量呈现减少的趋势,部分地区年均减少 1.0% 以下。赤道附近的南美洲西部海洋上以及东南亚海洋地区总云量增加显著,最高可达 2.0%/a。

夏季(图 2.18b),在北极点附近总云量转为减少,而西伯利亚地区云量有所增加;低纬度地区云量的增加趋势不如春季明显,但在印度尼西亚附近的年均增长可达 2.5%。

秋季(图 2.18c),总云量在北极附近与西伯利亚地区均呈现减小的趋势,而在亚欧大陆北部的海洋上空存在一个云量增加的高值中心,年均增长达到 2.0%;低纬度太平洋的总云量增加区比起夏季有所缩小,太平洋中部出现云量减小的区域。

冬季(图 2.18d),北半球大陆大部分地区云量呈现减小的趋势,撒哈拉沙漠与中东地区总云量出现减小。格陵兰岛、西伯利亚北部以及北冰洋大部分地区的云量均显著减小,部分地区年均减小量达到2.0%;赤道附近的太平洋中心区域总云量也有明显的减小。总云量增长最大的区域位于印度尼西亚以北和以南的海洋上。可以看到,冬季低纬度地区的云量增加区域比起夏季向南移动。

南极大陆在四个季节的总云量均呈现减小的趋势,特别是夏季的云量减小最为明显,部分地区年均减少量超过3.5%;而冬季南极大陆的总云量的减小趋势较为缓和,并且在南极点附近出现了总云量增加的区域。

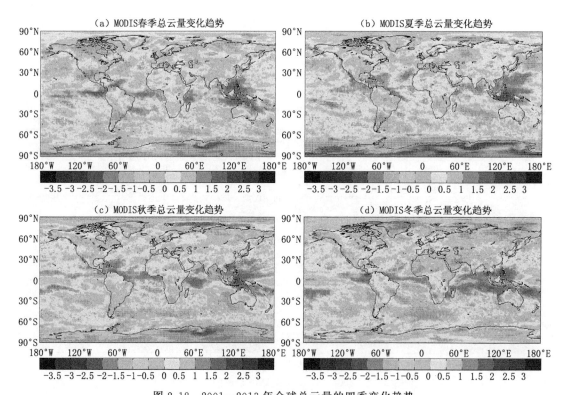

图2.18　2001—2013年全球总云量的四季变化趋势

(图a、b、c、d分别为北半球春、夏、秋、冬四个季节总云量的变化趋势,单位:%/a。阴影部分通过95%信度检验。)

2.2.3　东亚地区云顶高度的分布与变化特征

本节主要采用来自MODIS MOD03_08_v6.0的月平均数据,空间分辨率为$1°×1°$,除了云顶高度(Cloud_Top_Height,简称CTH),还采用该资料集中的总云量(Cloud_Fraction,简称CF)和大气水汽柱总量(Water_Vapor_column,简称WV)来探讨云顶高度变化的原因,所用的时间段均为2000年3月—2018年2月。此外,还利用了ERA-interim再分析资料中同时间段的海表温度(sea_surface_temperature)和近地表温度(2_meter_temperature)以及由NECP再分析资料提供的El Niño3.4指数。采用最小二乘法按函数$y(x)=a+bx$进行线性拟合。采用方差分析(F检验)(魏凤英,2007)对所得变率进行检验,即检验模型:$y(x_i)=a+bx_i$中的参数b是否显著不为0。采用M-K(Mann-Kendall)检验(魏凤英,2007;Mann,1945;Kendall,1948;Hamed et al.,1998)对云顶高度的变化趋势及突变进行了分析检验。研究区域为东亚地区,并着重研究其两个子区域,分别为东亚大陆东部

$(20°\sim40°N,100°\sim120°E)$和东部海域$(20°\sim40°N,120°\sim140°E)$。

2.2.3.1　云顶高度的空间分布

图 2.19 为云顶高度 18 年均值在东亚地区的空间分布特征。云顶高度为云顶的海拔高度,其年均值在东亚大陆呈西南高东北低的特征,青藏高原地区由于其地势较高,云顶高度分布在 $7\sim9$ km;中国东北地区、朝鲜半岛、中纬度海洋地区,云顶高度分布在 $3\sim5$ km。Zhao 等(2019)分析云顶参数时得到青藏高原地区云顶气压较低而东北地区云顶气压较高,由静力平衡方程压力随高度的增加而减少可知,本节结果与其研究相似。王胜杰等(2010)利用主动遥感 CloudSat 卫星资料得到青藏高原地区高云的云顶高度为 $6.5\sim9.5$ km,与本节的结果较一致。汪会等(2011)发现属于亚热带季风区的东亚云层主要位于对流层中低层,10 km 以上的云较少,而热带季风区的云层常年都存在底部大于 10 km 的冰晶云。整体来看,云顶高度的空间分布受地形和纬度的影响,其空间变化有明显差异。

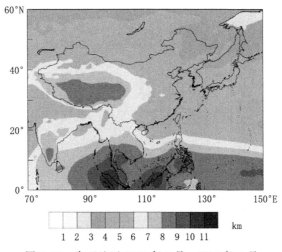

图 2.19　东亚地区 2000 年 3 月—2018 年 2 月
年平均云顶高度的空间分布(单位:km)

此外,云顶高度存在显著的季节变化特征。图 2.20 为云顶高度 18 年月均值在东亚地区的空间分布特征。春季的 3 月、4 月和 5 月青藏高原地区云顶高度的高值区范围逐月增长;东北地区低值区范围逐月减少,这可能由于随着温度的升高对流云出现的频率增多。夏季的云顶高度普遍较高,在东亚大陆的大部分地区和日本岛均分布在 7 km 以上。夏季对流云发展旺盛,是全年云顶高度最高的季节。秋季 9 月、10 月和 11 月云顶高度月均值逐月降低,并且大于 7 km 的高值区范围减少,11 月在中国东北地区出现一定范围低于 3 km 的低值区。这是因为东北地区纬度较高,11 月该区域温度值较低,进而形成较少的对流云。冬季 12 月、1 月和 2 月整个东亚地区云顶高度与全年相比较低,除青藏高原外,在东亚地区云顶高度多分布在 4 km 以下,东北地区在 1 月和 2 月存在 2 km 以下的低值区。

2.2.3.2　云顶高度月均值长时间序列

图 2.21 为 2000 年 3 月到 2018 年 2 月东亚地区云顶高度月均值长时间序列的分布趋势。如图 2.21a 所示,东亚地区、大陆东部和东部海域地区,云顶高度均呈现年周期振荡。总体来看,夏季云顶高度较高,冬季云顶高度较低,其主要原因是夏季温度较高,有利于云的

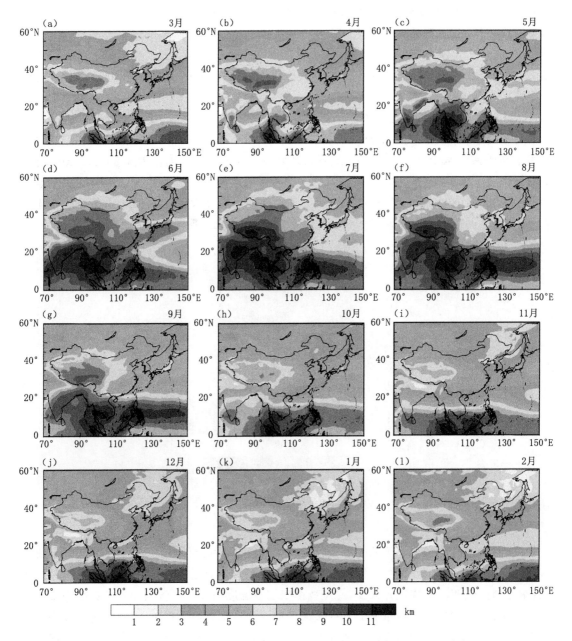

图 2.20　东亚地区 2000—2018 年月平均云顶高度(单位:km)的空间分布

(a)3 月;(b)4 月;(c)5 月;(d)6 月;(e)7 月;(f)8 月;(g)9 月;

(h)10 月;(i)11 月;(j)12 月;(k)1 月;(l)2 月

向上增长。在高值月份中,大陆东部的云顶高度较高,其中 2017 年 7 月该区域均值出现极大值 9.45 km;而在低值月份中,东部海域地区在 2007 年 3 月达到极小值 2.63 km。东亚地区、大陆东部和东部海域地区云顶高度的均值分别为 6.26、6.01 km 和 4.91 km。从距平图(图 2.21b)可以发现,东亚地区、大陆东部以及东部海域地区云顶高度的振荡频率和周期较为一致,且振幅均在 2.5 km 左右。

为了更好地研究海洋上云顶高度的变化特征,选取太平洋东部中心(5°N～5°S,120°～170°W)的云顶高度和 El Niño 3.4 指数的长时间序列分布来探讨海洋对云顶高度的影响。厄尔尼诺-南方涛动(El Niño-Southern Oscillation,ENSO)为热带太平洋上最显著的海气耦合信号,它对云特性的变化有着重要的影响。在太平洋东部中心的海温的年际变率超过±0.5℃时定义为 El Niño3.4 指数。如图 2.21c 所示,在热带太平洋区域云顶高度的变化同 Niño 3.4 指数有着较为一致的变化趋势。以 2014 年 9 月至 2016 年 5 月一次超强 El Niño 事件为例,该区域的云顶高度在此时间段呈现着明显的增长趋势,且距平值在 2016 年达到峰值 8.13 km。Lelli 等(2014)分析得到在低纬度地区由氧气 A 带反演得到的云顶高度主要被 ENSO 影响。因此分析东部海域地区云顶高度应与该区域海温距平变化联系起来。由图 2.21d 所示,该区域云顶高度同海温呈现着较为一致的年周期振荡,表明海洋地区的云顶高度受下垫面海温的影响。同样,Wagner 等(2008)发现全球的有效云顶高度和近地表温度存在正相关。图 2.21e 和图 2.21f 分别为东亚大陆东部和东亚地区的云顶高度和近地表温度距平的月均值 18 年的变化特征。可以得到云顶高度的变化和近地表温度的变化较为一致,表明云顶高度受下垫面温度的影响显著。

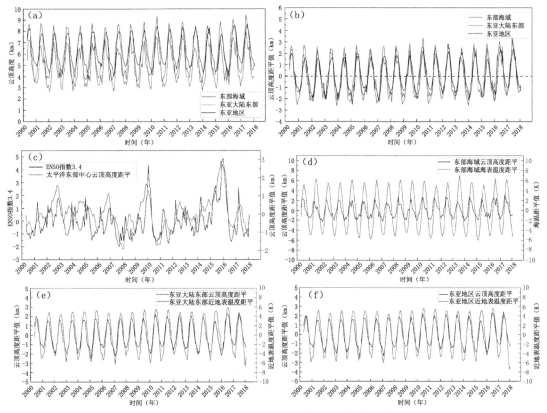

图 2.21　东亚地区及其子区域的云顶高度变化

(a)月平均值;(b)月均距平时间变化;(c)太平洋东部中心云顶高度和
El Niño 3.4 指数月均距平时间变化;(d)东亚地区东部海域云顶高度和
海温月均距平时间变化;(e)东亚大陆东部云顶高度和近地表温度距平
时间变化;(f)东亚大陆地区云顶高度和近地表温度距平时间变化

2.2.3.3 云顶高度年变化趋势

为得到 2000—2017 年云顶高度的变化趋势,对东亚地区、东亚大陆东部及东部海域地区云顶高度的年变率及季节变率进行计算,并对其进行方差分析(F 检验)和 M-K 检验。图 2.22 为三个地区云顶高度年均距平值随时间的变化和云顶高度时间序列突变 M-K 检验结果。三个地区的云顶高度年均距平值以 2009 年为界,向前负值较多,向后正值较多。对东亚地区云顶高度进行 M-K 检验的结果表明,UF(顺序时间秩序列得到)和 UB(逆序时间秩序列得到)值的交点出现在 2007 年,确定该年为云顶高度增加的突变起始年。云顶高度的 UF 值在 2001—2013 年超过 0.05 显著性水平信度线($U_{0.05}=\pm1.96$)。此外,利用最小二乘法将云顶高度进行线性拟合,得到东亚地区云顶高度以 $0.020\pm0.010\ \mathrm{km\cdot a^{-1}}$ 的变率呈增长趋势。但经过方差分析发现,在 0.05 的水平下,所得到的斜率不显著。研究东亚大陆东部云顶高度的变化发现 UF 值从 2007 年开始一直为正值,UF 和 UB 的交点出现在 2015 年,且 UF 值在 2015 年超过 0.05 显著性水平信度线。通过最小二乘法线性拟合得到东亚大陆东部云顶高度的年变率为 $0.035\pm0.008\ \mathrm{km\cdot a^{-1}}$,且方差分析得到在 0.05 的水平下,该斜率显著。在东部海域地区,同样可以得到云顶高度呈增长趋势,年变率为 $0.034\pm0.009\ \mathrm{km\cdot a^{-1}}$,通过了方差分析和 M-K 检验。Evan 和 Norris(2012)通过分析 Terra 卫星上订正的 MISR 资料发现云顶高度在 2003—2010 年在全球呈 $54\ \mathrm{m\cdot decade^{-1}}$ 的增加趋势,MODIS 资料呈 $61\ \mathrm{m\cdot decade^{-1}}$ 的增加趋势。与此结果对比发现,东亚地区的云顶高度增长趋势与全球增长趋势相比更加明显。一方面,由于全球范围较大,各区域下垫面状况改变或大尺度环流对云的影响复杂;另一方面,可能由于东亚地区高浓度排放的气溶胶对云的生长产生一定影响。

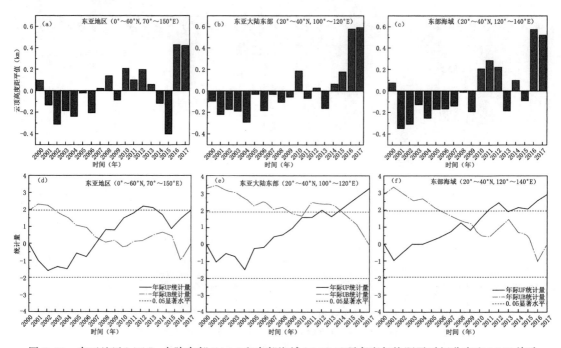

图 2.22　东亚地区(a)(d)、大陆东部(b)(e)和东部海域(c)(f)云顶高度年均距平时间分布和 M-K 检验

表 2.2 为 2000—2017 年东亚以及子区域云顶高度季节变率、方差分析和 M-K 突变检

验。M-K 检验中,如果季节的 UF 值在 18 年内超过 0.05 的显著性水平信度线,则标注为
"是",并将突变点的时间列为其后。结果表明云顶高度均呈现增长趋势。其中,东亚地区在
夏季和秋季云顶高度的年变率较为显著,分别通过了方差分析和 M-K 检验,且两者的突变
点均在 2007 年。东亚大陆东部云顶高度的夏季年变率并未通过方差分析,但在另外三个季
节均呈显著增加趋势,尤其秋季其季节年变率达 0.058 ± 0.010 km · a^{-1}。值得注意的是,
在 M-K 检验中,正反序列在整个时间区间中所出现的交点的时间差异较大。春季和冬季分
别出现在 2007 年和 2014 年,可能由于时间序列没有达到 30 年或更多年份导致 M-K 检验
突变的判断有一定的缺陷。但 UF 值在 2005 年后保持为正值,这可以表明每个季节云顶高
度均呈增加趋势。同理,东部海域地区在春季、秋季和冬季三个季节云顶高度同样呈增加趋
势,在秋季以 0.040 ± 0.016 km · a^{-1} 的年变率增长。

表 2.2　东亚地区、东亚大陆东部及东部海域云顶高度季节年变率与检验结果

	季节	年变率 (km · a^{-1})	0.05 水平下, 斜率是否显著	M-K 突变检验结果 是否超过信度线
东亚地区	年均值	0.020 ± 0.010	否	是
	春季	0.010 ± 0.011	否	否
	夏季*	0.021 ± 0.010	是	是(2007 年)
	秋季*	0.031 ± 0.012	是	是(2007 年)
	冬季	0.019 ± 0.013	否	否
东亚大陆东部	年均值*	0.035 ± 0.008	是	是(2014 年)
	春季*	0.029 ± 0.011	是	是(2007 年)
	夏季	0.024 ± 0.011	否	是
	秋季*	0.058 ± 0.010	是	是(2010 年)
	冬季*	0.028 ± 0.012	是	是(2014 年)
东部海域	年均值*	0.034 ± 0.009	是	是(2010 年)
	春季*	0.037 ± 0.013	是	是(2007 年)
	夏季	0.031 ± 0.018	否	否
	秋季*	0.040 ± 0.016	是	是(2008 年)
	冬季*	0.027 ± 0.010	是	是(2014 年)

注:*表示通过 0.05 水平方差分析和 M-K 检验

2.2.3.4　云顶高度年变率的空间分布

图 2.23a~c 为东亚地区云顶高度年变率在全年、夏季和冬季的空间分布,整体来看,大
部分地区云顶高度年变率呈增加趋势,同上文所得到的结论一致,且在 30°~40°N 纬度带增
加趋势显著,年变率高达 0.6 km · a^{-1}。但在塔克拉玛干沙漠和蒙古高原地区云顶高度呈
现减少趋势,年变率在 -0.03 km · a^{-1} 左右。沙漠地区云顶高度的减少可能与下垫面的热
力状况有关。此外,结合同卫星同时段的云量(图 2.23d)和水汽柱总量(图 2.23g)的变化,
来分析云顶高度的变化。首先,水汽是形成云的必要条件,水汽的变化对于云中各项参数的
变化有着一定的影响。东亚地区水汽柱总量在 18 年间均呈增加的趋势,特别在中国南海、
东部海域和东亚大陆东南部年变率在 0.02 cm · a^{-1} 以上。同时 Lelli 等(2014)发现非洲北

部云顶高度和水汽同样存在正相关,他认为印度半岛的烟尘小粒子被东风传送到非洲北部,进而使水汽的增加导致了云顶高度的增加。东亚地区为高污染排放区,气溶胶粒子基数大,活化形成云凝结的粒子较多(Li et al.,2011;Wang et al.,2014),同样,由于水汽增加云也进一步增长。而云量的变化对于云顶高度的影响主要在于云类型的转变,高云发生率的增加或低云发生率的减少会导致云顶高度呈增加趋势。云量在东亚大陆东南部和东部海域均呈大于 $0.24\% \cdot a^{-1}$ 的增加趋势,与云顶高度在此区域增长一致,说明该区域高云的发生率可能增多。在青藏高原地区云量呈现减少趋势,与陈少勇等(2006)、伯玥等(2016)的研究一致,但云顶高度依然呈大于 $0.03\ km \cdot a^{-1}$ 的增加趋势。青藏高原地势较高,该区域存在冰云的次高值区(陈玲 等,2015),尽管云量减小,但可能由于上空气溶胶的输送导致云顶高度增长。

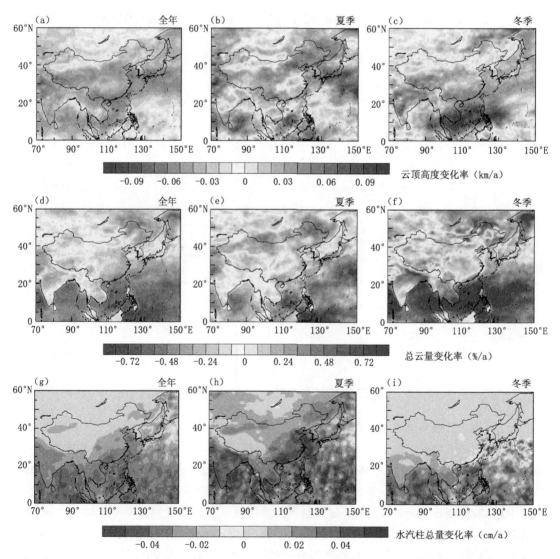

图 2.23 2000—2018 年东亚地区云顶高度、总云量和水汽柱总量在全年、夏季和冬季变化率的空间分布
第一行表示云顶高度(a)全年、(b)夏季、(c)冬季;第二行表示总云量(d)全年、(e)夏季、(f)冬季;
第三行表示水汽柱总量(g)全年、(h)夏季、(i)冬季

夏季云顶高度的变化趋势与年变率相比有一定的异同。由图 2.23b 可知,东亚地区夏季云顶高度在长江三角洲上空呈 -0.03 km·a^{-1} 左右的减少趋势。该区域水汽充足,夏季水汽呈大于 0.04 cm·a^{-1} 的增加趋势,同时云量呈 -0.24%·a^{-1} 的减少趋势。江淮梅雨是夏季风向北推进的重要因素。在全球变暖的大背景下,极端天气例如暴雨等的增加可能使该区域夏季水汽柱总量充足并且呈增加趋势,易产生连续性降水的低云,进而导致云顶高度降低。塔里木盆地、吐鲁番盆地以及四川盆地东北部云顶高度在夏季呈 -0.03 km·a^{-1} 左右的减少趋势。同时,三个盆地水汽柱总量较周围呈明显增加趋势。塔里木盆地和吐鲁番盆地上空总云量呈 0.24%·a^{-1} 左右的增加趋势。盆地地势低洼,水汽增加更易形成低云,进而导致总云量的增加和云顶高度的降低。此外,夏季东亚其他地区云顶高度呈增加趋势,与年变率较为一致。

冬季云顶高度的变化趋势与全年和夏季相比同样存在一定的异同。由图 2.23c 可知,云顶高度在东亚大陆 40°N 以北呈明显减少趋势,在 40°N 以南呈增加趋势。由图 2.23i 可知,冬季东亚大陆地区水汽柱总量的年变率同样为正值,但数值量级上较小,低于 0.01 cm·a^{-1}。此结果与 Mieruch 等(2008)一致,这表明在冬季水汽的变化对云顶高度的影响较小。冬季云量在东亚大陆大部分区域呈小于 -0.24%·a^{-1} 的减少趋势。冬季北部地区(40°N 以北)取暖等人类活动排放的烟尘较多,一方面,这类型气溶胶的吸收特性会加热大气,导致云量减少(Xu et al.,2017),另一方面,其作为云凝结核消耗云内水汽,导致云顶高度降低。南部地区(40°N 以南)云顶高度呈 0.03 km·a^{-1} 左右的增长趋势。值得注意的是,中国南海云顶高度增长趋势明显,增长率高达 0.09 km·a^{-1}。云量和水汽柱总量在中国南海地区也呈明显增长趋势,增长率分别高达 0.72%·a^{-1} 和 0.04 cm·a^{-1}。该海洋区域温度在冬季比东亚大陆高,并且低纬度地区易形成冰晶粒子性质的高云,水汽量的增加使得该区域形成更多的高云,进而导致云量和云顶高度均呈明显增加趋势,三者达到了统一。

2.3　东亚地区和全球云光学厚度的分布与变化

2.3.1　东亚地区云光学厚度的分布与变化

云的物理光学特性对地气系统的辐射收支有很大影响,云光学厚度作为描述云的重要物理量,不仅可以影响辐射平衡,而且还会影响地面能见度(邓军 等,2006)。本节分别利用 ISCCP 和 CloudSat 卫星资料对东亚地区的云光学厚度进行研究,其中 2.3.1.1 节为 ISCCP 资料得到的 1984—2009 年云光学厚度的分布与变化趋势,2.3.1.2 节和 2.3.2.2 节为 CloudSat 资料得到的 2007 年 1 月至 2010 年 12 月的云光学厚度的分布与季节变化。

2.3.1.1　ISCCP 资料得到的东亚地区云光学厚度

图 2.24 给出了东亚地区 1984—2009 年云光学厚度的年均分布与变化趋势。总体上,云光学厚度的分布与总云量的分布是一致的,呈现由南向北递减的分布形式,中国南方云光学厚度普遍大于 6,而北方云光学厚度较小,大部分地区小于 4。在四川盆地附近存在云光学厚度的高值中心,最大值可达 10 以上;在西北地区新疆、甘肃与蒙古的交界处是云光学厚度的低值区,云光学厚度小于 2。与云量分布不同的是,海洋上的云光学厚度小于中国南方陆地,尤其是南海的云光学厚度普遍小于 4。由公式(2.10)可知,云光学厚

度与液态水路径成正比,而与云滴有效半径成反比。中国南方陆地地区水汽充足,云滴有效半径小,而北方地区水汽含量低,海洋上水汽含量高但云滴较大,故北方和海洋云的光学厚度低于南方地区。

由图2.24b可知,东亚大部分地区云的光学厚度是呈现增大的趋势的,其中在四川盆地地区与青藏高原中部年均增长0.06以上,特别在西藏、新疆与青海的交界中心的增长量可达每年0.08以上。而在新疆北部、西藏最西部与东南沿海地区云光学厚度有较明显的减小(<0.02/a)。与图2.4b相比可以发现,总云量在青藏高原处呈减小趋势,这与云光学厚度的变化趋势并不一致。

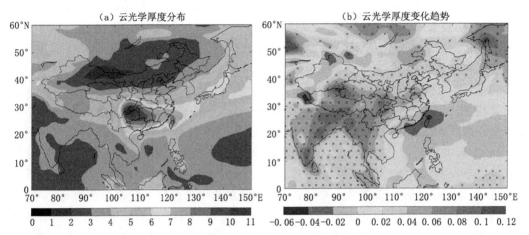

图2.24 1984—2009年东亚地区云光学厚度的分布(a)和变化趋势(b,单位:1/a,符号"x"表示的阴影区域通过95%信度检验)

图2.25给出了东亚地区1984—2009年云光学厚度的四季分布。

春季云的光学厚度的分布(图2.25a)与全年光学厚度的分布接近,但高值中心更偏东南方向,最大可达10以上。光学厚度大于9的区域覆盖了华南大部分地区,一直延伸到台湾北部。北方大部分地区光学厚度小于4。

夏季云的光学厚度的分布(图2.25b)与全年分布相比有较大区别,北方地区云光学厚度有明显增大,而华南地区的云光学厚度有所减小。云光学厚度的高值区与春季相比向西南方向移动,位于四川盆地、云贵高原地区,光学厚度值大于8。而总云量在夏季(图2.5b)也是西南最高,这是由于南亚夏季风爆发,给西南地区带来充沛水汽。

秋季云的光学厚度的分布(图2.25c)与全年分布也较为接近,但北方云光学厚度小于2的低值中心向四周扩大,南方云光学厚度的高值中心向四川盆地紧缩,但最大光学厚度达到了11以上。

冬季南北方云的光学厚度(图2.25d)的差异最为明显。北方云光学厚度小于2的地区向东扩展至华北和东北。南方出现了两个光学厚度的高值中心,一个位于四川盆地,最高值达到14以上;另一个位于台湾及其东北部海洋地区,最高值达到13以上。

图2.26给出了东亚地区1984—2009年云光学厚度的四季变化趋势。

春季(图2.26a)云的光学厚度与全年平均值的减小区域基本一致,但春季的减小趋势更为剧烈,达到年均减小0.06以上,部分地区减小至每年0.09以上。云南西部,西藏南部,以

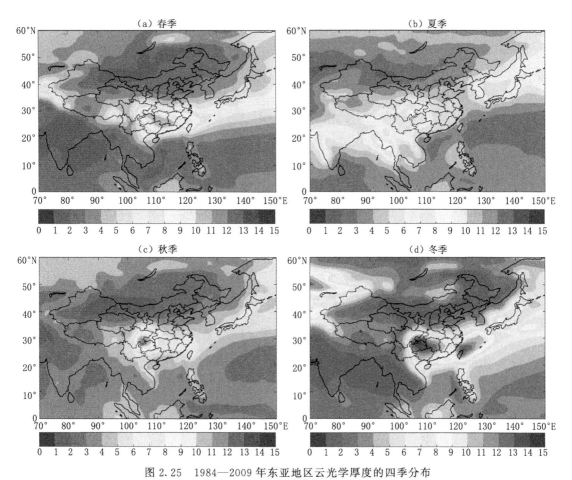

图 2.25　1984—2009 年东亚地区云光学厚度的四季分布

（a、b、c、d 分别代表春季、夏季、秋季、冬季）

及西藏、新疆、青海的交界处,云光学厚度年均增长 0.06 以上,其中西藏南部边境地区最高增长每年 0.09 以上。

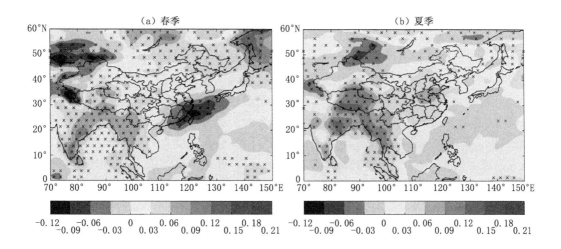

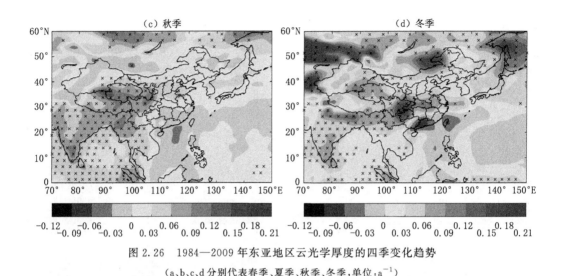

图 2.26　1984—2009 年东亚地区云光学厚度的四季变化趋势

（a、b、c、d 分别代表春季、夏季、秋季、冬季，单位：a^{-1}）

　　夏季(图 2.26b)只有西北地区北部云、蒙古国及南方部分海洋区域光学厚度有所减小，其他区域的云光学厚度均呈现增大的趋势。光学厚度的增大中心涵盖了青藏高原的大部分地区，在西藏南部增长最为剧烈，可达年均 0.12 以上。

　　秋季(图 2.26c)云的光学厚度在华南与南海地区，以及西北部分地区有所减小，年均减小量不足 0.03。增长趋势的高值中心集中在西藏、新疆与青海的交界地区，中心增长量达到年均 0.12 以上。

　　冬季(图 2.26d)大部分地区云的光学厚度呈现增大的趋势，在内蒙古东北部与蒙古国交界处，以及四川盆地地区表现最为明显，年均增长达到 0.15 以上。减小区域主要在华南沿海及向南的海洋区域，其中广东境内年均减小量可达 0.06 以上。

2.3.1.2　CloudSat 资料得到的东亚地区云光学厚度

　　图 2.27 是东亚地区 2007 年 1 月至 2010 年 12 月总云光学厚度的水平分布情况，可以看出，总云光学厚度的值大部分在 30 以下，高值区主要位于北纬 35°以南，四川盆地的值全年都普遍较高。四季的总云光学厚度的分布也存在差异，其中冬季的值最高，最大值在 30 以上，高值区位于四川盆地、长江中下游以南地区以及我国的东海海域；春季和秋季的值略微低于冬季，高值区集中在四川盆地一带，达到 18 以上，另外，50°～60°N 的纬度带上以及日本岛附近也有高值区存在，最大值达到 12 以上，秋季高于春季；夏季东亚地区的总云光学厚度值最低，最大值为 12 以上，集中在四川盆地到青藏高原西南部。与图 2.25 相比可知，CloudSat 反演得到的云光学厚度比 ISCCP 要大得多，但两者的空间分布是一致的。

　　图 2.28 是云光学厚度在东亚不同区域的垂直分布。可以看出，云光学厚度的值大部分在 1.5 以下，最大高度是 15 km。不同季节中光学厚度分布的最大高度有所差异，其中夏季的最大高度达到 15 km，是四季中最大的，冬季最小，只有 10 km 左右，春季和秋季的最大高度介于 10～15 km。在东部海域、北方地区、南方地区，云光学厚度的值在冬季最大，分别达到 1.5、1.2、1.1，而在夏季的值最小，分别为 0.2、0.38、0.39，这与总云光学厚度的季节变化特点有一致性；冬季的最大值位于边界层，而夏季分布的位置较高，特别是南方地区的最大值高度达到 4 km 左右，说明夏季这些地区的云层高度比其他季节高。在青藏高原、西北地

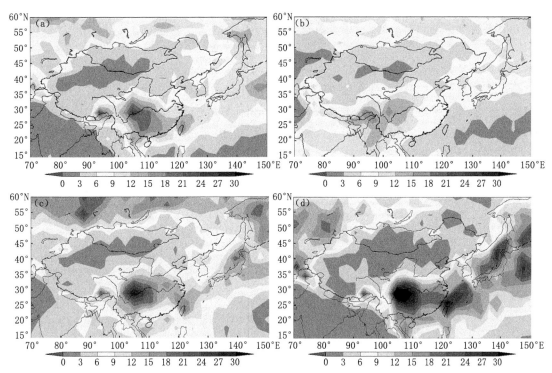

图 2.27 2007—2010 年总云光学厚度水平分布的季节变化

(图 a、b、c、d 分别表示总云光学厚度在春、夏、秋、冬季的分布)

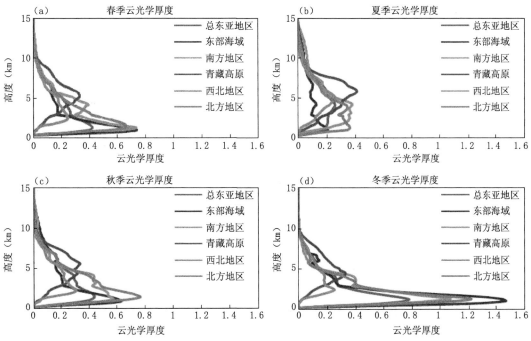

图 2.28 2007—2010 年不同区域内云光学厚度垂直分布的季节变化(书后见彩图)

(图 a、b、c、d 分别表示云光学厚度在春、夏、秋、冬季的垂直分布)

区,最大值的差异相对较小,青藏高原的最大值在夏季,达到 0.4 以上,最大值高度为 5 km 左右,比其他季节高;西北地区的最大值在 0.3 左右,出现在秋季,最大值在夏季的分布位置最高。

图 2.29 是云光学厚度的 PDF 分布图。可以看出,云光学厚度的值基本集中在 0.4 以下区域,特别是 0.02 以下的分布概率最高,达到 0.4 左右。概率密度曲线的变化规律类似双曲线型,随着光学厚度的增加,分布概率逐渐降低,最后趋于 0。四个季节的曲线差异不大,光学厚度在 0.02 以下的区间里,冬季的概率最大,达到 0.4 左右,春秋次之,为 0.35 左右,夏季最小,仅为 0.26 左右;在 0.02~0.2 的区间里,夏季的概率较大,其他三个季节基本一致。

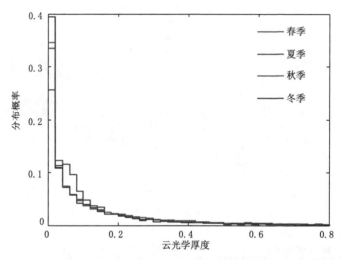

图 2.29　2007—2010 年东亚地区云光学厚度的 PDF 分布(书后见彩图)

2.3.2　全球云光学厚度的分布与变化

本节分别利用 MODIS 和 CloudSat 卫星资料对全球的云光学厚度进行研究,其中 2.3.2.1 节为 MODIS MOD08_M3 资料得到的 2001—2013 年云光学厚度的分布与变化趋势,2.3.2.2 节为 CloudSat 资料得到的 2007 年 1 月至 2010 年 12 月的云光学厚度的分布与季节变化。

2.3.2.1　MODIS 资料得到的全球云光学厚度

由于 MODIS 的云光学厚度的资料在高纬地区较为缺乏,并且数据误差较大,因此,我们只对全球的低纬地区和中纬地区(60°S~60°N)的云光学厚度进行分析。

根据图 2.30a 可以看出,中低纬度地区海洋上云的光学厚度明显比陆地上小。云光学厚度的高值区主要分布在中国南方、欧洲中东部、美国东部和巴西南部,光学厚度大于 20,特别在中国的四川盆地附近,云的光学厚度可高达 25 以上。云光学厚度最小的区域(小于 10)主要位于低纬度海洋、撒哈拉沙漠和阿拉伯半岛的沙漠地区,而赤道辐合带所在区域的光学厚度高于南北两侧,在 10 以上。

与图 2.16a 比较可知,云光学厚度与云量在海洋上和陆地上的分布分别具有很高的一致性。在海洋上,赤道辐合带与中纬度地区的云量和云光学厚度均高于低纬度地区。在陆地上,北半球大陆上云量和云光学厚度的高值区与低值区分别对应;澳大利亚、非洲南部与撒哈拉沙漠地区的云量和云光学厚度均较低;但在南美洲两者的分布体现出差别,南美北部云量高而云光学厚度低,南部云量低而云光学厚度高。

由图 2.30b 可知,中低纬度的云光学厚度在大部分地区均呈现减小的趋势,南北半球的中纬度地区与赤道辐合带减小趋势显著,可达 0.2%/a 以上,特别是在中国南方、欧洲地区、北美东部、赤道太平洋附近与南美洲南部的部分地区的年均减小量可达 0.5% 以上。低纬度地区云光学厚度的减小趋势较为缓和,且出现了较多增加的区域,但这些增加区域的分布极其分散。澳大利亚北部、阿拉伯海北部和巴基斯坦的部分地区的年均增加量可达 0.2% 以上。可以看出,云光学厚度小的地区其年均减小量也小,而云光学厚度大的地区其年均减小量也大,这是因为光学厚度的基数限制了其减小的范围。

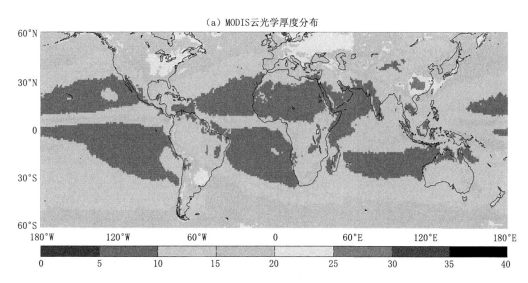

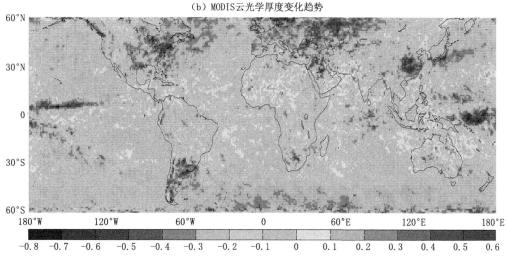

图 2.30　2001—2013 年全球 60°S～60°N 的云光学厚度的年均分布与变化趋势

(图 a 为云光学厚度的年均分布;图 b 为云光学厚度的年均变化趋势,单位:a^{-1}。

纬度范围为从 60°S 至 60°N。阴影部分通过 95% 信度检验)

图 2.31 分别给出了 2001—2013 年云光学厚度在北半球春、夏、秋、冬四个季节的分布。

春季(图 2.31a)在欧洲大部分地区云的光学厚度在 15 至 20 之间,小于全年平均值(20以上);北半球在非洲西部海洋上与阿拉伯海地区存在云光学厚度最低的中心(小于 5);中国南部存在云光学厚度最高的中心(>25)。

夏季(图 2.31b)在西伯利亚和中国北部的云光学厚度(>15)高于春季,但中国南部的云光学厚度(<25)比春季低;云光学厚度低于 5 的低值中心移至阿拉伯半岛以南海洋和地中海东部;南半球 60°S 附近云的光学厚度有了显著的增加。

秋季(图 2.31c)云光学厚度的分布与全年平均的分布(图 2.30a)最为接近,但在低纬度的南美东部海陆交界处和澳大利亚西北海洋上出现了云光学厚度小于 5 的低值中心。

冬季(图 2.31d)云的光学厚度在中国北方、西北与西伯利亚地区有所减小,但在中国南方、东海以及日本东南海洋上有所增加,四川盆地地区光学厚度可达 30 以上;北大西洋与欧洲地区云的光学厚度与夏季相比显著增大,大部分地区均在 20 以上。撒哈拉沙漠南部出现较大范围的低值区,云的光学厚度低于 5。

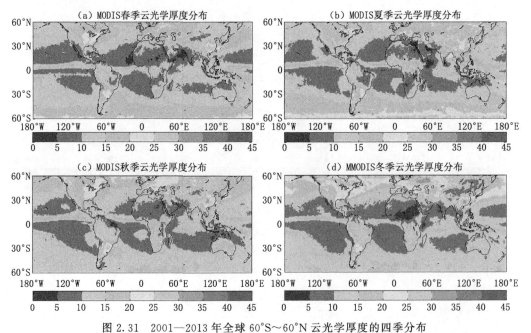

图 2.31 2001—2013 年全球 60°S～60°N 云光学厚度的四季分布
(图 a、b、c、d 分别为北半球春、夏、秋、冬四个季节云光学厚度的分布,纬度范围从 60°S 至 60°N)

图 2.32(a～d)分别给出了云光学厚度在北半球春、夏、秋、冬四个季节的变化趋势,全球中低纬度的云光学厚度在这四个季节的大部分地区均呈现减小的趋势。春季(图 2.32a)云光学厚度增加量最大的区域位于澳大利亚北部,年均增长超过 0.4%,而南美南部与北美西部的减小趋势十分明显,年均减小可达 0.6% 以下。夏季(图 2.32b)南半球 45°S 以南海面上的云光学厚度出现显著的减小趋势,太平洋西部低纬度地区的年均减小量也达到 0.6% 以下。秋季(图 2.32c)和冬季(图 2.32d)在南半球的减小趋势有所缓和,而北半球中纬度地区云的光学厚度的减小趋势比春夏两季显著,同时冬季在中国南部和赤道太平洋附近也出现了显著的减小。在上述的显著减小区域,冬季云光学厚度最大的减小量可达 0.8%/a。在阿

拉伯半岛和伊朗高原地区,秋冬两季的云光学厚度呈现不同的变化趋势,这一地区在秋季是增加趋势的高值中心,年均增长最高可超过 0.6%;而在冬季则成为年均减小量超过 0.6%的显著减小区域。

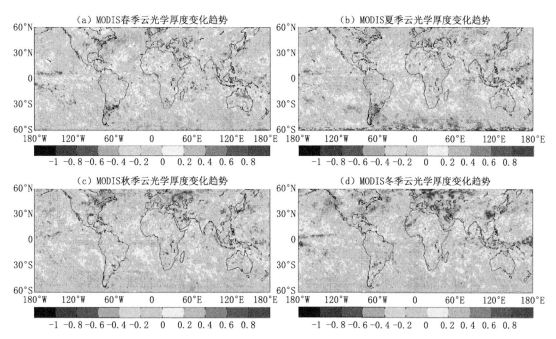

图 2.32　2001—2013 年全球 60°S～60°N 云光学厚度的四季变化趋势

(图 a、b、c、d 分别为北半球春、夏、秋、冬四个季节云光学厚度的变化趋势,纬度范围从 60°S 至 60°N。
阴影部分通过 95%信度检验)

2.3.2.2　CloudSat 资料得到的全球云光学厚度

图 2.33 分别给出 CloudSat 资料得到的 2007 年 1 月至 2010 年 12 月四个季节总云光学厚度的全球分布。从图中可以看出,全球总云光学厚度的值大部分在 40 以下,分布的高值区普遍位于中高纬度的广阔地区和低纬度靠近大陆的洋面上空。具体来说,四季中普遍存在的高值区位于南北纬中高纬度的广阔洋面、北美和欧亚大陆北部、中国的西南地区,以及低纬度的北美、南美、南非的西部海域,高值区最大值可达 15 以上,高纬度部分地区可以达到 30 以上。从季节变化来看,四季中北半球夏季时高纬度地区总云光学厚度的值偏小,低纬度地区则偏大,高值区位置偏北;北半球冬季时海陆差异较大,高值区位置偏南。影响总云光学厚度分布的主要因子是云量,参照 ISCCP(http://isccp. giss. nasa. gov. html)网站提供的全球总云量分布图可以看出,云量分布的高值区与上述总云光学厚度的高值区基本对应,原因是云量大的地方整层云的消光作用强。中高纬度高值区位置偏向于南北半球夏季,原因是夏季极地地区处于极昼,蒸发加大,使云量增多,致使光学厚度的值变大。此外,除极地外的几个高值区冰云和水云有效半径的值也相对较小,根据式(2.10)可知光学厚度的值相对变大。

对比 MODIS 资料 2007 年 1 月到 2010 年 12 月的全球总云光学厚度的季节分布(图2.34)可以看出,CloudSat 资料能够很好地反映出总云光学厚度在全球的分布情况,与 MODIS 资料有较好的一致性,两个资料得出的全球大部分地区的总云光学厚度的值均在 40 以

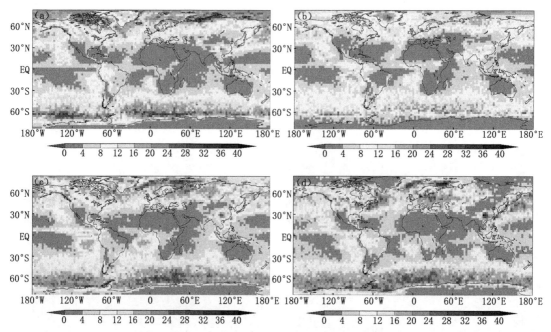

图 2.33　2007—2010 年总云光学厚度水平分布的季节变化

（a、b、c、d 分别表示北半球的春、夏、秋、冬）

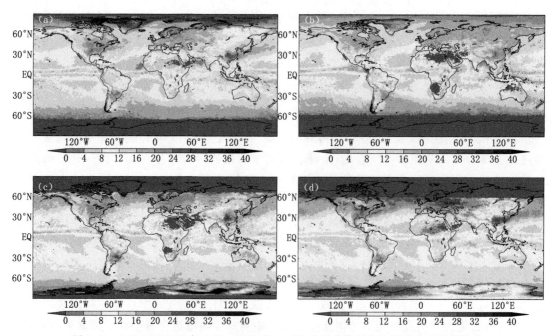

图 2.34　MODIS(2007 年 1 月—2010 年 12 月)总云光学厚度水平分布的季节变化

（图 a、b、c、d 分别表示北半球的春、夏、秋、冬）(http://modis.gsfc.nasa.gov.html)

下，主要的高低值中心位置也基本一致。但由于探测仪器不同（CloudSat 上搭载的 CPR 为主动遥感，MODIS 传感器为被动遥感），两者的结果也存在一定差异：从全球范围来看，MO-DIS 资料得出的总云光学厚度的值普遍比 CloudSat 资料高，特别是陆面上的差异更为显著；在南半球春季和夏季（即北半球秋冬季节），CloudSat 资料在 60°S 附近的值很高，而 MODIS

资料的高值区与 CloudSat 相比偏南,位于南极地区。

　　CloudSat 资料的最大优点就是可以反演云信息的垂直分布。云光学厚度在不同高度上值的范围大部分在 4 以下,图 2.35 给出了纬圈平均的云光学厚度垂直分布的季节变化,从图中可以看到,在垂直高度上光学厚度的值集中在 4 km 以下,2 km 以下的边界层中值最大,达到 4 以上,在 4 km 以上,光学厚度的值普遍减少,范围在 0.2～1.2,在 4 km 以上区域的值很小,原因主要与云的形成有关,云主要在 2 km 以下的边界层中产生、发展。赤道附近云光学厚度存在一个低值带,大约 10 个纬度,云光学厚度值的范围在 1.2 以下,这与云量的分布相对应,云量在这个区域也相对较少。南北半球的中高纬度地区分别有两个高值区,最大值可以达到 4 以上,都位于边界层,但中心位置随着季节的不同有所差异。这种分布规律可能受液态水含量的垂直分布影响较大,由式(2.10)可知,液态水含量越大,光学厚度越大。一方面,中高纬度的云量比较大,另一方面,水云的光学厚度一般大于冰云,因此,对光学厚度的贡献较大。整体来看,高值区位置偏向于南北半球的夏季,春秋两季高值区基本以赤道为中心对称分布,主要是因为夏季蒸发量大,云水含量较大,从而云量较大,消光作用较强。

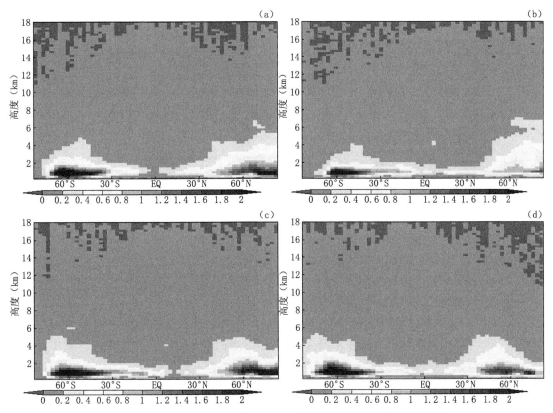

图 2.35 2007—2010 年纬向平均的云光学厚度垂直分布的季节变化
(a、b、c、d 分别表示北半球的春、夏、秋、冬)

2.4 东亚地区和全球云物理量的分布

　　本节利用 CloudSat 卫星资料得到 2007 年 1 月至 2010 年 12 月东亚地区和全球的各种

云微物理量(云水路径、云水含量、云滴数浓度和云滴有效半径)的水平或垂直分布及季节变化,其中 2.4.1 节为东亚地区的分布情况,2.4.2 节为全球的分布情况。

2.4.1 东亚地区云物理量的分布

2.4.1.1 云水路径

(1)云水路径的水平分布及其季节变化

东亚地区云的冰水路径的季节变化比较显著,从图 2.36 中可以看出,冰水路径值的范围在 700 g·m^{-2} 以下,夏秋两季的值较高,春季次之,冬季最小,高值区分布在 40°N 以南区域。春季高值区范围较小,东部海域上有小范围的高值区存在,最大值达到 400 g·m^{-2} 以上,我国长江中下游地区以及东海海域也有小范围的高值,最大值为 300 g·m^{-2} 以上;夏季高值区分布的范围最大,青藏高原、华南地区以及东部海域上空大部分区域都有高值分布,最大值为 400 g·m^{-2} 以上;秋季高值范围向东南移动,基本分布在东部海域上空,最大值没有减弱;冬季整个东亚地区冰水路径的值均较低,没有明显的高值区存在。这种季节分布的差异主要受大气中水汽含量的影响,夏季 15°~40°N 东亚地区接收的太阳辐射较多,地表蒸发量增大,因此使得大气中水汽含量增多,加大了整层大气中云的冰水路径值。而接近冬季时,大气中的水汽主要集中在洋面,故东亚地区冰水路径的值普遍较小,大部分高值区位于洋面上空。

云的液态水路径在东亚地区的分布情况与冰水路径相近,高值区也普遍集中在 40°N 以南地区,大小在 600 g·m^{-2} 以下。夏季和冬季液态水路径的值比较大,秋季次之,春季较小。春季高值区位于青藏高原、南方地区以及东部海域上空,最大值在 250 g·m^{-2} 以上;夏季高值区移到青藏高原上空,最大值增加到 400 g·m^{-2} 以上,东部海域的值分布范围减小;秋季高值区向东扩展,分裂成两个中心,分别位于青藏高原和东海海域上空,最大值有所减弱,达到 350 g·m^{-2} 以上;冬季高值区基本移至东部海域,最大值增大为 400 g·m^{-2} 以上。可以看出,东亚地区液态水路径的分布同样受到大气中水汽含量的影响,夏季青藏高原上空对流旺盛,水汽的垂直输送较大,整个大气中水汽含量较大,因此,液态水路径的高值区集中于此;冬季东部海域上蒸发量大,液态水路径的高值集中在洋面上空。这种季节变化与东亚季风的季节振荡也有一定的相似之处。

(2)云水路径的月变化

图 2.37 为 2007—2010 年云的冰水路径(左)和液态水路径(右)的月平均变化图,横坐标表示 12 个月,纵坐标分别表示冰水路径、液态水路径的月平均值。从图中可以看出,冰水路径的月平均值在 90~290 g·m^{-2},其中 7 月的值最大,1 月的值最小,从 1 月开始到 12 月呈现先增大后减小的变化趋势,最大值与最小值的差值为 200 g·m^{-2}。四季差异比较明显的,夏季 6、7、8 月的值最大,冬季 12、1、2 月最小,春秋两季位于中间,秋季比春季的值略高,变化曲线光滑,随月份均匀变化。液态水路径的月平均值变化规律与冰水路径相近,如上图所示,范围为 150~240 g·m^{-2},冬季的值最小,夏季最大,最大值的月份集中在 8 月,最小值出现在 2 月,变化趋势基本为先增大后减小,但高低值出现的月份与冰水路径相比有所推迟,1 月的值比 2 月略高。液态水路径随月份变化的幅度比冰水路径小,最大值与最小值的差为 90 g·m^{-2} 左右。冰水路径和液态水路径呈现这种先增后减的变化趋势的原因主要与东亚地区气候特点的季节差异有关,夏季温度高,大气中水汽含量增高,整层云中的冰水和

液态水含量均随之增大。

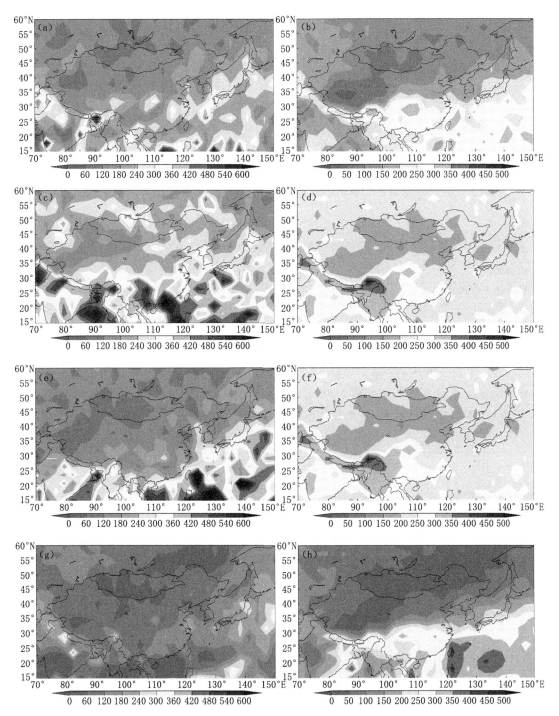

图 2.36　2007—2010 年云的冰水路径(左)、液态水路径(右)水平分布的季节变化

(a、c、e、g 分别表示冰水路径在春、夏、秋、冬的分布,b、d、f、h 分别表示液态水路径在

春、夏、秋、冬的分布,单位:g·m^{-2})

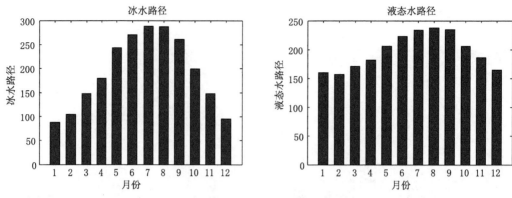

图 2.37　2007—2010 年云的冰水/液态水路径平均值的月变化

（横坐标为月份,左图纵坐标为冰水路径的月平均值,右图纵坐标为液态水路径的月平均值,单位:g·m^{-2}）

（3）不同区域云水路径平均值的季节变化

表 2.3 中给出的是东亚不同区域内云的冰水路径、液态水路径平均值的季节变化情况。可以看出,东亚地区不同区域内冰水路径的平均值在 400 g·m^{-2} 以下,夏季的值普遍比其他季节大,春秋次之,冬季最小。从区域差异来看,冰水路径从大到小依次为南方地区、东部海域、青藏高原、北方地区、西北地区,其中南方地区夏季的平均值达到 400 g·m^{-2} 左右,是所有区域中最大的,西北地区冬季的平均值最小,只有 78 g·m^{-2}。这是因为南方地区和东部海域的水汽条件丰富,整层大气中云的含水量比其他区域高,夏季温度高更有利于蒸发,而西北地区大部分处在干旱半干旱区,水汽较少,云的冰水含量较低,冬季受北部干空气的影响冰水含量达到最低水平。南方地区季节差异最大,夏季和冬季的差值达到 310 g·m^{-2},西北地区季节差异最小,夏季和冬季的差值仅为 133 g·m^{-2}。

表 2.3　2007—2010 年不同区域内云水路径平均值的季节变化(单位:g·m^{-2})

		总东亚地区	东部海域	南方地区	青藏高原	西北地区	北方地区
冰水路径	春季	202.009	246.3993	213.0217	208.0954	137.4351	200.5626
	夏季	295.0991	348.7511	394.3127	299.845	211.2091	264.0914
	秋季	215.9013	344.1761	262.1809	158.1923	127.4816	187.0611
	冬季	114.0766	148.9988	84.76368	121.2207	78.47543	126.219
液态水路径	春季	191.1065	257.879	252.8898	160.1969	124.6043	187.8603
	夏季	233.9378	233.3063	281.5276	256.2117	199.6007	225.8505
	秋季	213.7466	269.9615	287.9599	194.3927	144.8977	207.3832
	冬季	167.2159	300.7871	249.6032	129.0382	56.28774	143.6398

液态水路径在不同区域内的值在 300 g·m^{-2} 以下,不同区域间的差异以及季节差异均比冰水路径小。整体来说,夏季的值最大,这与夏季水汽含量高有关,但东部海域相反为冬季最大,达到 300 g·m^{-2},原因是冬季洋面较暖,水汽蒸发量较大。东部海域、南方地区的值比其他地区大,青藏高原只在夏季的值较大。西北地区的值最小,特别是冬季的平均值只有 50 g·m^{-2} 左右。季节差异最大的是西北地区,最小的是东部海域和南方地区,原因是东部海域和南方地区全年水汽条件均很充足,容易达到水云形成的条件,而西北地区由于干旱,不同季节中大气的含水量有很大差异,夏季的值会明显高于其他季节,故液态水路径的

值受季节变化的影响相对较大。

（4）云水路径的分布与降水量的关系

图 2.38 为东亚地区降水量的分布情况，可以看出，东亚降水量的范围大部分在 15 mm·d⁻¹
以下，高值区基本位于 40 °N 以南地区，位置随季节变化有所差异。夏季的值在所有季节里
最大，在 40 °N 以南大部分地区的值都达到 6 mm·d⁻¹ 以上，其中在印度半岛东北部到孟
加拉湾地区、我国的华南地区及日本的西南部地区，高值区的最大值可以达到 15 mm·d⁻¹
以上。春季的高值区位于青藏高原南部、华东和华南地区、以及日本岛东部海域，最大值达
到 6 mm·d⁻¹ 以上。秋季的高值区位置比春季略向南移，位于孟加拉湾地区、我国南海海
域以及日本岛东部海域，最大值达到 9 mm·d⁻¹ 以上。冬季的高值区范围和最大值是四季
中最小的，仅在日本岛东部海域，最大值达到 6 mm·d⁻¹ 左右。从季节变化中也可以看出
我国雨带随季节的推移，从夏季到冬季，雨带位置有明显的南撤。夏季的降水量最大，原因
是夏季水汽充足，对流旺盛，有助于降水的发生。

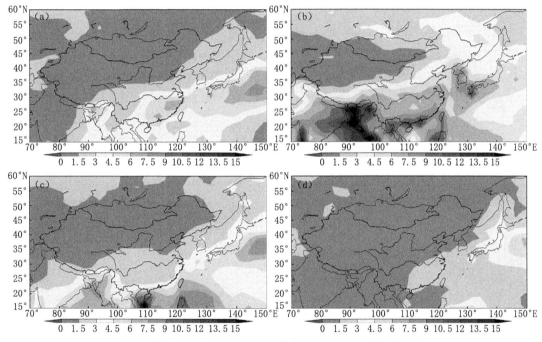

图 2.38 2007—2010 年 GPCP 降水量水平分布的季节变化

(a、b、c、d 分别表示降水量在春、夏、秋、冬季的分布，单位：mm·d⁻¹)

对比冰水路径的季节分布，可以看出，冰水路径四季的分布区域与降水量的分布情况比较
一致，高值区同样集中在 40 °N 以南地区，从夏季到冬季高值区域有明显的南撤，冬季基本没有
高值区存在，夏季的值高于其他季节。只有春季的高值区分布在青藏高原南部和我国南海的
小部分地区，与降水量相比有所差异。液态水路径的分布区域同样集中在 40 °N 以南地区，夏
季的值最高，但高值区位置与降水量相比也存在差异。其中秋季高值区的位置与降水量相比
偏北，冬季东部海域的值较大，而降水量在冬季整体偏小。从东亚地区冰水路径、液态水路径
和降水量分布的关系可以看出，降水发生的区域受冰水路径和液态水路径的影响较大，原因是
大气中云水含量大的地区水汽条件充足，更有利于降水的发生。由于降水过程受动力和热力

条件等因素制约,云水路径大的区域不一定降水量大,因而两者的分布也存在差异。

2.4.1.2 云水含量

图2.39(左)为东亚不同区域内冰水含量平均值垂直分布的季节变化,横坐标表示冰水含量的值,纵坐标为高度。从图中可以看出,冰水含量的范围在170 mg·m⁻³以下,最大高

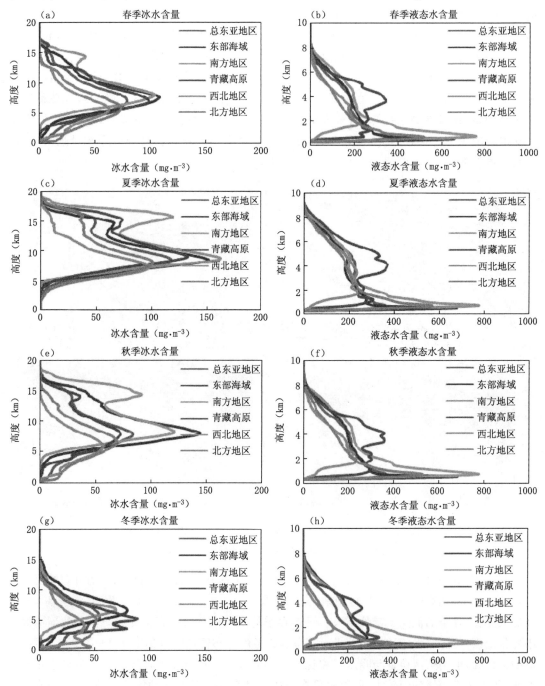

图2.39 2007—2010年不同区域内冰水含量(左)、液态水含量(右)垂直分布的季节变化(书后见彩图)

(a、c、e、g分别表示冰水含量在春、夏、秋、冬季的垂直分布,b、d、f、h分别表示

液态水路径在春、夏、秋、冬季的垂直分布,单位:mg·m⁻³)

度接近 20 km,不同高度上的值有所差异。这与杨大生等(2012)的中国地区夏季冰水含量发展上限是 19 km 并不矛盾。整体来看,8 km 附近为冰水含量最高值的所在高度,最大值可达 160 mg·m^{-3} 以上,8 km 以上和以下的值均逐渐减小。季节最大值排序,由大到小依次为夏季、秋季、春季、冬季,主要原因是夏季水汽比较充足。在 15 km 附近有另一个高值区,夏季最为明显,最大值可达 120 mg·m^{-3} 以上,其他季节相对较弱,其中南方地区夏季在这个高度上的值远远大于其他地区,原因是这个地区靠近热带,水汽的垂直输送较大,高层的水汽比较充足,再加上 15 km 附近有利的温度条件,因此容易形成大量的冰云。在 8 km 附近南方地区、东部海域和青藏高原的值比其他区域大,特别是夏季可以达到 140~160 mg·m^{-3},这是因为这几个地区水汽条件充足,夏季更容易通过对流把水汽输送到高空形成冰云。青藏高原地区冰水含量的季节差异较大,夏季在 8 km 左右的最大值比其他季节大,冬季最高值所在高度低于其他地区。原因是青藏高原地势高,不同季节的热力差异较大,夏季对流旺盛,大量的水汽可以被输送到较高高度,而冬季对流大大减弱,水汽含量又低,最大值出现的高度和大小也相对较低。

图 2.39(右)为东亚不同区域内液态水含量平均值垂直分布的季节变化。可以看出,东亚地区的液态水含量的范围小于 800 mg·m^{-3},除青藏高原、西北地区外,其他区域的最大值位于 1 km 以下的边界层,最大高度小于 10 km,比冰水含量分布的高度明显降低,但值的大小明显增大。这也与杨大生等(2012)的结论一致。从 10 km 向下到 1 km 左右呈现逐渐增大的趋势,1 km 以下迅速减小。季节差异没有冰水含量大,夏季的值略微高于其他季节。南方地区在 1 km 左右的最大值可以达到 800 mg·m^{-3},在东亚的几个区域内最大,东部海域次之。西北和青藏高原地区的垂直变化规律与其他地区相比差异较大。青藏高原的最大值在 4 km 附近,最大值在夏季接近 400 mg·m^{-3},冬季为 300 mg·m^{-3},夏季值分布的高度最高,冬季最低。原因是青藏高原平均海拔为 4000 km 以上(赵济,1995),云出现的高度也比其他地区大,夏季对流旺盛,水汽最充足,最大值分布的位置和大小也最高。西北地区的最大值位于 2 km 附近,在 2 km 以下的值比其他区域明显减小,原因主要与西北地区较高的海拔高度有关。夏季的值可以达到 250 mg·m^{-3} 左右,冬季最小,只有 150 mg·m^{-3} 左右,这是因为西北地区水汽条件不充足,水云的云量减少,液态水含量也相对较小,进而会使这个地区的降水减少,形成负反馈。夏季的水汽含量与其他季节比相对较高,故夏季的值最大。

2.4.1.3　云滴数浓度

云滴数浓度为单位体积所含的云滴数目。云滴的数目与气溶胶数浓度、气溶胶粒子的尺度、化学组分、上升速度以及过饱和度等因子有关(黄梦宇,2005)。由于云滴数浓度与气溶胶之间具有密不可分的联系,而气溶胶的间接效应又是当前国内外研究的热点问题,因此研究云滴数浓度有着十分重要的意义。

图 2.40(左)为冰云云滴数浓度的垂直分布情况,可以看出,冰云云滴数浓度的范围在 150 L^{-1} 以下,最大高度为 20 km,最大值所在的高度随季节和地区的不同有所差异,基本在 8~18 km 不等。夏季的值最大,其中南方地区的最大值达到 150 L^{-1},位于 15 km 左右,是所有区域中最大的,东部海域次之,为 100 L^{-1} 左右,其他三个区域的最大值位于 10 km 高度上,值从大到小依次为青藏高原、北方地区、西北地区。春秋两季最大值的大小和高度差别不大,最大值为 70 L^{-1} 左右,高度在 7~8 km,但秋季青藏高原、南方地区的垂直廓线有较大差异。青藏高原的最大值比其他区域大,可以达到 90 L^{-1},南方地区的最大值所在高度较

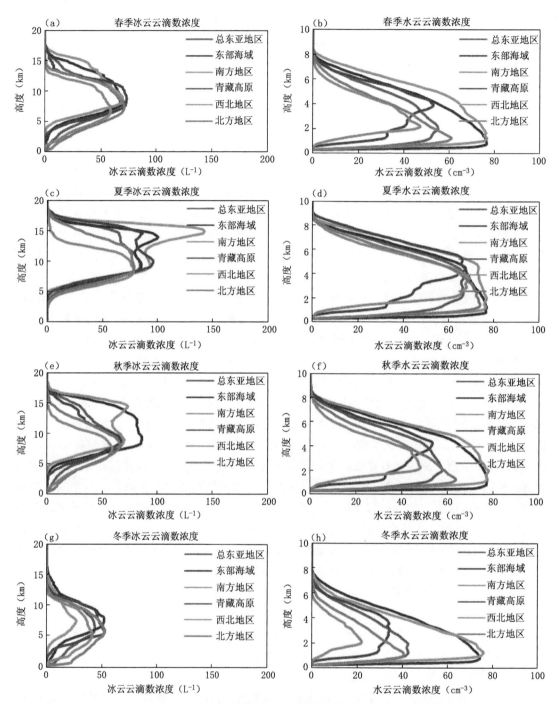

图 2.40　2007—2010 年不同区域内冰云云滴数浓度(左)、水云云滴数浓度(右)
垂直分布的季节变化(书后见彩图)

(a、c、e、g 分别表示冰云云滴数浓度在春、夏、秋、冬季的垂直分布,单位:L^{-1};

b、d、f、h 分别表示水云云滴数浓度在春、夏、秋、冬季的垂直分布,单位:cm^{-3})

高,位于 15 km 左右,8 km 处有次大值。冬季最大值所在高度为 5~10 km,但最大值是四季中最小的,只有 20~50 L^{-1},其中东部海域、北方地区的值最大,南方地区最小。影响冰云云滴数浓度分布的因素主要是温度和水汽条件,夏季温度高对流旺盛,水汽可以输送到较高高度上,值也较大,冬季反之。总体来说,冰云云滴数浓度值在夏季最大,冬季最小,夏季不同地区的最大值在 $80\sim150$ L^{-1},$10\sim15$ km 为最高值所在高度,南方地区最大值可以达到 150 L^{-1}。冬季最大值在 $20\sim50$ L^{-1},位于 $5\sim10$ km,值的大小和分布高度在四季中均为最小。

水云云滴数浓度反映了单位体积中水云的云滴个数,如图 2.40(右)所示,水云云滴数浓度值分布主要在 10 km 以下,范围小于 80 cm^{-3},夏季值分布的高度范围比其他季节大。南方地区、东部海域、北方地区的最大值位于 1 km 以下的边界层,南方地区、东部海域的最大值在四季均为 75 cm^{-3} 左右,北方地区季节差异较大,夏季为 75 cm^{-3} 左右,冬季只有 40 cm^{-3}。原因是南方地区、东部海域四季水汽量都很充足,水云云滴数浓度的值变化不大,而北方地区水汽量的季节差异较大,夏季较湿润,冬季较干燥,云滴数浓度的值存在明显的季节差异。西北地区、青藏高原最大值所在高度与之前三个区域相比较高,季节差异也很明显,青藏高原夏季最大值为 68 cm^{-3} 左右,位于 5 km 高度上,冬季最大值只有 35 cm^{-3} 左右,位于 4 km 高度上,春秋两季介于两者之间。西北地区夏季最大值为 70 cm^{-3} 左右,位于 4 km 处,冬季最大值为 20 cm^{-3} 左右,位于 2 km 高度上。影响这两个地区季节差异的原因主要与四季的水汽含量和对流有关,夏季对流旺盛,水汽充足,并且可以输送到较高的高度上,因此,水云云滴数浓度的值较大,分布的高度较高,冬季反之。

2.4.1.4　云滴有效半径

云滴有效半径反映了云粒子的平均有效尺度,它可以影响云层的散射特性。对于给定的液态水含量或冰水含量而言,具有较小的水云有效半径或冰云有效半径值的云将反射/散射较多的太阳辐射(Liou,2004)。

冰云有效半径的值在 90 μm 以下,分布在 $0\sim20$ km 高度上,如图 2.41(左)所示,5 km 左右为最大值出现的高度,5 km 以上及以下的值均逐渐减小。整体来说,四季中夏季的值最大,春秋次之,冬季最小,最大值出现的高度同样为夏季最高,冬季最低。原因是夏季水汽条件充足,使得最大值在四个季节中也最大,然而较高的温度导致冰云形成的高度比其他季节高,特别是在 5 km 以下所有地区的值均较小。北方区、西北地区的最高值所在高度比其他地区略低,其中冬季的差异最大。说明在 5 km 以下同一高度上北方地区和西北地区冰云有效半径的值偏大,原因是越接近地面,冰云出现的纬度越高,这两个地区位置偏北,受温度影响更容易形成冰云,冰晶尺度也较大。同一季节中不同区域的值的差异不是很大,曲线变化趋势基本一致,秋季略大于其他季节。

图 2.41(右)为水云有效半径的垂直分布情况,可以看出,东亚地区水云有效半径的值分布在 10 km 以下,不同季节的最大高度有所差异,夏季最高,最大高度接近 10 km,冬季最低,为 8.5 km。值的范围小于 17 μm,不同区域的垂直廓线差异较大。东部海域、南方地区、北方地区的最大值均位于 1 km 以下,季节差异不大,有效半径的最大值从大到小依次为 17 μm、15 μm、13 μm 左右,可见东部海域的最大值是所有区域中最大的。原因主要是这几个地区处于东亚季风区,靠近洋面,水汽比较充足,越接近地面水汽含量越大,更容易形成水云,云滴的含水量也大。夏季 $7\sim9$ km 高度上水云有效半径的值也较高,可以达到 10 μm 以上,三个区域的值差异不大,而冬季只有东部海域可以达到 10 μm 以上,高度也降低到 6 km 左右,说明夏季下垫面蒸发量较大,对流旺盛,气流可以把充足的水汽输送到较高的高度上。青藏高原、西北地区最高值所在高度比较高,分别位于 5 km、$3\sim6$ km 高度上,这是

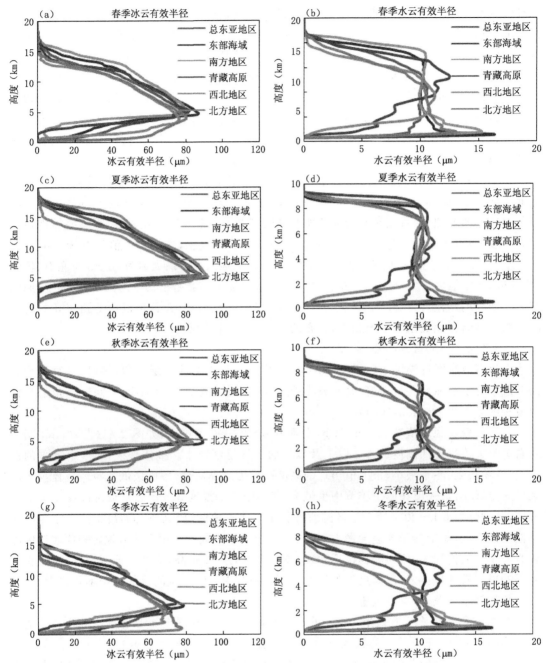

图 2.41 2007—2010 年不同区域内冰云有效半径(左)、水云有效半径(右)
垂直分布的季节变化(书后见彩图)

(a、c、e、g 分别表示冰云有效半径在春、夏、秋、冬季的垂直分布,
b、d、f、h 分别表示水云有效半径在春、夏、秋、冬季的垂直分布,单位:μm)

因为这两个地区的地势较高。其中夏季青藏高原在 4～8 km 上的值较高,冬季下降到
4～6 km,最大值为 12 μm 左右,季节差异不大。西北地区夏季最大值所在高度在 6 km 左
右,冬季大约在 3 km,最大值四季都为 11 μm 左右。导致这种季节变化主要受到温度的影
响,夏季温度最高,对流最旺盛,值分布的高度也最高。

2.4.1.5 云的微物理和光学特征量的 PDF 分布

图 2.42a～b 是东亚地区所有高度上冰水含量和液态水含量的 PDF 分布。图中可以看出,冰水含量的范围大部分在 200 mg・m^{-3} 以下,其中 80% 左右的值都分布在 100 mg・m^{-3} 以下,随着冰水含量值的增加,分布概率逐渐减小。从季节变化来看,在 50 mg・m^{-3} 以下冬季冰水含量值的分布概率最高,夏季最低,而在 50 mg・m^{-3} 以上夏季分布概率最高,冬季最低;春、夏、秋、冬四季冰水含量在 10 mg・m^{-3} 以下的分布概率分别达到 0.16、0.14、0.17、0.26。

液态水含量的范围比冰水含量大,大部分的值分布在 800 mg・m^{-3} 以下,其中 90% 的值在 300 mg・m^{-3} 以下。除冬季以外,分布概率曲线呈现两个峰值,分别位于 50 mg・m^{-3} 以下以及 150～200 mg・m^{-3} 之间,在 200 mg・m^{-3} 以上随着液态水含量的增大分布概率逐渐减小,冬季只有 50 mg・m^{-3} 以下的分布概率最大。从季节变化来看,冬季分布概率的最大值在 50 mg・m^{-3} 以下,夏季最大值在 150～200 mg・m^{-3};春、夏、秋、冬四季液态水含量在 50 mg・m^{-3} 以下的分布概率分别为 0.26、0.17、0.24、0.31,在 150～200 mg・m^{-3} 的概率分别为 0.16、0.27、0.15、0.11。总体来看,冬季分布概率较高的液态水含量的值较小,夏季较大。

图 2.42c～d 为冰云和水云云滴数浓度的 PDF 分布。可以看出,冰云云滴数浓度的范围大部分在 200 L^{-1} 以下,其中冬季为 100 L^{-1} 以下。最大分布概率呈现两个峰值,一个峰值出现在 10 L^{-1} 以下,春、夏、秋、冬四季的概率分别为 0.15、0.16、0.16、0.24;另一个峰值在不同季节的分布区间有所差异,春、夏、秋、冬的最大分布概率所在的云滴数浓度值的区间分别为 50～60 L^{-1}、70～80 L^{-1}、50～60 L^{-1}、30～40 L^{-1},最大分布概率分别为 0.15、0.12、0.13、0.18。

水云云滴数浓度的值基本在 90 cm^{-3} 以下,分布函数同样呈现双峰型。一个峰值出现在 5 cm^{-3} 以下,春、夏、秋、冬四季的概率分别为 0.17、0.1、0.14、0.21;另一个峰值在夏季出现在 70～75,春、秋、冬季节在 75～80,四季的概率依次为 0.09、0.18、0.13、0.07。

图 2.42e～f 是冰云有效半径和水云有效半径的 PDF 分布图。从图中可见,冰云有效半径的值基本分布在 100 μm 以下,40～90 μm 的值占到 80% 左右,最大分布概率在 50～80 μm,10～20 μm 有另一个弱的峰值。四个季节最大分布概率的冰云有效半径值的区间有所不同,春、夏、秋季分布概率最高的区间均集中在 70～80 μm,冬季集中在 50～60 μm,最大概率在春、夏、秋、冬季节分别为 0.18、0.16、0.18、0.2。

水云有效半径的值大部分在 20 μm 以下,9～12 μm 范围内的分布概率较高,最大分布概率在 10～11 μm。春、夏、秋、冬季节分布概率最大的区间均为 10～11 μm,分别达到 0.36、0.4、0.38、0.33。

2.4.2 全球云物理量的分布

2.4.2.1 云水含量和云水路径

(1)冰水含量和冰水路径的分布及其季节变化

冰水含量是描述冰云微物理特性的重要物理量。纬向平均的冰水含量的值大部分在 150 mg・m^{-3} 以下,图 2.43 给出了不同季节中冰水含量纬圈平均的垂直分布情况,从图中可以看出,在 17 km 以上没有值分布,在 5 km 以下南北纬 30°之间的低纬度地区上空冰水

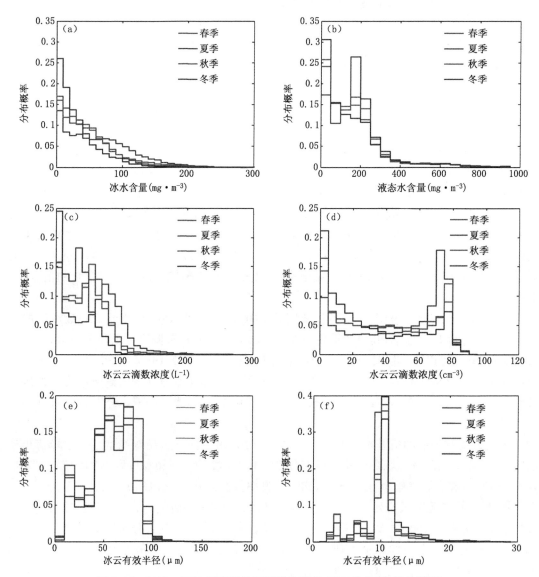

图 2.42　2007—2010 年东亚地区云微物理的 PDF 分布（书后见彩图）

（a、b 分别表示冰水含量、液态水含量的 PDF 分布；c、d 分别表示冰云云滴数浓度、
水云云滴数浓度的 PDF 分布；e、f 分别表示冰云有效半径、水云有效半径的 PDF 分布）

含量很小，这是因为这个区域位于热带地区，温度较高，不利于冰云形成。主要的高值区分布在 4～15 km，最大值均达到 90 mg·m^{-3} 以上，具体划分为四个部分：4～8 km 高度上位于南北纬 20°～40°附近有两个高值区，最大值达到 105 mg·m^{-3}；赤道地区上空有两个高值区，在 8 km 附近有一个高值区，最大值可以达到 120 mg·m^{-3} 以上，在 14 km 处有另一个高值区，最大值和范围都较小。值得注意的是，除了这四个主要的高值区以外，北极上空 3 km 以下的边界层也存在一个较强的高值区，中心最高值达到 150 mg·m^{-3} 以上，甚至高出赤道上空中层的值，这可能与北极地区近地面水汽充沛且温度较低利于冰云形成有关。从季节分布的差异来看，北半球冬春两季赤道地区的两个高值区位置偏向赤道以南，而北半

球夏秋两季则移到赤道以北;中纬度地区的两个次高值中心位置和范围也存在差异,北半球夏季 40°N 附近的高值区位置比北半球冬季高,南北移动不明显,而 40°S 附近的高值区比北半球冬季低,位置偏南,两个高值区的覆盖范围在北半球夏季比冬季大。从高值区最大值的季节变化来看,北极地区的高值中心最大值在北半球夏季略小,其他季节差异不大;另外,中纬度和低纬度上空的四个高值区在北半球冬季比其他季节偏小,但程度不很明显。整体来看,赤道地区的两个高值区位置偏向南北半球夏季,可能因为夏季温度高,蒸发进入大气中的水汽相对较多,冰云中的含水量也相对较大。

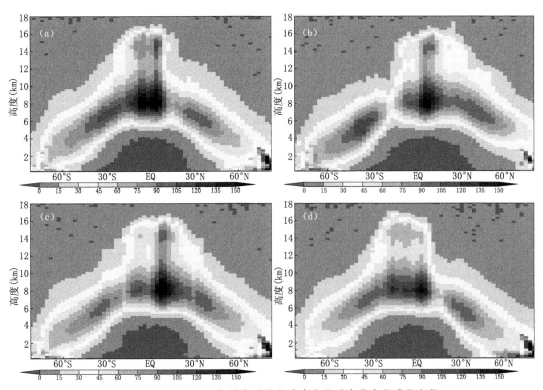

图 2.43　2007—2010 年纬向平均的冰水含量垂直分布的季节变化

(a、b、c、d 分别表示北半球的春、夏、秋、冬,单位:mg・m^{-3})

　　图 2.44 反映了冰水路径在全球分布的季节变化情况。可以看出,冰水路径在全球的值大部分在 800 g・m^{-2} 以下,中纬度和低纬度均有高值区分布,海陆差异并不明显,陆地上主要分布在北美南部、南美大陆、非洲大陆、澳大利亚以及南亚地区上空,洋面上在太平洋、大西洋和印度洋上空,高值区最大值达到 600 g・m^{-2} 以上,分布位置随季节不同有所差异。西太平洋的高值区有很明显的季节变化,其中在北半球的夏秋季节高值中心偏向北半球,夏季的范围已经扩展到亚洲东部和南部的大部分地区;北半球的冬春季节高值中心偏向南半球,范围扩展到澳大利亚地区。美洲和非洲大陆上的高值区也随季节存在南北位置的变化,北半球夏季高值中心偏向北美和非洲中部,冬季偏向南美和南非地区。总的来说,冰水路径的分布呈现出偏向南北半球夏季的特点,原因与夏季蒸发量大有关。

　　图 2.45 为 MODIS 资料中关于全球冰水路径的统计结果,可以看出,MODIS 资料与

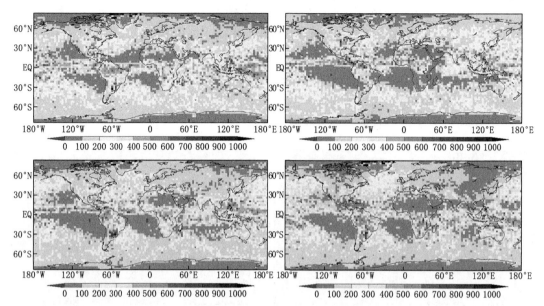

图 2.44　2007—2010 年冰水路径水平分布的季节变化

(a、b、c、d 分别表示北半球的春、夏、秋、冬,单位:g·m^{-2})

CloudSat 资料关于全球冰水路径的分布情况比较一致,高值区的位置有很好的对应。两个资料在赤道地区均有狭长的高值区存在,北美南部、南美、非洲南部、亚洲东南部等大陆上空以及中高纬度洋面上空的高值区位置也有较好的对应,最大值分别达到 400 g·m^{-2} (MODIS)和 600 g·m^{-2} (CloudSat)以上。从季节变化上来看,两个资料均能反映出高值区位置偏向南北半球夏季的特点。由于遥感探测仪器的不同(MODIS 是被动遥感,CloudSat 上搭载的 CPR 雷达是主动遥感)以及反演算法等方面存在的差异,两个资料的结果也有所不同。首先 MODIS 资料给出的冰水路径的范围基本是在 500 g·m^{-2} 以下,而 CloudSat 资料的最大值在 800 g·m^{-2} 左右,可见 MODIS 资料的数值范围比 CloudSat 资料的要小。其次 MODIS 资料在高纬度地区的值明显比 CloudSat 要大,特别是 MODIS 资料在南半球春季和夏季时,南极洲上空的值有明显的高估,原因可能是 MODIS 本身是被动接收来自地气系统的辐射信号,而高纬度地区由于积雪等原因地表反射率较高,这部分错误的辐射信号容易被传感器认为成有效信号而使资料的值比实际值偏高。

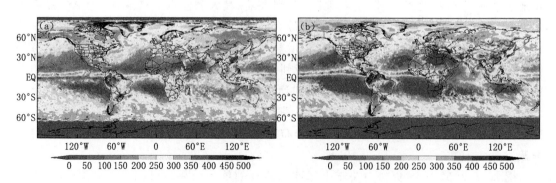

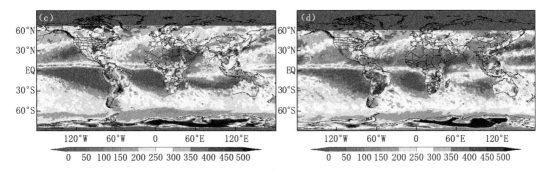

图 2.45　MODIS(2007 年 1 月—2010 年 12 月)冰水路径水平分布的季节变化

(a、b、c、d 分别表示北半球的春、夏、秋、冬)(http://modis.gsfc.nasa.gov.html)

(2)液态水含量和液态水路径的分布及其季节变化

水云对于降水的发生有着重要作用,研究水云中的含水量可以更好地认识降水的物理过程。图 2.46 中给出不同季节中液态水含量纬圈平均的垂直分布情况。液态水含量的值大部分在 400 mg·m^{-3} 以下,从图中可以看出,分布的集中区域在 8 km 以下,呈现拱形,上部基本没有值出现,从 6 km 到 8 km 随高度分层递减。在 2 km 以下液态水含量的值较高,达到 250 mg·m^{-3} 以上,南北半球的值分布较均匀,没有明显集中的纬度带。导致这种分布的原因与水云分布的位置有关,水云的形成受温度影响一般都集中在对流层中低层,边界层由于温度较高且下垫面蒸发量大,故液态水含量也较大。从季节分布的差异来看,北半球夏季高值区的位置偏北,冬季偏南,春秋两季基本以赤道为中心南北对称分布。总体上,液态水含量呈现出偏向南北半球夏季分布的特点,这种分布规律同样受温度影响较大。

图 2.47 给出的是液态水路径在不同季节的分布。从图中可以看出,全球大部分地区液态水路径的值小于 500 g·m^{-2},分布区域集中在中低纬度,高值区在海洋上分布较多,主要位于太平洋、印度洋和大西洋的中低纬度海域,最大值在 300 g·m^{-2} 以上。南美洲北部、亚洲南部地区和澳大利亚北部也有高值区存在,除了亚洲南部液态水路径较大外,大部分地区陆地上空的值比洋面小。从季节变化来看,液态水路径在全球范围内的季节分布差异不大,但有海陆差异存在,其中冬季液态水路径的分布相比之下更集中在海洋上空,这可能是由于冬季海洋比大陆暖,大气中的含水量也比大陆多。东亚地区夏季高值区位于中国西南地区,这可能与夏季该地区云量较大有关;而冬季受暖洋面影响,高值区位于西北太平洋洋面。

2.4.2.2　云滴有效半径

云滴有效半径是重要的云物理特征参量,从宏观上考虑,它可以影响云层的散射特性。对于给定的液态水含量或冰水含量而言,具有较小的水云有效半径或冰云有效半径值的云将反射/散射较多的太阳辐射(Liou,2004)。从微观层面来说,云滴有效半径还会影响云中的微物理过程。研究发现,对于明显的降水来说,云滴的有效半径至少要达到 12 μm(陈英英,2007)。

(1)冰云有效半径的分布及其季节变化

冰云有效半径也称平均有效尺度,用来代表非球形冰晶粒子的尺度分布。图 2.48 为不

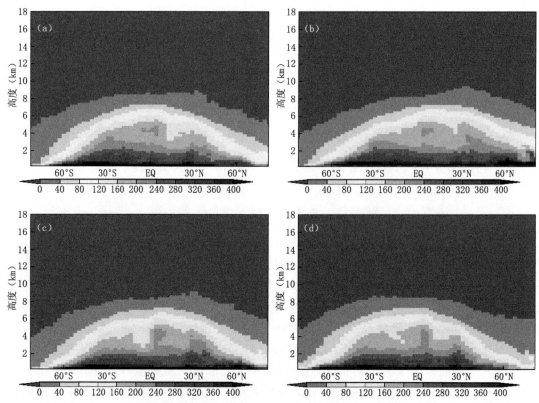

图 2.46　2007—2010 年纬向平均的液态水含量垂直分布的季节变化

（a、b、c、d 分别表示北半球的春、夏、秋、冬,单位:mg・m^{-3}）

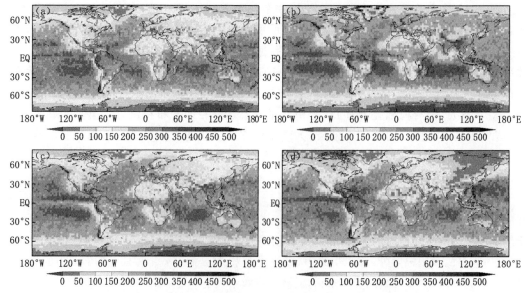

图 2.47　2007—2010 年液态水路径水平分布的季节变化

（a、b、c、d 分别表示北半球春、夏、秋、冬,单位:g・m^{-2}）

同季节中纬圈平均的冰云有效半径的垂直分布图。从图中可以看出,纬圈平均的冰云有效半径的值大部分在 100 μm 以下,垂直上的分布呈现拱形,低层(2～4 km)主要分布在高纬度地区,热带地区在 4 km 以下基本没有值出现,随着高度逐渐增大,分布区逐渐向中低纬度移动,到高空基本集中在低纬度地区。在高纬度地区的近地面 0.4～0.6 km 高度上,冰云有效半径的值很大,最高可以达到 200 μm 以上。边界层往上的值大幅度减小,2 km 以上存在三个高值区,低层有两个,中层(4～8 km)有一个,最大值达到 80 μm 以上。低层的两个高值区分别位于南北纬 30°～55°,中层的高值区位于赤道附近的 10～20 个纬度带内,高值区的位置和最大值大小随季节有所差异。8 km 以上基本不存在高值区,值的大小随高度递减,16 km 以上的值较小,基本可以忽略不计。研究发现冰云有效半径的值是冰水含量和温度的函数(Wyser,1997),在垂直高度上,冰水含量大的地方冰云有效半径一般较大,在 8 km 以上冰水含量较小,这时冰云有效半径的值主要受温度影响呈现出分层递减的规律,温度相对越高则半径一般越大。从季节变化来看,北半球春季中低层的三个高值区位置基本以赤道为中心南北对称分布,低层的两个高值区位于南北纬 30°～55°,中层的高值区位于南北纬 10°之间;北半球夏季三个高值区明显向北半球偏移,其中低层的高值区位置没有变化,中层的高值区完全移到赤道以北,但纬度范围减小,集中在赤道与 15°N 之间;北半球秋季三个高值区仍然偏向北半球,大小和位置与之前差别不大;北半球冬季三个高值区最大值都有所减弱,位置都略微向南半球偏移。从整体来看,冰云有效半径高值区的分布呈现出偏向南北半球夏季的特点,原因可能是夏季温度较高,冰云有效半径较大(Wyser,1997),这与冰水含量的分布规律基本一致。

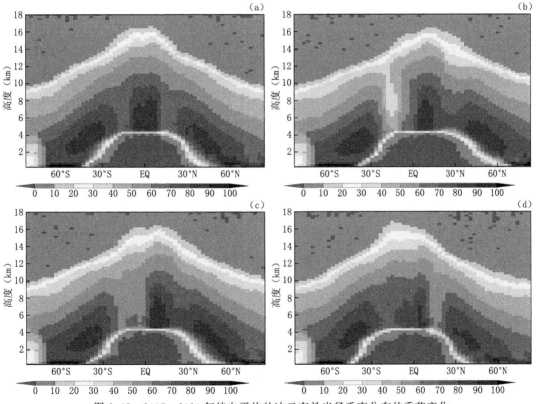

图 2.48　2007—2010 年纬向平均的冰云有效半径垂直分布的季节变化

(a、b、c、d 分别表示北半球的春、夏、秋、冬,单位:μm)

（2）水云有效半径的分布及其季节变化

水云有效半径的值大部分小于 15 μm，从图 2.49 水云有效半径的季节分布情况可以看出，分布集中在 8 km 以下，呈现拱形，两极分布的高度比赤道地区低。水云有效半径高值区在南北半球的分布有所不同，北半球从 0～6 km 高度均有高值区分布，南半球高值区基本集中在 2 km 以下，高值区最大值达到 10 μm 以上；南北半球在 1 km 以下的边界层分布的值较大，达到 12 μm 以上；南北半球的低纬度地区在 2 km 以上的高空有两个小于 9 μm 的低值区。这种拱形的分布情况与液态水含量有关，大部分地区的值随高度减小。从季节变化来看，水云有效半径的值在南北半球夏季的大小和范围普遍比冬季大，夏季拱形的上部位置比冬季的时候高；北半球夏季在 4～6 km 的高空出现明显的高值区，冬季的高值区则集中在 4 km 以下，南半球冬夏高值区范围的变化没有北半球显著；低纬度两个低值区的分布也呈现出冬季比夏季强度小的特点。

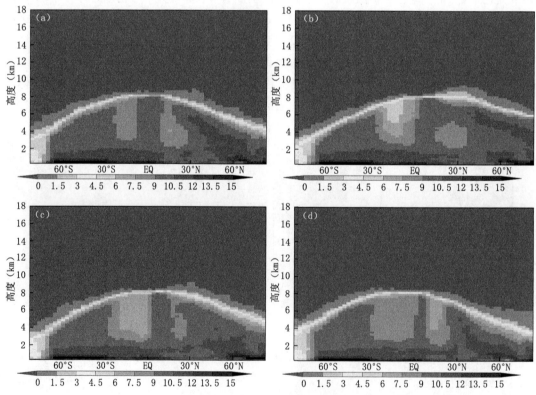

图 2.49　2007—2010 年纬向平均的水云有效半径的垂直分布
（a、b、c、d 分别表示北半球的春、夏、秋、冬，单位：μm）

（3）云滴有效半径的 PDF 分布及其季节变化

图 2.50 中给出了南北半球不同季节里冰（水）云有效半径的 PDF 分布情况，统计对象是所有层上的数据。可以看出，冰云有效半径值的范围比水云有效半径大，两者范围分别为 300 μm、45 μm 以下，这与前文垂直分布分析中得出的结论一致。冰云有效半径的值大多集中在 100 μm 以下，100 μm 以上较少，水云有效半径则主要集中分布在 15 μm 以下。这种 PDF 的分布规律与 Gettelman 等（2008）中给出的比较一致。北半球的值分布比南半球集

中,高峰的区间所占比例较大。具体来看,冰云有效半径在北半球春、夏、秋、冬季节的值分布最高峰分别集中在 50～60 μm、70～80 μm、50～60 μm、40～50 μm 范围内,高峰区间的频率分别达到 0.190、0.185、0.175、0.191,南半球四季的值依次集中在 40～50 μm、40～50 μm、50～60 μm、40～50μm,高峰区间的频率分别为 0.175、0.171、0.178、0.181;水云有效半径在北半球四季的值分布最集中的区间均为 10～11 μm,频率依次为 0.350、0.450、0.355、0.350,南半球四季的值均集中分布在 10～11 μm,频率依次为 0.351、0.352、0.354、0.355,相差较小。因此可以得出,北半球冰云和水云有效半径的值的季节差异均比南半球大,冰云有效半径在不同季节中最集中分布的区间比水云有效半径分散。

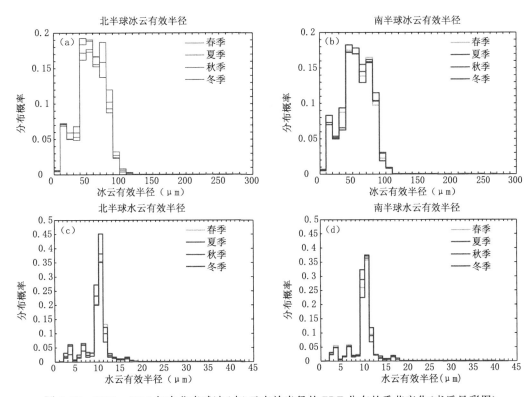

图 2.50　2007—2010 年南北半球冰(水)云有效半径的 PDF 分布的季节变化(书后见彩图)

(a、b、c、d 分别代表北半球冰云有效半径、南半球冰云有效半径、

北半球水云有效半径和南半球水云有效半径,单位:μm)

(4)冰云有效半径与冰水含量的相关分析

图 2.51 给出的是全球冰云有效半径和冰水含量的相关分析,其中资料选取的是 Cloud-Sat 资料中所有垂直高度上的值,横坐标表示的是冰水含量,纵坐标是冰云有效半径,坐标选取的是对数坐标。图 a、b、c 分别代表低纬度地区(0°～30.69682°N)、中纬度地区(30.69682°～61.39364°N)、高纬度地区(61.39364°N～83.71860°N)。从图中可以看出,全球冰云有效半径和冰水含量呈现明显的正相关关系,高纬度地区的相关性比低纬度地区大。原理在公式(2.7)中有所介绍,D_e 和 IWC 之间存在直接的相关,IWC 越大,D_e 也越大,这与冰晶的碰并增长原理相一致。通过飞机观测资料对北冰洋地区冰云、中纬度地区卷云、热带卷云的冰云有效半径和冰水含量也进行了相关分析(Liou *et al.*,2008),同样呈现出明显的正相关,由

于飞机探测资料的覆盖范围小,资料的正相关更加显著。

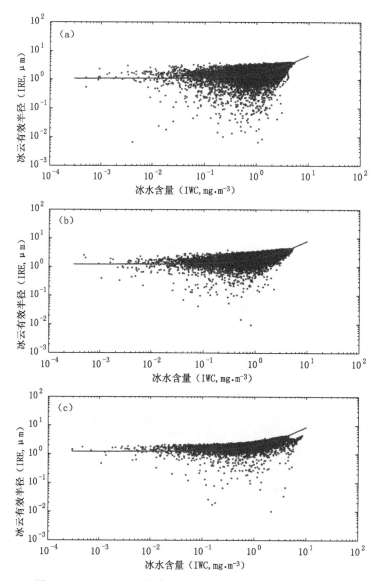

图 2.51　2007—2010 年全球冰云有效半径和冰水含量的相关

[a、b、c 分别为低纬度(0°~30.69682°N)、中纬度(30.69682°~61.39364°N)、高纬度

(61.39364°~83.71860°N)地区;横坐标为冰水含量,单位:mg·m⁻³,纵坐标为冰云有效半径,单位:μm]

2.4.2.3　南北半球各云微物理量垂直分布的季节变化

图 2.52 给出的是各个物理量在不同高度上的平均值随高度的变化情况,并与云光学厚度随高度的变化进行了对比。横坐标表示物理量的值,纵坐标表示高度,左侧为北半球四个季节,右侧为南半球四个季节。从图中可以看出,各个物理量的垂直分布规律与之前分析的基本一致,在南北半球夏季的值普遍偏大,而冬季则偏小,其中北半球的季节变化比南半球显著。

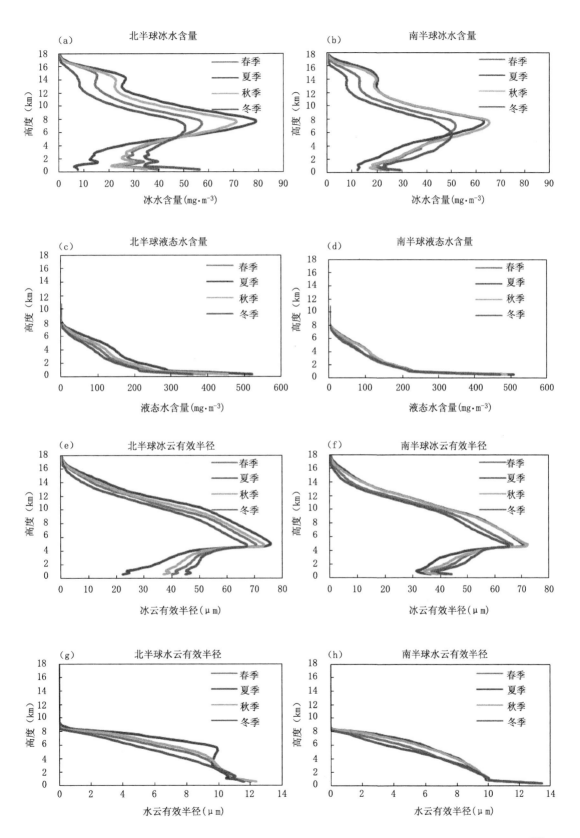

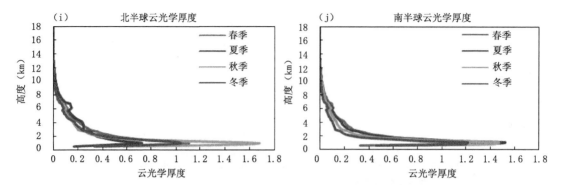

图 2.52 2007—2010 年南北半球各云微物理量垂直分布的季节变化(书后见彩图)
(a、c、e、g、i 分别表示北半球冰水含量、液态水含量、冰云有效半径、水云有效半径、
云光学厚度垂直分布的季节变化,b、d、f、h、j 分别表示南半球上述物理量垂直分布的季节变化)

从图中可以清晰地反映出云水含量和云滴有效半径这两个微物理参数与云光学厚度之间的关系。整层平均的液态水含量在 600 mg·m^{-3} 以下,冰水含量则集中在 80 mg·m^{-3} 以下,云的总含水量中液态水含量所占的比重相比较大。液态水含量在垂直方向上分布在 8 km 以下,冰水含量可以达到 18 km。整层平均后的冰云有效半径比水云有效半径的值大,分别为 80 μm 以下和 14 μm 以下,两个量分布的高度范围分别为 18 km、8 km 以下。冰云有效半径在 5 km 以下随高度有增大的趋势,在 5 km 以上随高度有减小趋势;水云有效半径在 8 km 以下都随高度减小。云光学厚度在 14 km 以下随高度的增大单调递减,近地面的值可以达到 1.4 以上。总体看来,冰云和水云总的云光学厚度随高度的变化关系与液态水含量随高度的变化一致,说明液态水含量的变化对总的云光学厚度的贡献更大;而云滴有效半径随高度的变化与云光学厚度的关系不明显。

2.5 干旱区和湿润区的云物理量分布特征

2.5.1 干旱区和湿润区的气候特征

干旱是人类生存所面临的气象灾害之一,由于具备发生次数多、持续时间长、受灾面积大等因素,一直以来成为人们关注的热点。全球干旱及半干旱区的面积约占陆地总面积的 35%,我国干旱面积约占 47%,高于全球平均,主要位于西北和华北地区,而我国西北地区干旱及半干旱区的面积占总面积的 87%,明显高于全球及全国的比例(钱正安 等,2001)。可见,研究干旱区的气候特点具有十分重要的意义。

我国的西北干旱区包括新疆全境、甘肃河西走廊、青海柴达木盆地及内蒙古贺兰山以西地区,地理位置在 73°~106°E、35°~50°N,总土地面积约占全国国土面积的 24.5%。该地区主要包括准噶尔、塔里木、柴达木和河西走廊等内陆盆地,盆地周边有祁连山、天山、昆仑山等高山环绕,位于青藏高原的北侧和东北部,是全球同纬度最干旱的地区之一,也是中国干旱半干旱地区的重要组成部分。由于地处大陆腹地,地形较为复杂,高山与平原、盆地相间,沙漠与绿洲共存,气象要素的分布很不均匀,常年干燥少雨,荒漠广布,植被稀疏,因而属于典型的生态环境脆弱地区(任朝霞 等,2007;钱正安 等,2001)。钱正安等(2001)总结了我国西北干旱气候形成的原因,指出远离海洋和高原地形造成了西北干旱区的气候背景,远离海洋造成了水汽的匮乏,而高原地形产生的热力、动力作用连同盛行环流导致了干旱区长期处于下沉气流的作用之下,这些因子抑制了西北地区的降水,从而形成了西北干旱气候。

本节选取西北干旱区作为干旱区的代表,同时将东亚季风湿润区作为湿润区的代表,与西北干旱区形成对比,试图更充分地阐释干旱区和湿润区的气候差异。东亚季风湿润区的定义参考了廖荣伟等(2010)的划分方案,根据我国东部地区地形特点,综合考虑年降水量在40 mm 以上以及东亚夏季风区的范围,选取青藏高原和黄土高原东侧地势较为平坦的区域(22°~41°N,105°~120°E)进行研究,该地区的绝大部分位于我国东部大陆的季风区内,气候比较湿润,因此称为季风湿润区。西北干旱区和东亚季风湿润区的具体范围参见图2.3。

图 2.53 给出 NCEP/NCAR 月平均再分析资料得到西北干旱区和东亚季风湿润区上空 700 hPa 风场(图 2.53a)、850 hPa 风场(图 2.53b)、500 hPa 位势高度场(图 2.53c)的年平均图。从 700 hPa 和 850 hPa 风场上可以看出,西北干旱区上空的风场整体呈现反气旋式的环流,700 hPa 中反气旋环流的中心位于塔克拉玛干沙漠上空,850 hPa 的反气旋中心分成两个:一个位于塔克拉玛干沙漠的西北侧上空,另一个位于柴达木盆地上空。说明西北干旱区上空的低层大气整体来说是辐散下沉的,很难发生辐合上升运动,因此不利于云的形成和降水发生。这个观点与钱正安等(2001)阐述西北干旱气候形成原因时的说法一致,正是因为西北干旱区长期处于下沉气流的作用之下,抑制了降水,从而形成了干旱气候。在东亚季风湿润区上空,700 hPa 和 850 hPa 的风场都可以看出明显的辐合,长江中下游流域是辐合的中心,北侧为偏西北风,南侧为偏西南风。在 700 hPa 的风场中,长江以南整体均为西南风,西风的分量比较大;而在 850 hPa 风场中,长江以南的南风分量更明显,且110°E 以西有一部分东风的分量,呈现出气旋式环流,110°E 以东的北侧是西南风,南侧是东南风,呈现反气旋式环流,这两股气流分别带来了西南部的孟加拉湾和东部西北太平洋上空充足的水汽。整体来看,低层的风场辐合使得空气能够在东亚季风湿润区上空上升,同时西南风和东南风又带来了充足的水汽,水汽更容易抬升形成云,因此,这里降水充足,常年湿润。从 500 hPa 位势高度场上可以看出,等高线基本比较平滑,西北干旱区上空的大部分区域位于弱脊的前部,脊前为下沉气流的控制区域;而东亚季风湿润区处于槽前的位置,槽前是上升气流。通过上述气象场的分析,可以看出干旱区和湿润区的气候成因:西北干旱区位于 500 hPa 高空脊的前部,700 hPa、850 hPa 风场上均为辐散气流,故大气为系统性下沉运动,不利于云的形成和降水发生;东亚季风湿润区位于500 hPa 高空槽的前部,700 hPa、850 hPa 风场呈现出辐合运动,因此上空大气处于系统性上升运动,有利于云的形成和降水发生。

GPCP 降水资料是由地面探测资料与卫星探测相结合而成的,从降水量的年平均情况(图 2.54)可以看出,整个东亚地区的年平均降水量大部分在 8 mm · d^{-1} 以下,降水量的大值区集中在东南部,大体上呈现出东多西少、南多北少的趋势。如图 2.54 所示,本节选取的西北干旱区(73°~106°E,35°~50°N)正处于年降水量偏少的区域,年降水量不足 1.6 mm · d^{-1},大部分区域的值不足 0.8 mm · d^{-1}。而在东亚季风湿润区,除了黄河流域的北侧外,大部分地区的年降水量都在 1.6 mm · d^{-1} 以上,长江中下游流域以南的年降水量达到 3.2 mm · d^{-1}

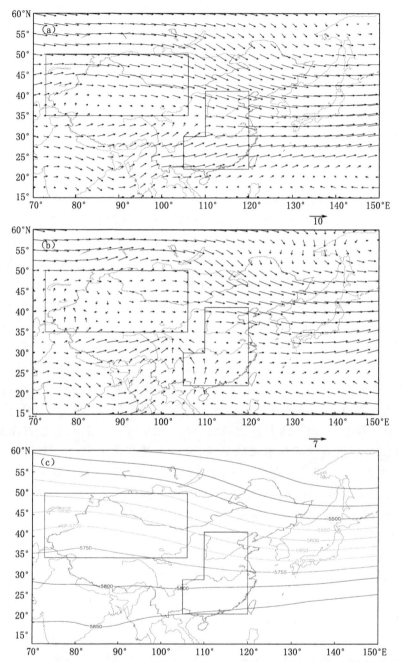

图 2.53　2007—2010 年西北干旱区和东亚季风湿润区年平均的风场和高度场

(a、b 分别表示 700 hPa、850 hPa 风场;c 表示 500 hPa 位势高度场,单位:m)

以上,最大值靠近洋面,位于我国广东、广西到海南岛地区,以及福建到台湾岛地区,达到 4.8 mm·d^{-1} 以上。从年降水量的分布上来看,西北干旱区的年降水量远小于东亚季风湿润区,故大气比较干燥,长期受到干旱气候影响,而东亚季风湿润区由于降水充足,气候比较湿润。

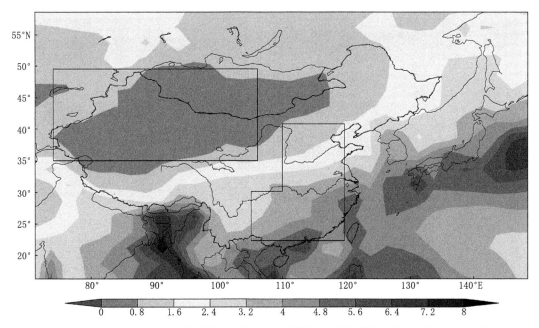

图 2.54　2007—2010 年西北干旱区和东亚季风湿润区年平均的降水量(单位:mm·d^{-1})

2.5.2　干旱区和湿润区的云物理量分布

云的产生与水汽条件和大气的动力作用密不可分,同样也是降水发生的必要因素。先进的卫星探测手段可以帮助我们从云的角度更直观地解释干旱气候的形成原因。本节利用 CloudSat 卫星资料研究干旱区和湿润区的云物理量分布。

2.5.2.1　云水路径的分布特征

从 CloudSat 资料统计出的云的冰水路径的年平均分布情况来看(图 2.55),冰水路径的值大部分在 400 g·m^{-2} 以下,高值区集中在 40°N 以南地区,40°以北的值普遍较低。西北干旱区的冰水路径值较低,基本在 200 g·m^{-2} 以下,部分地区仅为 80 g·m^{-2} 左右;东亚季风湿润区的冰水路径比西北干旱区高,长江流域南部地区的值普遍在 200 g·m^{-2} 以上,最大值达到 280 g·m^{-2} 以上,位于广东省的南部。从液态水路径的年平均场来看,液态水路径的值大部分为 350 g·m^{-2} 以下,西北干旱区的值在 210 g·m^{-2} 以下,部分地区只有 70 g·m^{-2} 左右;东亚季风湿润区的值大部分在 175 g·m^{-2} 以上,长江流域南部的值达到 245 g·m^{-2} 以上,其中四川盆地到云贵高原一带的值达到 280 g·m^{-2} 以上。整体看来,在西北干旱区,云水路径(包括冰水路径和液态水路径)都较小,而在东亚季风湿润区,两者的数值均较大。云水含量的分布很大程度上影响了降水的分布情况,从而导致了两种不同的气候特点。

2.5.2.2　云水含量垂直分布的季节变化

CloudSat 资料与其他资料相比的主要优势是可以分层给出云物理量的变化特点。下面从垂直分布特征的角度入手,对比云物理量在西北干旱区和东亚季风湿润区的差异。

云水含量反映了云中整体所含的云滴质量,是云中重要的光学参数。图 2.56 给出了两个区域内冰水含量平均值垂直分布的季节变化。可以看出,在垂直高度上冰水含量的范围在 400 mg·m^{-3} 以下,最大高度为 20 km,最大高度和最大值在不同季节有所差异。在春季

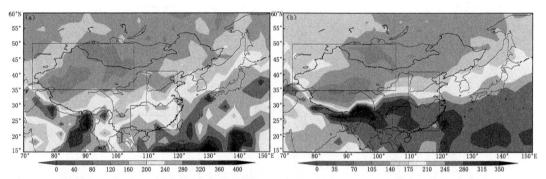

图 2.55　2007—2010 年西北干旱区和东亚季风湿润区年平均的冰水路径和液态水路径

(a、b 分别代表冰水路径、液态水路径,单位:g·m⁻²)

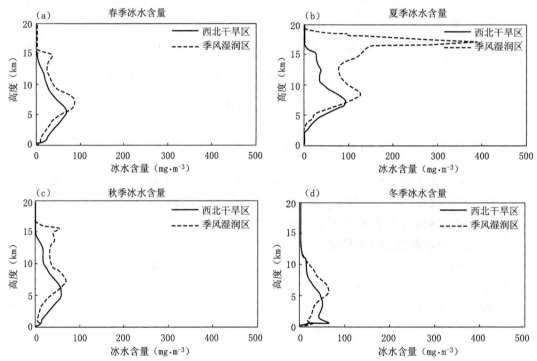

图 2.56　2007—2010 年干旱区和湿润区冰水含量垂直分布的季节变化

(a、b、c、d 分别表示冰水含量在春、夏、秋、冬季的垂直分布,单位:mg·m⁻³)

和秋季,西北干旱区和东亚季风湿润区的垂直廓线比较接近,最大高度均为 15 km 左右,东亚季风湿润区的最大值接近为 100 mg·m⁻³,最大值出现的高度在 7 km 附近,而西北干旱区最大值略低于东亚季风湿润区,为 70 mg·m⁻³ 左右,最大值所在高度也略低,为 5 km 左右。夏季两个区域平均值的最大高度、最大值、最大值所在高度在四季中均为最大,两个地区垂直廓线的差异也最大,最大高度在干、湿区分别为 16 km、20 km,东亚季风湿润区最大值可以达到 400 mg·m⁻³,位于 17 km 左右,西北干旱区最大值不到 100 mg·m⁻³,位于 7 km 附近。另外,7~9 km 有次高值区存在,干、湿区的次高值分别为 120 mg·m⁻³、100 mg·m⁻³。值得注意的是两个区域的最小高度都位于 2.5 km 附近,说明夏季在 2.5 km 以下的对流层低层很难有冰云形成,由于气温高、大气对流运动较强,冰云形成的高度较高,冰水含量也集中在较高的大气中,再加上水汽条件充足,冰水含量的值也相对较高。在冬季,最大高度、最大值、最大值所在高度在四季中最小,最大高度仅为 13 km,最大值都在 80 mg·m^{-3} 左右,最大值所在高度在东亚季风湿润区为 6 km,在西北干旱区位于近地面附近。原因是冬季气温较低,水汽条件不充足,大气垂直运动受到抑制,在垂直高度上的冰水含量普遍低于其他季节,而较低的气温也更有利于冰云在对流层低层形成。总的来说,冰水含量在夏季的值最大,冬季最小,东亚季风湿润区冰水含量的最大值及其所在高度普遍高于西北干旱区,夏季两个地区在垂直高度上的差异最大,冬季最小。

图 2.57 是液态水含量平均值垂直分布的季节变化,由图中可以得出,在垂直高度上液态水含量的范围在 1020 mg·m^{-3} 以下,最大高度为 9 km,四季的最大值均位于 1 km 以下的边界层。东亚季风湿润区和西北干旱区的差异比冰水含量小,垂直上最大高度在夏季为 9 km,是四季中最大的,其次是春季和秋季在 8 km 左右,最小在冬季,湿区分别为 6 km 和 7 km。两个地区的最大值在不同季节存在差异,其中东亚季风湿润区的最大值在夏季最大,达到 1020 mg·m^{-3} 左右,在秋季最小,为 820 mg·m^{-3} 左右;而西北干旱区的最大值在春季最大,达到 450 mg·m^{-3} 左右,在冬季最小,仅为 300 mg·m^{-3} 左右。此外,东亚季风湿润区垂直廓线的季节变化较小,只有夏季的值分布得略高,而西北干旱区在夏季分布的高度明显较高,冬季较低,说明在夏季水云在较高的高度上更容易生成。由钱正安等(2001)得出的结论也可以做出解释,夏季青藏高原上空大气的上升运动强,西北干旱区位于高原北侧,系统性下沉运动比其他季节要弱,故夏季更容易形成水云,降水也更容易发生。总体看来,两个地区最大值都位于边界层,在东亚季风湿润区,液态水路径在夏季的值最大,秋季最小,而在西北干旱区,春季的值最大,秋季最小;夏季液态水含量分布的高度较大,冬季较小。

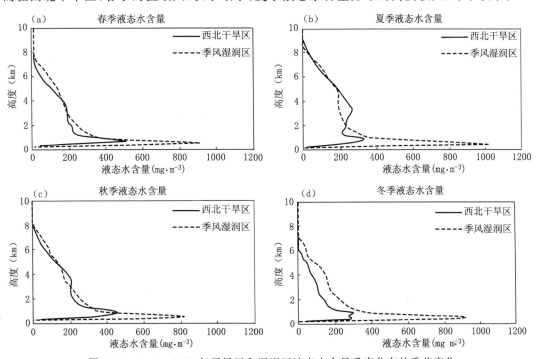

图 2.57　2007—2010 年干旱区和湿润区液态水含量垂直分布的季节变化

(a、b、c、d 分别表示液态水含量在春、夏、秋、冬季的垂直分布,单位:mg·m^{-3})

2.5.2.3 云滴数浓度垂直分布的季节变化

云滴数浓度是单位体积内的云滴个数,经常能反映出气溶胶在大气中的含量。在云水含量一定的情况下,云滴数浓度越大,云滴有效半径越小。因而云滴数浓度对于气溶胶间接辐射效应等研究都尤为重要。

图 2.58 表示的是干旱区和湿润区冰云云滴数浓度随高度的变化情况。从图中可以看出,冰云云滴数浓度的范围在 300 L^{-1} 以下,垂直变化曲线与冰水含量比较近似,最大高度同样是 20 km,冬季的最大高度较低,只有 15 km 左右;夏季的值分布高度比其他季节高,最大值比其他季节大,两个区域最大值的差异也最大。在东亚季风湿润区,夏季的最大值达到最高,接近 300 L^{-1},春季和秋季的最大值在 90 L^{-1} 左右,冬季只有 80 L^{-1} 左右;最大值的高度在夏季和秋季达到 15 km 以上,而冬季不足 10 km。在西北干旱区,同样是夏季的最大值最高,达到 100 L^{-1},春季和秋季的最大值约为 70 L^{-1},冬季为 50 L^{-1} 左右;最大值的高度在四季中相差不多,夏季在 13 km 左右,其他季节都在 11 km 左右。

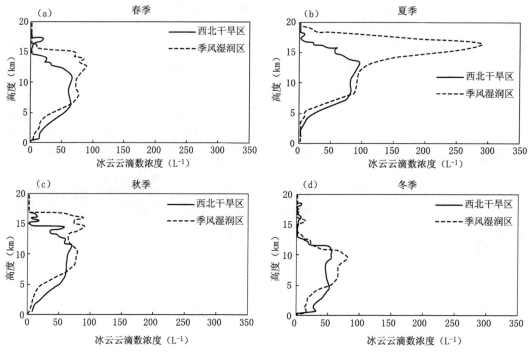

图 2.58 2007—2010 年干旱区和湿润区冰云云滴数浓度垂直分布的季节变化

(a、b、c、d 分别表示冰云云滴数浓度在春、夏、秋、冬季的垂直分布,单位:L^{-1})

图 2.59 是干旱区和湿润区水云云滴数浓度的垂直变化情况。可以看出,水云云滴数浓度的范围在 90 cm^{-3} 以下,最大值位于边界层,最大高度为 9 km,与液态水含量和水云有效半径的垂直分布相似。在东亚季风湿润区,春、夏、冬三个季节的最大值都在 85 cm^{-3} 左右,而秋季是 80 cm^{-3} 左右;最大高度在夏季最高,达到 9 km,其他季节均为 8 km。在西北干旱区,最大值在夏季出现,达到 80 cm^{-3},最小值出现在冬季,仅为 45 cm^{-3} 左右;最大高度在夏季最高,为 9 km,春季和秋季为 8 km,冬季最低,为 6 km 左右。冬季干湿区的差异最大,夏季最小。

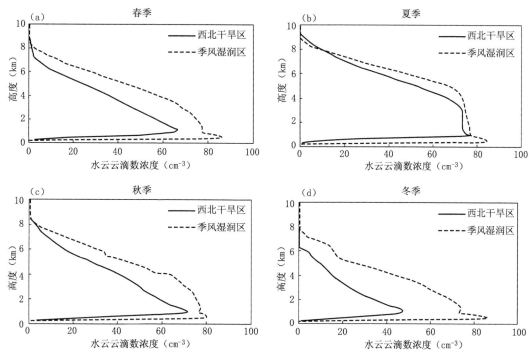

图 2.59　2007—2010 年干旱区和湿润区水云云滴数浓度垂直分布的季节变化

(a、b、c、d 分别表示水云云滴数浓度在春、夏、秋、冬季的垂直分布,单位:cm^{-3})

2.5.2.4　云滴有效半径垂直分布的季节变化

云滴有效半径反映了云滴粒子的平均有效尺度,分为冰云有效半径和水云有效半径。从西北干旱区和东亚季风湿润区的冰云有效半径垂直分布(图 2.60)可以看出,冰云有效半径的值大部分在 110 μm 以下,最大高度为 20 km 左右,干、湿区冰云有效半径垂直变化的差异没有云水含量的差异大。东亚季风湿润区的最大值出现在夏季和冬季,达到 90 μm 左右,秋季最小,不足 80 μm;而西北干旱区的最大值出现在冬季,达到 110 μm 左右,高于东亚季风湿润区的最大值,最小值出现在夏季,仅为 80 μm 左右。四季中夏季冰云有效半径整体分布的位置较高,最大值出现的高度在 5 km 左右,而冬季的值分布的高度最低,最大值位于近地面 1 km 以下。说明夏季温度高,冰云分布的位置较高,水汽可以输送到较高的高度上,因此,冰云有效半径值的分布高度最高,而冬季则与之相反。此外,由于湿润区垂直上升运动强于干旱区,故湿润区的值分布位置略高于干旱区。总的来看,冰云有效半径的垂直分布在西北干旱区和东亚季风湿润区差别不太大,湿润区的值的位置略高于干旱区,夏季的值分布位置最高,冬季最低;冬季两个地区最大值均位于近地面,但值的差异最大,干旱区比湿润区的最大值大 20 μm。

图 2.61 为水云有效半径垂直分布的季节变化。可以看出,水云有效半径的值在 20 μm 以下,分布在 10 km 以下高度上,最大值位于 1 km 以下的边界层,这与液态水含量的分布基本一致,但不同的是,冰云有效半径在 6～8 km 的值也较高,达到 10 μm 以上,边界层到 6～8 km 的值相对变化不大。在夏季,干旱区和湿润区的值分布的高度普遍高于其他季节,原因是夏季水汽充足,对流活动旺盛,更有利于水汽向高层输送,高层的水云有效半径自然较

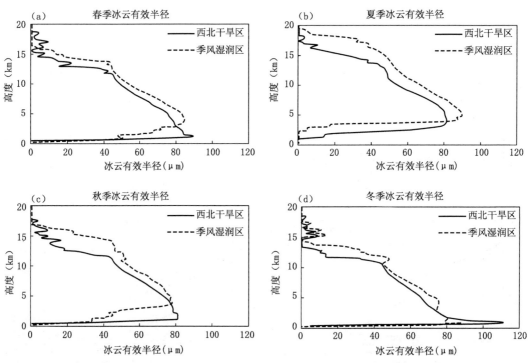

图 2.60　2007—2010 年干旱区和湿润区冰云有效半径垂直分布的季节变化

（a、b、c、d 分别表示冰云有效半径在春、夏、秋、冬季的垂直分布,单位:μm）

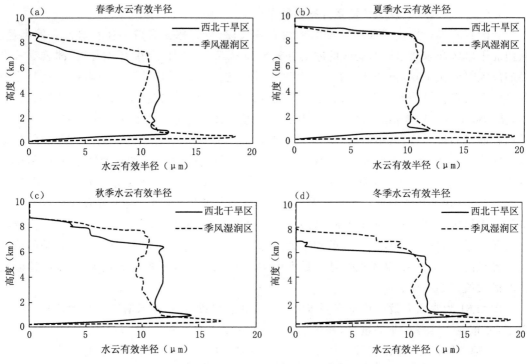

图 2.61　2007—2010 年干旱区和湿润区水云有效半径垂直分布的季节变化

（a、b、c、d 分别表示水云有效半径在春、夏、秋、冬季的垂直分布,单位:μm）

高。在东亚季风湿润区,最大值普遍比西北干旱区大,夏季最大值均在 19 μm 左右,春季和冬季略低于夏季,秋季的最大值最小,为 17 μm 左右。在西北干旱区,最大值出现在冬季,达到 15 μm 以上,最小值出现在夏季,为 12 μm 左右。

2.6　卫星云观测与 BCC_AGCM2.0 模式模拟的比较

2.6.1　云水路径

2.6.1.1　冰水路径的观测和模拟比较

冰水路径是冰水含量在整层大气中的积分,反映了冰云中含水量的水平分布情况。图 2.62 比较了 CloudSat 卫星资料、MODIS 卫星资料以及 BCC_AGCM2.0 模式中年平均的冰水路径的分布,可以看出,两种卫星资料的最大值均在 400 $g \cdot m^{-2}$ 以上,在南北纬 60°之间的高值区位置比较一致,赤道地区有狭长的高值带,主要的高值区在陆地上主要位于北美南部、南美大陆、非洲大陆、澳大利亚以及南亚地区上空,洋面上分布在太平洋、大西洋和印度洋上空,CloudSat 资料的高值区最大值高于 MODIS 资料。不同的是,MODIS 资料对中高纬度地区的值有所高估,这与 MODIS 资料的观测误差有关。BCC_AGCM2.0 模式中的冰水路径值比卫星资料小很多,最大值在 40 $g \cdot m^{-2}$ 左右,高值区分布在中高纬度地区,与 MODIS 资料一样大大高估了中高纬度的值。在南北纬 30°之间,高低值区域的分布特点与卫星资料有很大的相同,北美南部、南美大陆、非洲大陆、澳大利亚以及南亚地区的值较高,但最大值只有 20 $g \cdot m^{-2}$,远低于卫星资料中的最大值。总体来说,BCC_AGCM2.0 模式对冰水路径的值有很大低估,在南北纬 30°之间,高低值中心位置模拟较好,中高纬度地区的误差很大。

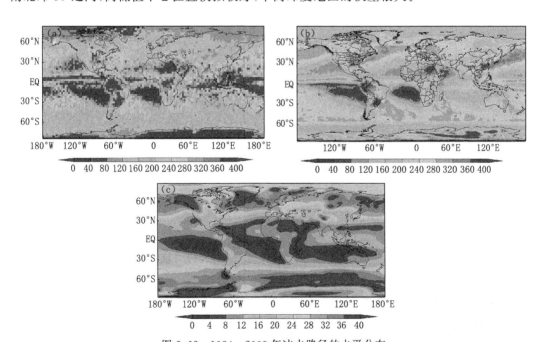

图 2.62　1984—2009 年冰水路径的水平分布

(a、b、c 分别表示 CloudSat 观测、MODIS 观测、BCC_AGCM2.0 模拟;单位:$g \cdot m^{-2}$)

2.6.1.2 液态水路径的观测和模拟比较

相比而言,CloudSat 资料和 MODIS 资料给出的液态水路径的分布差异较大(图 2.63),CloudSat 资料在南北纬 60°之间的值较大,最大值达到 300 g·m^{-2} 以上,而 MODIS 资料在南北纬 60°之间的最大值为 180 g·m^{-2} 以上,比 CloudSat 的值小,只有在极地的少部分地区,由于探测误差的原因,最大值达到 300 g·m^{-2} 以上。从高低值分布的位置来看,在南北纬 30°之间,高值区主要位于太平洋、印度洋和大西洋的中低纬度洋面上空,以及南美洲西部、非洲东部、亚洲南部和澳大利亚北部等陆面上空。BCC_AGCM2.0 模式中液态水路径的最大值为 300 g·m^{-2} 以上,跟卫星资料的最大值比较一致,但具体的高值区位置有所差异。在南北纬 30°以上,BCC_AGCM2.0 的模拟较好,高值区位置与卫星资料比较一致,数值接近 CloudSat 资料的值;在南北纬 30°之间,BCC_AGCM2.0 在陆面上空的高值区位置与卫星资料差异较小,数值介于 CloudSat 资料和 MODIS 资料之间,但洋面上空的值普遍较低。总体来看,BCC_AGCM2.0 模式对液态水路径的模拟效果较好,在南北纬 30°以上,模式中的主要高值区位置与卫星资料基本一致,最大值大小接近 CloudSat 资料;而在南北纬 30°之间,BCC_AGCM2.0 模式在陆面上的高值区最大值与 CloudSat 比较接近,在洋面上空的值普遍较小。

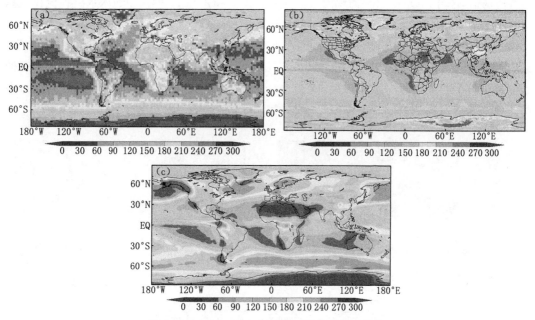

图 2.63　1984—2009 年液态水路径的水平分布

(a、b、c 分别表示 CloudSat 观测、MODIS 观测、BCC_AGCM2.0 模拟;单位:g·m^{-2})

2.6.2 云水含量

2.6.2.1 冰水含量的观测和模拟比较

云水含量代表了单位体积的云中所含水的质量,与云量有很大关系。从冰水含量的年平均垂直分布情况(图 2.64)可以看出,BCC_AGCM2.0 模式对 400 hPa 以下高值区位置的模拟相对较好,高值区最大值的位置有一定差异,卫星资料中南北纬 30°～60°上空 500 hPa

处有两个高值区,最大值为 70 mg·m^{-3} 以上,模式中最大值位置出现的纬度偏高,都在南北纬 60°以上,高度偏低,在 600 hPa 左右。在南北纬 30°之间 600 hPa 以下高度上,卫星资料的值较小,说明冰云在此很难形成,模式在这个区域的值也很小,与卫星资料基本一致。在 400 hPa 以上,BCC_AGCM2.0 模拟效果较差,卫星资料在赤道上空 300～400 hPa 处存在高值区,最大值达到 100 mg·m^{-3} 以上,而模式中并没有模拟出来。另外卫星资料中北半球极低地区在 700 hPa 以下有高值区,最大值也达到 100 mg·m^{-3} 以上,模式中很大程度地低估了这个区域的值。从数值上来说,BCC_AGCM2.0 模式的数值总体偏小,最大值为 50 mg·m^{-3} 以上,而卫星资料的最大值在 100 mg·m^{-3} 以上。总的来说,BCC_AGCM2.0 模式模拟出了冰水含量在中高纬度上空的高值区,但高值中心的纬度偏高,高度偏低,赤道地区上空和北极地区低层的高值区没有模拟出来,整体上模式的数值与卫星资料相比偏小。

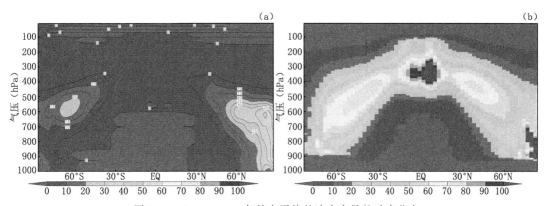

图 2.64　1984—2009 年纬向平均的冰水含量的垂直分布

(a、b 分别表示 BCC_AGCM2.0 模拟、CloudSat 观测;单位:mg·m^{-3})

2.6.2.2　液态水含量的观测和模拟比较

图 2.65 是液态水含量的年平均垂直分布。从图中可以看出,卫星资料中液态水含量的最大值集中在 900 hPa 高度上,达到 300 mg·m^{-3} 以上,随着高度的增加数值逐渐减小,在 400 hPa 以上基本没有值出现。BCC_AGCM2.0 模式中液态水含量的最大值在 90 mg·m^{-3} 以上,高值区分为三个部分,低纬度地区上空的高值区集中在 900 hPa 以下,北纬 60°左右的高值区分布在 700 hPa 附近以及 900 hPa 以下,南纬 60°左右上空的高值区位于 650 hPa 附近。可以看出,除了对南北纬 60°上空 600 hPa 附近的值略有高估以外,模式对于 600 hPa 以下特别是 900 hPa 附近的值有很大程度的低估,对 900 hPa 以下的值有所高估,而在 600 hPa 以上模拟效果相对较好。总体来说,BCC_AGCM2.0 模式整体低估了液态水含量的值,特别是边界层的值与卫星资料相比有很大程度的减小,且边界层的高值区位置偏低。

2.6.3　云滴有效半径

2.6.3.1　冰云有效半径的观测和模拟比较

图 2.66 中表示的是 BCC_AGCM2.0 模式中年平均的冰云有效半径与 CloudSat 卫星观测的比较。从图中可以看出,BCC_AGCM2.0 模式和卫星资料的最大值有所差异,模式中冰云有效半径的最大值在 240 μm 以上,卫星资料中最大值只有 100 μm 左右,可见

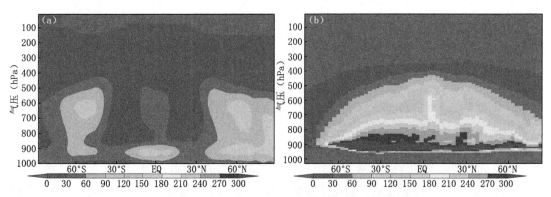

图 2.65　1984—2009 年纬圈平均的液态水含量的垂直分布

(a、b 分别表示 BCC_AGCM2.0 模拟、CloudSat 观测;单位:mg·m^{-3})

BCC_AGCM2.0 模式对于冰云有效半径的值有明显的高估。从两者的垂直变化来看,BCC_AGCM2.0 模式在 300 hPa 以上的高层对于冰云有效半径的模拟和卫星资料比较接近,都是随高度递减,但数值上比卫星资料大。而在 300 hPa 以下,模式中仍然表现为随高度递减,其中在赤道至南北纬 60°之间,600 hPa 以下的值达到 240 μm 以上;卫星资料则呈现出先增大后减小的趋势,在赤道上空 300~600 hPa 以及南北半球的中高纬度 400~900 hPa 上存在明显的高值区,900 hPa 上的值最大,接近 100 μm,900 hPa 以下基本没有值出现。通过对比可以发现,BCC_AGCM2.0 中对于冰云有效半径的模拟是很粗略的,基本依照的是温度的变化趋势,即随着温度的递减而递减,没有考虑实际大气是否满足形成冰云的条件。冰云的形成需要考虑水汽和温度等条件,在低层大气温度较高,不易形成冰云,特别是在低纬度地区 700 hPa 高度以下都很难有冰云存在。总体来说,BCC_AGCM2.0 中对于冰云有效半径的值整体有所高估,在 300 hPa 以上模拟效果相对较好,而在 300 hPa 以下模拟效果较差。

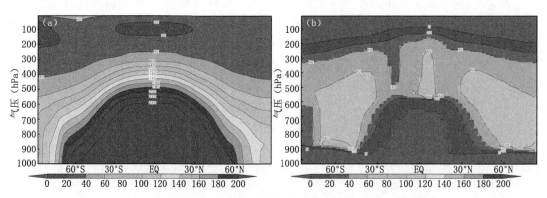

图 2.66　1984—2009 年纬向平均的冰云有效半径的垂直分布

(a、b 分别表示 BCC_AGCM2.0 模拟、CloudSat 观测;单位:μm)

图 2.67 给出了 300 hPa 高度上年平均的冰云有效半径的水平分布。可以看出,BCC_AGCM2.0 在 300 hPa 上的模拟相对其他层较好,高值区集中在低纬度地区,随着纬度的增加,有效半径的值逐渐减小。从卫星资料中可以清楚地看出,在低纬度地区,印度洋至太平

洋西部、南美的中北部、非洲中部都有高值区存在,最大值都在 60 μm 以上;BCC_AGCM2.0 中高值区最大值为 54 μm 以上,略低于卫星资料的值,其中印度洋东部至太平洋西部的高值区位置模拟较好,但海陆差异没有表现出来。

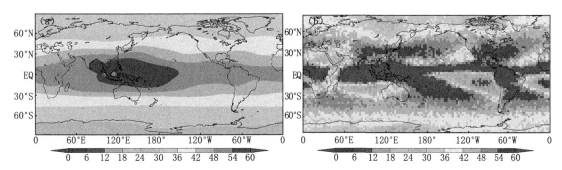

图 2.67　1984—2009 年 300 hPa 上冰云有效半径的水平分布
(a、b 分别表示 BCC_AGCM2.0 模拟、CloudSat 观测;单位:μm)

从 300 hPa 的纬圈平均图(图 2.68)上也能看出,BCC_AGCM2.0 可以模拟出冰云有效半径随纬度的变化趋势,高纬度的值与卫星资料差异较小,均在 30 μm 左右,低纬度地区的值有明显的低估,最大值只有 50 μm 左右,位于赤道地区,而卫星资料的最大值达到 70 μm 以上。此外,BCC_AGCM2.0 中的变化曲线相对平滑,说明理想假设的成分较大,而卫星资料的曲线有一定程度的起伏,特别是赤道地区的值波动很大,表明观测资料的数值大小受海陆等地理位置差异的影响较大。总的来说,BCC_AGCM2.0 模式对于 300 hPa 附近冰云有效半径值的模拟相对较好,主要的高值区位置也有所体现,而海陆差异等模拟效果不太理想。

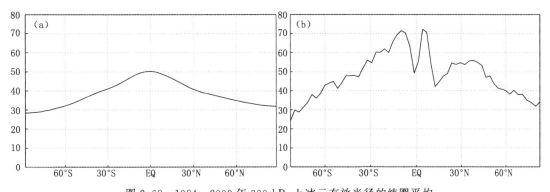

图 2.68　1984—2009 年 300 hPa 上冰云有效半径的纬圈平均
(a、b 分别表示 BCC_AGCM2.0 模拟、CloudSat 观测;单位:μm)

2.6.3.2　水云有效半径的观测和模拟比较

相对于冰云有效半径,BCC_AGCM2.0 模式对于水云有效半径的模拟有更大的改进空间。从数值上看,模式和卫星资料中水云有效半径的最大值均为 15 μm 左右,但值的变化趋势存在较大差异,如图 2.69 所示。在卫星资料中,水云有效半径的分布为拱形,最大值位于 900 hPa 附近,900 hPa 以下和 400 hPa 以上的值基本可以忽略,400~900 hPa 的值随高度减小,其中在南北半球 15°附近的 700~500 hPa 高度上,受副高的下沉气流影响,可以看出存在两个明显的低值区。BCC_AGCM2.0 中的值基本为随高度增加,水云有效半径的值在

30°～60°N 的低层最小,为 10 μm 左右,而在中低纬 400 hPa 以上以及高纬度的整个大气层上,水云有效半径的值均达到 14 μm 以上。根据大气物理基础知识可知,水云主要分布在对流层中下层,因此,BCC_AGCM2.0 没有正确模拟出水云有效半径随高度的变化,需要未来进一步优化参数化方案,以改善模式的模拟效果。

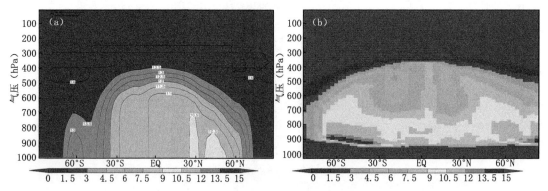

图 2.69　1984—2009 年纬圈平均的水云有效半径的垂直分布

(a、b 分别表示 BCC_AGCM2.0 模拟、CloudSat 观测;单位:μm)

2.7　全球深厚云系统及其时空变化特征

辐射过程是地气系统的重要过程之一,云与大尺度环流、辐射、地表的相互作用是天气和气候系统中极其重要的组成部分,作为地球上水循环和能量循环中最重要的元素之一,云对大气层顶和地表的能量收支、大气的加热率廓线和降水的时空分布都有十分重要的影响。往往伴随着降水过程的深厚云系统对水循环的调节更为直接,相比较于浅薄云系统,它对地表长波辐射的吸收和太阳短波辐射的反射也更为强烈。已有许多工作着眼于研究深厚云系统中的深对流云,基于卫星观测对深对流云辐射特性的研究(Ramanathan *et al.*,1989;Harrison *et al.*,1990;Hartmann *et al.*,1992,2001;Kiehl,1994;Futyan *et al.*,2007)发现,在较大时间/空间尺度内深对流云系统的平均净辐射强迫几乎为零,这是由于其较强的负短波辐射强迫与较强的正长波辐射强迫之间的相互抵消。利用 MODIS 被动遥感对深对流云宏观和微观特性的研究(Yuan *et al.*,2010b;Yuan *et al.*,2010c)发现,深对流云的光学厚度有较微弱的年际变化,而深对流云顶冰晶粒子的大小与云顶亮温具有随时空变化的正相关,并据此发展了估算深对流云中凝结温度的方法。Savtchenko(2009)结合 CloudSat,AIRS 和 GDAS 模式的输出结果研究并发现深对流云使对流层上层的湿度明显增大,并显著减弱了全云天(云覆盖天空的面积为 100%)情况下的射出长波辐射。Sassen 等(2009)通过分析 CloudSat 和 CALIPSO 观测数据研究了热带地区深对流云和卷云之间的相互联系。Iwasaki 等(2010)通过结合 AIRS、AMSU、MODIS、CloudSat 和 CALIPSO 分析了深对流云个例的特性并估算出深对流在 380 K 位温以上的冰晶平均半径和冰水含量分别为 23.0±4.9 μm 和 7.2±8 mg·m³。利用 Aqua 上的 MODIS/AMSR-E 和 CloudSat 的观测资料,Yuan 等(2010a)及 Yuan 等(2011)分析了全球中尺度深对流系统云砧的水平和垂直结构。同样基于CloudSat 的观测资料,Takahashi 等(2012)分析了深对流云中的零浮力层高度。云、气溶胶、辐射和降水之间的相互作用作为气候变化中的难点和热点问题之一,最新的研究表明:气溶胶有可能对深厚云系统的生成与发展过程也有影响(Rosenfeld et al.,2008;Li et al.,2011)。

气溶胶可以作为云凝结核,通过其影响云的微物理过程而改变云的特性,并进而改变其辐射性质和热力与动力作用。气溶胶影响云的生命期和降水的效应,通常被称之为气溶胶的间接气候效应。许多有关气溶胶间接效应的研究(Albrecht,1989;Radke et al.,1989;Rosenfeld,2000;Ramanathan et al.,2001;Andrea et al.,2004;Li et al.,2011)表明,在定量的水汽条件下,气溶胶的增多会导致形成更多的小云滴粒子,从而降低云滴粒子之间的碰撞和融合的概率,使得能成长至足够大而形成降水的云滴粒子数目减小,进而抑制了降水的发生。在大尺度动力条件下使得云能够旺盛发展为混合云时,高浓度的气溶胶反而会加强云的发展,理论上这一现象被解释为高浓度气溶胶导致的小云滴粒子会减弱甚至完全抑制下沉气流,进而被上升气流抬升得更高,当它们通过结冰层开始凝结成冰晶时会释放出更多的潜热,从而激发云发展得更为旺盛,这一机制被称之为气溶胶对云的激活效应(Rosenfeld et al.,2008)。虽然许多观测和模式模拟研究(Khain et al.,2005;Tao et al.,2007;Lee et al.,2010;Freud et al.,2012;Li et al.,2011,Niu et al.,2012)均支持了激活效应,并指出其效果在发展旺盛的深厚混合云系中更为明显,但加深理解气溶胶对云的激活效应对于气候系统的影响仍需要在未来做更多的相关工作。

为了更好地了解在深厚云系统中气溶胶的作用,本节首先利用 CloudSat/CALIPSO 卫星 2007—2010 年的观测资料,分析了深厚云系统在全球的分布,为下一步在大尺度范围内研究气溶胶的激活效应奠定了基础。

2.7.1　深厚云系统的鉴别方法

CloudSat 描述云几何位置的产品主要是 2B-GEOPROF 和 2B-GROPROF-LIDAR。2B-GEOPROF 中给出了每个扫描格点的经度,纬度海拔高度和表征格点中是否存在云的 CloudMask;2B-GEOPROF-LIDAR 给出的是在每个 CloudSat 扫描格点中,由和 CloudSat 运行时差只有 15 s 左右的 CALIPSO 卫星搭载的 CALIOP 激光雷达探测到的云的百分比以及每根扫描廓线中的云层数据,云顶高度,云底高度等,结合两者可同时发挥毫米波雷达对深厚云的穿透力和激光雷达对浅薄冰云的敏感性,对云信息的观测更加完善。本节主要用到 2B-GEOPROF 产品中的 CPR_Cloud_mask 和 Radar_Reflectivity 数据以及 2B-GEO-PROF-Lidar 中的 CloudFraction 数据。其中,CPR_Cloud_mask 的数据说明见表 2.4。

表 2.4　CPR_Cloud_mask 数据值说明

值	含义
0	没有探测到云
1	损坏的数据
5	地面噪音
5~10	弱探测信号
20~40	探测到有云存在,值越大,探测越准

而 Radar_Reflectivity 中所含的信息是雷达的反射率因子的对数表现值,单位是 dBZ,CPR 的最小可探测信号约是 -30 dBZ;CloudFraction 所包含的数据 CloudSat 扫描格点中

由 CALIOP 激光雷达探测到的云的占的空间百分比。本节沿用张华等(2013)、Zhang 等 (2013)和彭杰等(2013)的方法,当每个扫描格点的数据满足 Radar_Reflectivity≥-30 dBZ 和 CPR_Cloud_mask≥20;或者 Radar_Reflectivity≤-30 dBZ 和 CloudFraction≥99%;或 者 Radar_Reflectivity≥-30 dBZ,CPR_Cloud_mask≤20 和 CloudFraction≥99%时,认为 该扫描格点有云存在,定义为云格点,否则认为该格点中不存在云,定义为晴空格点。

由于观测数据,研究方法和研究目的的不同,以往的研究对深厚云系统并未形成统一的定 义,由于本节的研究关注于受气溶胶激活效应作用的深厚混合云,因此,主要的判别条件是云 顶和云底高度,同时由于 CloudSat/CALIPSO 在沿轨道方向上进行连续观测,使得其观测数据 不仅能提供单个廓线上云的信息,还能提供由连续廓线所组成的观测剖面中的云信息。因此 本节借鉴 Luo 等(2011)中使用的方法,先找出垂直发展旺盛的有云廓线(廓线中观测到存在 云),将其定义为深厚云核,再将观测剖面中与之相连接的云和深厚云核共同组成的云系统定 义为深厚云系统。具体鉴别方法为:将观测数据中的格点分为云格点和晴空格点,当任意廓线 中的云格点在垂直方向全部连续时将其定义为单层云廓线;由于 Li 等(2011)的研究结果表明 云底小于 2 km 的深厚混合云的激活效应最显著,因此,本节对深厚云核的判别标准是云顶海 拔高度大于 10 km,云底与地面距离小于 2 km 的单层云廓线;最后从深厚云核向沿轨道运行方 向和逆轨道运行方向迭代检测,当连续的两根廓线在任意高度上存在相连的云格点的情况时, 则此两根廓线中的云属于同一深厚云系统,而后迭代检测邻近的廓线至连续两根廓线在任何 高度上都不存在同时为云格点的情况时,深厚云系统的鉴别完成。图 2.70 以 CloudSat 2007 年 2 月第 4018 根观测轨道为例,给出上述方法鉴别深厚云系统的示意图,图中蓝色表示晴空格 点,白色和黄色组成的部分为深厚云系统,其中黄色为深厚云核,而绿色表示其他云格点。该 深厚云系统水平跨度达 1841.4 km,包含 214 根深厚云核。

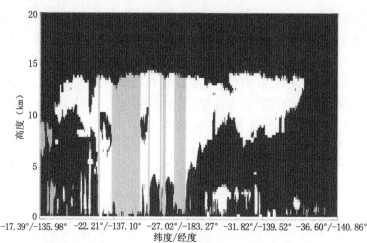

图 2.70 2007—2010 年深厚云系统个例(书后见彩图)

[白色和黄色格点组成的部分为深厚云系统(黄色为深厚云核),
蓝色为晴空格点,而绿色表示其他云格点]

2.7.2 深厚云系统出现数目在全球的分布及不同纬度带的变化趋势

本节将北半球分为低纬地区(0°~30°N)、中纬地区(30°~60°N)和高纬地区(60°~

90°N），南半球同上，以研究不同纬度带之间的差异；同时为了研究各纬度带的季节变化，本节将 12,1,2 月划分为北半球冬季/南半球夏季；3,4,5 月划为北半球春季/南半球秋季；6,7,8 月划分为北半球夏季/南半球冬季；9,10,11 月划分为北半球秋季/南半球春季，下文中描述北半球时的夏季和描述南半球时的夏季分别是指 6,7,8 月和 12,1,2 月，其他季节类似。并统计出 4 个季节深厚云系统在全球 5°×5° 网格中的分布，每个格点颜色（白色代表不存在深厚云系统）所代表的数值是在该格点上 4 年共 12 个月（4 年×每季度 3 个月）的深厚云系统个数。深厚云核经纬度的平均值代表深厚云系统的位置。

图 2.71 给出了不同纬度带上深厚云系统的数目在 48 个月的变化趋势。结果表明：北半球各个纬度带上深厚云系统的数目有明显的季节变化，极大值出现在夏季，极小值出现在冬季，南半球低纬地区极大值同样出现在夏季，极小值出现在冬季；南半球中纬地区的深厚云系统数目在不同季节的变化较小；南半球高纬地区与北半球高纬地区趋势相反，极大值出现在冬季，极小值出现在夏季。就全球而言，深厚云系统数目的最大值为 4221 个，出现在 2007 年的 8 月；最小值为 561 个，出现在 2010 年的 4 月。

上述结果表明在低纬地区，辐射增温导致的对流不稳定是深厚云系统的主要成因，因此，南北半球深厚云系统数目具有明显的夏季大而冬季小的特点；图 2.71c,e 和 d,f 的比较表明中纬地区深厚云系统数目在南北半球具有明显不同的季节变化，并且较大程度上是由于下垫面条件的不同所导致，北半球陆地上的成云条件复杂，具有显著的季节差异，而海洋上空的季节差异明显减弱，而南半球中纬地区以海洋下垫面为主，成云条件单一，季节变化小。高纬地区的差异表现出北半球高纬的深厚云系统较少但仍具有夏季多，冬季少的特点；而南半球高纬深厚云系统数目在冬季出现极大值是因为此处位于著名的冬季风暴带，极地冷气团和副热带暖气团交汇而形成大量的锋面深厚云系统。

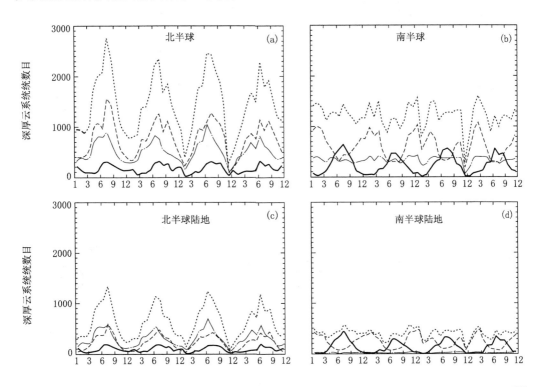

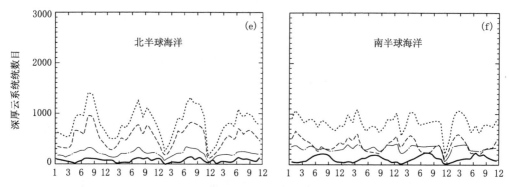

图 2.71　2007—2010 年深厚云系统数目在不同纬度带上的变化趋势

(a)北半球;(b)南半球;(c)北半球陆地;(d)南半球陆地;(e)北半球海洋;(f)南半球海洋

(点线/虚线/点划线/实线表示整个/低纬/中纬/高纬地区,横坐标从左向右为 2007 年至 2010 年各月)

图 2.72 给出的是 2007—2010 年 4 个季节中深厚云系统出现个数的全球分布,同时表 2.5 给出 4 个季节不同纬度带的深厚云系统出现数目。结果表明:全球深厚云系统在北半球夏/南半球冬季最多,为 39343;北半球春/南半球秋季和北半球秋/南半球春季次之,为 30926/34633; 北半球冬/南半球夏季较少,为 23827;出现最多的地区主要集中在非洲中部、南美洲北部、澳大利亚北部和青藏高原地区,单格点(5°×5°)中的极大值分别达到了 86,112,87 和 154,另外,值得注意的是南极地区的深厚云系统在北半球夏/南半球冬季有明显的增多。

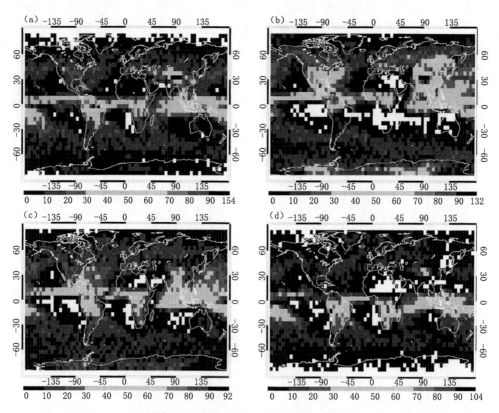

图 2.72　2007—2010 年深厚云系统在 5°×5°格点中的总的出现个数在全球的分布

(a)北半球春季/南半球秋季;(b)北半球夏季/南半球冬季;(c)北半球秋季/南半球春季;(d)北半球冬季/南半球夏季

表 2.5　2007—2010 年 4 个季节不同纬度带的深厚云系统出现数目

	北低纬	北中纬	北高纬	北半球	南低纬	南中纬	南高纬	南半球
北春/南秋季	7971	6063	1107	15141	9414	4454	1917	15785
北夏/南冬季	13006	9367	2968	25340	4222	4076	5705	14003
北秋/南春季	11524	5954	2543	20021	6759	4145	3709	14613
北冬/南夏季	4296	3563	1711	9570	9479	3977	801	14257

2.7.3　全球深厚云系统的宏观特性

对激活效应的研究发现,相比于干净的情况下,污染情况下的深厚混合云的云顶抬升得更高(云顶温度更低),云层厚度显著增加(Li *et al.*,2011;Niu *et al.*,2012),而在水平方向上,Klain 等(2005)结合 MODIS 反演数据和 GOCART 模式模拟,发现气溶胶光学厚度较大时,深厚云系统的光学厚度大值区与光学厚度小值区的比值减小,并将其解释为气溶胶的增多会导致深厚云系统中云层深厚(光学厚度大值区)的部分发展的更为强烈和集中,而云砧(光学厚度小值区)水平延伸得更为广泛,说明激活效应在垂直和水平方向上均改变着深厚云系统的宏观特性。因此本节用深厚云核的平均云顶高度(此处高度是指云顶距地表的距离,简称:“核顶高”)和平均云层厚度(简称:“核厚度”)来代表深厚云系统在垂直方向上发展的强度,用深厚云系统的宽度(观测剖面中沿轨道运行方向的长度,简称:“云宽”)来代表深厚云系统在水平方向发展的强度,分析全球深厚云系统的宏观特性。

2.7.3.1　深厚云系统核顶高的全球分布和不同纬度带的变化趋势

图 2.73 给出的是深厚云系统核顶高的变化趋势,北半球低纬地区和高纬地区的核顶高并无明显的季节变化,而中纬地区的核顶高在夏季最大,为 10.59 km;冬季最小,为 9.89 km。整个南半球和南半球的中、低纬地区的核顶高均在冬季最小,为 11.08 km、10.77 km 和 13.99 km;夏季最大,为 12.60 km、13.51 km、11.03 km,而高纬地区在不同季节之间无明显差异,核顶高 4 个季节的纬向平均值由表 2.6 给出。图 2.74 和图 2.75 分别给出的是 4 个季节核顶高和核厚度在全球的分布。结果表明深厚云系统垂直发展的强度在 4 个季节都随着纬度的增高而减弱,高、中、低纬地区的平均核顶高分别为 9.97 km、10.47 km 和 13.24 km。核顶高和核厚度最小的深厚云系统出现在海拔高的青藏高原、格陵兰岛、南极大陆以及南美智利高原,主要的原因是本节中深厚云核的判定条件是云顶的海拔高度大于 10 km,而核顶高是深厚云核的云顶距地表的距离,因而这些地表海拔高的区域具有最小的核顶高。而核顶高和核厚度最大的深厚云系统主要出现在东亚和南亚季风区、非洲中西部以及南美北部,两者的极大值分别为 16.04 km 和 15.13 km。此外,南极洲在冬季云层增厚,云顶有明显的抬升。

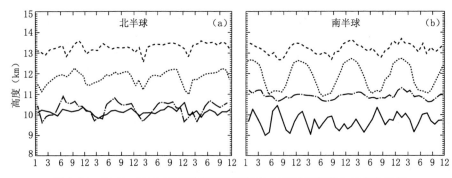

图 2.73　2007—2010 年深厚云系统核顶高在不同纬度带上的变化趋势

(a)北半球；(b)南半球

(点线/虚线/点划线/实线表示整个/低纬/中纬/高纬地区,横坐标从左向右为 2007 年至 2010 年各月)

表 2.6　2007—2010 年 4 个季节核顶高在不同纬度带的平均值(单位:km)

	北低纬	北中纬	北高纬	北半球	南低纬	南中纬	南高纬	南半球
北春/南秋季	13.22	10.14	10.04	11.64	13.26	11.02	9.50	12.15
北夏/南冬季	13.34	10.59	10.15	11.95	13.00	10.77	9.81	11.08
北秋/南春季	13.40	10.49	10.18	12.12	13.03	10.81	9.57	11.55
北冬/南夏季	13.12	9.89	10.22	11.49	13.51	11.03	9.79	12.60

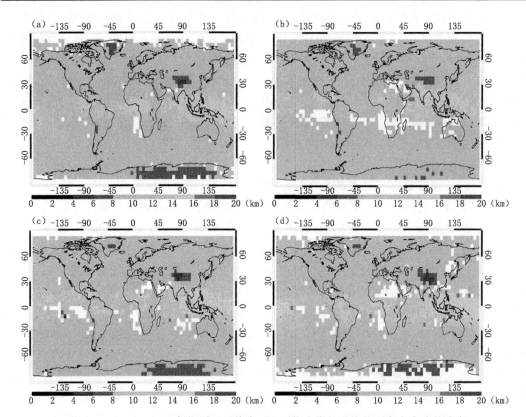

图 2.74　2007—2010 年深厚云系统在 5°×5°格点中的平均核顶高在全球的分布

(a)北半球春季/南半球秋季;(b)北半球夏季/南半球冬季;

(c)北半球秋季/南半球春季;(d)北半球冬季/南半球夏季

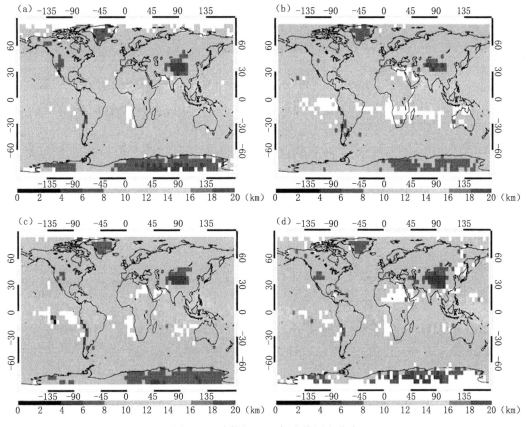

图 2.75 同图 2.74,但为核厚度分布

2.7.3.2 深厚云系统云宽的全球分布和不同纬度带的变化趋势

图 2.76 给出的是深厚云系统云宽的变化趋势,云宽的极大值出现在北半球冬季,为 1383.1 km,极小值出现在夏季,为 645.2 km。这是因为北半球冬季的环流系统主要是锋面系统,特别是空间尺度远大于夏季对流云的冬季风暴,导致北半球在冬季的深厚云系统水平尺度大而数目少。南半球低纬地区云宽的极大值出现在夏季,为 802.8 km,极小值出现在冬季,为 585.7 km;中纬地区极大值出现在冬季,为 1337.5 km,极小值出现在夏季,为 1021.1 km;高纬地区云宽的极大值为 1364.7 km,出现在秋季,极小值为 1168.8 km,出现在冬季,云宽在 4 个季节的纬向平均值由表 2.7 给出。

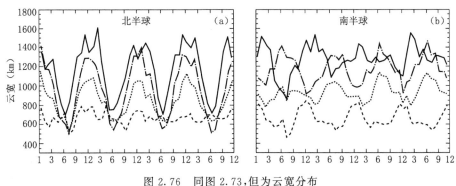

图 2.76 同图 2.73,但为云宽分布

表 2.7 2007—2010 年 4 个季节云宽在不同纬度带的平均值(单位:km)

	北低纬	北中纬	北高纬	北半球	南低纬	南中纬	南高纬	南半球
北春/南秋季	647.2	1017.4	1263.8	844.1	618.5	1115.4	1364.7	846.4
北夏/南冬季	657.9	588.8	779.7	645.2	585.7	1337.5	1168.8	1036.8
北秋/南春季	643.6	925.9	1232.2	801.0	633.9	1230.4	1245.1	964.2
北冬/南夏季	730.8	1295.0	1383.1	1055.9	802.8	1021.1	1313.4	890.5

图 2.77 给出的是深厚云系统云宽在全球的分布,云宽随着纬度的增高而减小,在低、中、高纬地区的平均值分别为 665.05 km、1066.44 km 和 1218.85 km,而 4 个季节的最大值均出现在南半球中高纬地区的海洋上空。这是由于该区域是著名的南半球冬季风暴带,此处的深厚云系统主要产生于来自亚热带的热气团和来自极地的冷气团形成的大面积锋面中,因此云宽最大。

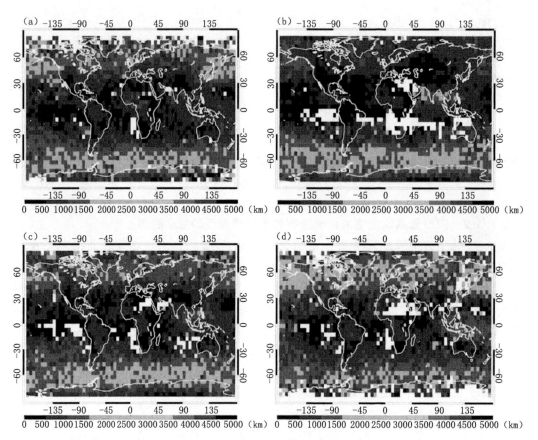

图 2.77 同图 2.74,但为云宽分布

2.7.3.3 深厚云系统宏观特性分布的原因初探

核顶高和核厚度在不同纬度带的季节变化主要原因之一是深厚云系统的形成机制不同。利用欧洲中心的再分析资料,本节计算了 2007—2010 年不同纬度带上目前常用来表征对流发展强度的指标——对流有效位能(convective available potential energy:CAPE)的变化趋势,并由图 2.78 给出。总体而言,核顶高和不同纬度带的对流强度成正比,低纬地区大

气对流旺盛,深厚云系统多为水平覆盖面积较小,而垂直发展强烈的深对流云;中纬度地区云的形成受天气尺度大气运动的影响较大,许多由锋面产生的深厚云系统,同时受季风的影响,在北半球中纬地区,夏季明显增多的深厚积雨云导致核顶高有明显的抬升,而南半球中纬度以海洋下垫面为主,成云条件的季节变化较小;而高纬地区对流弱,深厚云系统主要是由于来自副热带和极地的气流组成的锋面所形成的大范围层状锋面云。因此,随着纬度的升高,深厚云系统的核顶高逐渐减小,而云宽逐渐增大。

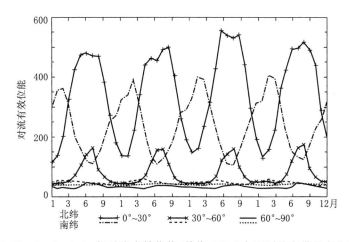

图 2.78　2007—2010 年对流有效位能(单位:J/kg)在不同纬度带的变化趋势

参考文献

伯玥,王艺,李嘉敏,等,2016.青藏高原地区云水时空变化特征及其与降水的联系[J].冰川冻土,38(6):
　　1679-1690.

陈玲,周筠珺,2015.青藏高原和四川盆地夏季降水云物理特性差异[J].高原气象,34(3):621-632.

陈少勇,董安祥,2006.青藏高原总云量的气候变化及其稳定性[J].干旱区研究,23(2):327-333.

陈英英,周毓荃,毛节泰,2007.利用 FY-2C 静止卫星资料反演云粒子有效半径的试验研究[J].气象,33
　　(4):29-34.

邓军,白洁,刘健文,2006.基于 EOS_MODIS 的云雾光学厚度和有效粒子半径反演研究[J].遥感技术与应
　　用,21(3):220-226.

董敏,吴统文,王在志,等,2009.北京气候中心大气环流模式对季节内振荡的模拟[J].气象学报,67(6):
　　912-922.

段婧,毛节泰,2008.气溶胶与云相互作用的研究进展[J].地球科学进展,23(3):252-261.

黄梦宇,赵柏生,周广强,等,2005.华北地区层状云微物理特性及气溶胶对云的影响[J].南京气象学院学
　　报,28(3):360-368.

荆现文,张华,2012.McICA 云-辐射方案在国家气候中心全球气候模式中的应用与评估[J],大气科学,36
　　(5):945-958.

廖荣伟,赵平,2010.东亚季风湿润区水分收支的气候特征[J].应用气象学报,21(6):649-658.

马占山,刘奇俊,秦琰琰,等,2008.云探测卫星 CloudSat[J],气象,34(8):104-112.

彭杰,2013.云的垂直重叠和热带地区气溶胶间接效应[D].北京:中国气象科学研究院.

彭杰,张华,沈新勇,2013.东亚地区云垂直结构的 CloudSat 卫星观测研究[J].大气科学,31(1):91-100.

钱正安,吴统文,宋敏红,等,2001. 干旱灾害和我国西北干旱气候的研究进展及问题[J]. 地球科学进展,**16**(1):28-38.

任朝霞,杨达源,2007. 西北干旱区近 50 年气候变化特征与趋势[J]. 地球科学与环境学报,**29**(1):99-102.

汪会,罗亚丽,张人禾,2011. 用 CloudSat/CALIPSO 资料分析亚洲季风区和青藏高原地区云的季节变化特征[J]. 大气科学,**35**(6):1117-1131.

王冠,2008. MODIS 数据特点及其预处理[J]. 北京:中国科技论文在线. http://www. paper. edu. cn/releasepaper/content/200808-386.

王胜杰,何文英,陈洪滨,等,2010. 利用 CloudSat 资料分析青藏高原、高原南坡及南亚季风区云高度的统计特征量[J]. 高原气象,**29**(1):1-9.

王帅辉,韩志刚,姚志刚,2010. 基于 CloudSat 和 ISCCP 资料的中国及周边地区云量分布的对比分析[J]. 大气科学,**34**(4):767-779.

魏凤英,2007. 现代气候统计诊断与预测技术(第二版)[M]. 北京:气象出版社.

颜宏,1987. 复杂地形条件下嵌套细网格模式的设计(二):次网格物理过程的参数化[J]. 高原气象,**6**(2):64-139.

杨冰韵,2013. 基于 CloudSat 卫星资料分析云的微物理和光学特性的分布特征[D]. 北京:中国气象科学研究院.

杨大生,王普才,2012. 中国地区夏季 6—8 月云水含量的垂直分布特征[J]. 大气科学,**36**(1):89-101.

张华,彭杰,荆现文,2013. 东亚地区云的垂直重叠特性及其对云辐射强迫的影响[J]. 中国科学:地球科学,**43**(4):523-535.

赵济,1995. 中国自然地理(3 版)[M]. 北京:高等教育出版社:180-187.

周喜讯,2015. 全球和中国地区云量和云的光学厚度的长期变化趋势研究[D]. 北京:中国气象科学研究院.

周毓荃,赵姝慧,2008. CloudSat 卫星及其在天气和云观测分析中的应用[J]. 南京气象学院学报,**31**(5):603-614.

张华,2016. BCC_RAD 大气辐射传输模式[M]. 北京:气象出版社.

Albrecht B A,1989. Aerosols, cloud microphysics, and fractional cloudiness[J]. *Science*,**245**(4923):1227-1230.

Andreae M O,Rosenfeld D,Artaxo P,*et al*.,2004. Smoking Rain Clouds over the Amazon[J]. *Science*,**303**(5662):1337-1342.

Austin R T,2007. Level 2B radar-only cloud water content(2B-CWC-RO) process description document[R]. *CloudSat project report*,**5**:1-26.

Collins W D, Bitz C M, Blackmon M L,*et al*.,2006. The community climate system model version 3(CCSM3)[J]. *Journal of Climate*,**19**(11):2122-2143.

Evan A T,Norris J R,2012. On global changes in effective cloud height[J]. *Geophysical Research Letters*,**39**(19):19710.

Freud E,Rosenfeld D,2012. Linear relation between convective cloud drop number concentration and depth for rain initiation[J]. *Journal of Geophysical Research*:Atmospheres,**117**(D2). doi:10. 1029/2011JD016457.

Futyan J M,Del Genio A D,2007. Deep Convective System Evolution over Africa and the Tropical Atlantic[J]. *Journal of Climate*,**20**(20):5041-5060.

Gettelman A,Morrison H,Ghan S J,2008. A New Two-Moment Bulk Stratiform Cloud Microphysics Scheme in the Community Atmosphere Model,Version 3(CAM3). Part II:Single-Column and Global Results[J]. *Journal of Climate*,**21**(15):3660-3679.

Hamed K H, Ramachandra R A, 1998. A modified Mann-Kendall trend for autocorrelated data [J]. *Journal of Hydrology*, **204**(1/4): 182-196.

Harrison E F, Minnis P, Barkstrom B R, et al., 1990. Seasonal variation of cloud radiative forcing derived from the Earth Radiation Budget Experiment [J]. *Journal of Geophysical Research*: Atmospheres, **95**(D11): 18687-18703.

Hartmann D L, Ockertbell M E, Michelsen M L, 1992. The effect of cloud type on earths' energy-balance: Global analysis [J]. *Journal of Climate*, **5**: 1281-1304.

Hartmann D L, Moy L A, Fu Q, 2001. Tropical Convection and the Energy Balance at the Top of the Atmosphere [J]. *Journal of Climate*, **14**(24): 4495-4511.

Heymsfield A J, McFarquhar G M, 1996. High albedos of cirrus in the tropical Pacific warm pool: Microphysical interpretations from CEPEX and from Kwajalein, Marshall Islands [J]. *Journal of the Atmospheric Sciences*, **53**(17): 2424-2451.

Hu Y, Winker D, Vaughan M, et al., 2009. CALIPSO/CALIOP cloud phase discrimination algorithm [J]. *Journal of Atmospheric and Oceanic Technology*, **26**(11): 2293-2309.

Huang J, Minnis P, Yi Y, et al., 2007. Summer dust aerosols detected from CALIPSO over the Tibetan Plateau [J]. *Geophysical Research Letters*, **34**(18). doi: 10.1029/2007GL029938.

Huang J, Minnis P, Chen B, et al., 2008. Long-range transport and vertical structure of Asian dust from CALIPSO and surface measurements during PACDEX [J]. *Journal of Geophysical Research*: Atmospheres, **113**(D23). doi: 10.1029/2008JD010620.

Iwasaki S, Shibata T, Nakamoto J, et al., 2010. Characteristics of deep convection measured by using the A-train constellation [J]. *Journal of Geophysical Research*: Atmospheres, **115**(D6). doi: 10.1029/2009JD013000.

Kendall M G, 1948. Rank correlation methods [M]. London: Griffin.

Khain A, Rosenfeld D, Pokrovsky A, 2005. Aerosol impact on the dynamics and microphysics of deep convective clouds [J]. *Quarterly Journal of the Royal Meteorological Society*, **131**(611): 2639-2663. doi: 10.1256/qj.04.62.

Kiehl J T, 1994. On the observed near cancellation between longwave and shortwave cloud forcing in tropical regions [J]. *Journal of Climate*, **7**(4): 559-565.

Koren I, Kaufman Y J, Rosenfeld D, et al., 2005. Aerosol invigoration and restructuring of Atlantic convective clouds [J]. *Geophysical Research Letters*, **32**(14). doi: 10.1029/2005GL023187.

Lee S S, Donner L J, Penner J E, 2010. Thunderstorm and stratocumulus: how does their contrasting morphology affect their interactions with aerosols [J]. *Atmospheric Chemistry and Physics*, **10**(14): 6819-6837. doi: 10.5194/acp-10-6819-2010.

Lelli L, Kokhanovsky A A, Rozanov V V, et al., 2014. Trends in cloud top height from passive observations in the oxygen A-band [J]. *Atmospheric Chemistry and Physics*, **14**(11): 5679-5692.

Li Z, Feng N, Fan J, et al., 2011. Long-term impacts of aerosols on the vertical development of clouds and precipitation [J]. *Nature Geoscience*, **4**(12): 888-894.

Li Z, Niu F, Fan J, et al., 2011. Long-term impacts of aerosols on the vertical development of clouds and precipitation [J]. *Nature Geoscience*, **4**(12): 888. doi: 10.1038/ngeo1313.

Liou K N, 2004. 大气辐射导论 [M]. 北京: 气象出版社.

Liou K N, Gu Y, Yue Q, et al., 2008. On the correlation between ice water content and ice crystal size and its application to radiative transfer and general circulation models [J]. *Geophysical Research Letters*, **35**(13): 195-209.

Liu Z,Vaughan M,Winker D,et al.,2009. The CALIPSO lidar cloud and aerosol discrimination:Version 2 algorithm and initial assessment of performance [J]. *Journal of Atmospheric and Oceanic Technology*,**26**(7):1198-1213.

Luo Y,Zhang R,Qian W,et al.,2011. Intercomparison of deep convection over the Tibetan Plateau-Asian monsoon region and subtropical North America in boreal summer using CloudSat/CALIPSO data [J]. *Journal of Climate*,**24**(8):2164-2177. doi:10. 1175/2009JCLI4032. 1 2164-2177.

Mann H B,1945. Nonparametric Tests Against Trend [J]. *Econometrica*,**13**(3):245-259.

Mieruch S,Noël S,Reuter M,et al.,2008. Global Water Vapor Trends From Satellite Data Compared With Radiosonde Measurements[J]. *AGU Fall Meeting Abstracts*. **8**:491-504.

Niu F,Li Z,2012. Systematic variations of cloud top temperature and precipitation rate with aerosols over the global tropics [J]. *Atmospheric Chemistry and Physics*, **12**(18): 8491-8498. doi: 10. 5194/acp-12-84910-2012.

Omar A H,Winker D M,Vaughan M A,et al.,2009. The CALIPSO automated aerosol classification and lidar ratio selection algorithm [J]. *Journal of Atmospheric and Oceanic Technology*,**26**(10):1994-2014.

Parol F,Buriez J C,Brogniez G,et al.,1991. Information content of AVHRR channels 4 and 5 with respect to the effective radius of cirrus cloud particles [J]. *Journal of Applied Meteorology*,**30**(7):973-984.

Polonsky I N,Labonnote L C,Cooper S,2008. Level 2 cloud optical depth product process description and interface control document [J]. Cooperative Institute for Research in the Atmosphere,Colorado State University,**21**:20.

Radke L F,Coakley J A,King M D,1989. Direct and remote sensing observations of the effects of ships on clouds [J]. *Science*,**246**(4934):1146-1149.

Ramanathan V,Cess R D,Harrison E F,et al.,1989. Cloud-radiative forcing and climate:Results from the Earth Radiation Budget Experiment [J]. *Science*,**243**(4887):57-63.

Ramanathan V,Crutzen P J,Kiehl J T,et al.,2001. Aerosols,climate,and the hydrological cycle [J]. *Science*,**294**(5549):2119-2124.

Rosenfeld D,2000. Suppression of rain and snow by urban and industrial air pollution [J]. *Science*, **287**(5459):1793-1796.

Rosenfeld D,Lohmann U,Raga G B,et al.,2008. Flood or drought:how do aerosols affect precipitation[J]. *Science*,**321**(5894):1309-1313.

Rossow W B,Schiffer R A,1999. Advances in understanding clouds from ISCCP [J]. *Bulletin of the American Meteorological Society*,**80**(11):2261-2287.

Sassen K,Wang Z,Liu D,2009. Cirrus clouds and deep convection in the tropics:Insights from CALIPSO and CloudSat [J]. *Journal of Geophysical Research*: Atmospheres, **114**(D4). doi: 10. 1029/2009JD011916.

Savtchenko A,2009. Deep convection and upper - tropospheric humidity:A look from the A-Train [J]. *Geophysical Research Letters*,**36**(6). doi:10. 1029/2009GL037508.

Stephens G L,Vane D G,Tanelli S,et al.,2008. CloudSat mission:Performance and early science after the first year of operation [J]. *Journal of Geophysical Research*: Atmospheres, **113**(D8). doi: 10. 1029/2008JD009982.

Takahashi H,Luo Z,2012. Where is the level of neutral buoyancy for deep convection? [J]. *Geophysical Research Letters*,**39**(15). doi:10. 1029/2012GL052638.

Tao W K,Li X,Khain A,et al.,2007. Role of atmospheric aerosol concentration on deep convective precipitation:Cloud-resolving model simulations [J]. *Journal of Geophysical Research*: Atmospheres, **112**

(D24). doi:10. 1029/2007JD008728.

Vaughan M A, Powell K A, Winker D M, et al., 2009. Fully automated detection of cloud and aerosol layers in the CALIPSO lidar measurements [J]. *Journal of Atmospheric and Oceanic Technology*, **26**(10): 2034-2050.

Virts K S, Wallace J M, Fu Q, et al., 2010. Tropical tropopause transition layer cirrus as represented by CALIPSO lidar observations [J]. *Journal of the Atmospheric Sciences*, **67**(10):3113-3129.

Wagner T, Beirle S, Deutschmann T, et al., 2008. Dependence of cloud properties derived from spectrally resolved visible satellite observations on surface temperature [J]. *Atmospheric Chemistry and Physics*, **8**: 2299-2312.

Wang F U, Guo J, Yerong W U, et al., 2014. Satellite observed aerosol-induced variability in warm cloud properties under different meteorological conditions over eastern China [J]. *Atmospheric Environment*, **84**(1):122-132.

Wu T W, Wu G X, 2004. An empirical formula to compute snow cover fraction in GCMs [J]. *Advances in Atmospheric Sciences*, **21**(4):529-535.

Wu T W, Yu R C, Zhang F, et al., 2010. The Beijing Climate Center atmospheric general circulation model: description and its performance for the present-day climate [J]. *Climate dynamics*, **34**(1):123. doi: 10. 1007/s00382-008-0487-2.

Wyser K, 1997. The Effective Radius in Ice Clouds [J]. *Journal of Climate*, **11**(7):1793-1802.

Xu H, Guo J, Wang Y, et al., 2017. Warming effect of dust aerosols modulated by overlapping clouds below [J]. *Atmospheric Environment*, **166**:393-402.

Yang Q, Fu Q, Hu Y, 2010. Radiative impacts of clouds in the tropical tropopause layer [J]. *Journal of Geophysical Research*:Atmospheres, **115**(D4). doi:10. 1029/2009JD012393.

Young S A, Vaughan M A, 2009. The Retrieval of Profiles of Particulate Extinction from Cloud-Aerosol Lidar Infrared Pathfinder Satellite Observations (CALIPSO) Data:Algorithm Description [J]. *Journal of Atmospheric & Oceanic Technology*, **26**(6):1105-1119.

Yuan J, Houze Jr R A, 2010a. Global variability of mesoscale convective system anvil structure from A-Train satellite data [J]. *Journal of Climate*, **23**(21):5864-5888. doi:10. 1175/2010JCLI3671. 1.

Yuan J, Houze Jr R A, Heymsfield A J, 2011. Vertical structures of anvil clouds of tropical mesoscale convective systems observed by CloudSat [J]. *Journal of the Atmospheric Sciences*, **68**(8):1653-1674. doi: 10. 1175/2011JAS3687. 1.

Yuan T, Li Z, 2010b. General macro-and microphysical properties of deep convective clouds as observed by MODIS [J]. *Journal of Climate*, **23**(13):3457-3473. doi:10. 1175/2009JCLI3136. 1.

Yuan T, Martins J V, Li Z, et al., 2010c. Estimating glaciation temperature of deep convective clouds with remote sensing data [J]. *Geophysical Research Letters*, **37**(8). doi:10. 1029/2010GL042753.

Zhang G J, Mu M, 2005. Effects of modifications to the Zhang-McFarlane convection parameterization on the simulation of the tropical precipitation in the National Center for Atmospheric Research Community Climate Model, version 3 [J]. *Journal of Geophysical Research*: Atmospheres, **110** (D9). doi: 10. 1029/2004JD00517.

Zhang H, Nakajima T, Shi G, et al., 2003. An optimal approach to overlapping bands with correlated k distribution method and its application to radiative calculations [J]. *Journal of Geophysical Research Atmospheres*, **108**(D20):4641. doi:10. 1029/2002JD003358.

Zhang H, Shi G, Nakajima T, et al., 2006a. The effects of the choice of the *k*-interval number on radiative calculations [J]. *Journal of Quantitative Spectroscopy & Radiative Transfer*, **98**(1):31-43.

Zhang H,Suzuki T,Nakajima T,*et al*.,2006b. Effects of band division on radiative calculations [J]. *Optical Engineering*,**45**(1):016002.

Zhang H,Peng J,Jing X W,*et al*.,2013. The features of cloud overlapping in Eastern Asia and their effect on cloud radiative forcing [J]. *Science China Earth Sciences*,**56**(5):737-747. doi:10.1007/s11430-012-4489-x.

Zhang H,Jing X,Li J,2014. Application and evaluation of a new radiation code under McICA scheme in BCC_AGCM2.0.1 [J]. *Geoscientific Model Development*,**7**(3):737-754.

Zhao C,Chen Y,Li J,*et al*.,2019. Fifteen-year statistical analysis of cloud characteristics over China using Terra and Aqua Moderate Resolution Imaging Spectroradiometer observations [J]. *International Journal of Climatology*,1-18.

第 3 章　中国地区地面太阳辐射的时空变化及归因

到达地球大气系统的太阳辐射是地球生命的最终能量来源,是决定气候形成的重要因子,在整个地气系统的能量收支平衡过程中起着主导作用。地球大气上界某一点接收到的太阳辐射是由太阳常数、平均日地距离、纬度等因素决定的,这些因素变化缓慢,因此,大气上界太阳辐射的中长期变化非常小,而到达地球表面的太阳辐射量的变化相对较大,造成这种差别的原因是某一地区大气在不同时段对太阳辐射的吸收和散射不同,它与该地区的大气成分、云量、大气中的水汽含量以及大气悬浮的颗粒物含量的变化密切相关。近年来,大量研究表明全球大多数区域无论是观测到的还是模式模拟的地面太阳辐射在年代际时间尺度上均不是常数,这种现象被称为全球变暗和全球变亮。

全球包括中国的多数地区地面太阳辐射在 20 世纪 90 年代前后发生了由"变暗"到"变亮"的转变,但是在 21 世纪以后呈现出不同的变化趋势。本章利用国家气象信息中心提供的中国地区太阳辐射站点资料,进行质量控制后分析了中国地区 1961—2008 年期间地面太阳辐射(包括总辐射、散射辐射和直接辐射)(趋势变化更新到 2016 年)和有关气象要素的空间分布和长期变化特征,其中 3.1 节为所用的资料与方法,3.2 节和 3.3 节分别给出了地面太阳辐射的年平均分布特征和季节平均分布特征,3.4 节给出了地面太阳辐射的长期变化趋势,3.5 节给出了地面太阳总辐射长期变化趋势的空间分布,3.6 节则探讨了地面太阳辐射变化对气温的影响。

目前国内外学者对地面太阳辐射的研究多是对观测结果的统计分析,但直接观测到的地面太阳辐射是大气中各种因子共同作用的结果,通过模式计算方可区分大气中各种因子,如水汽、臭氧、云和气溶胶等对太阳辐射在各波段的削弱程度,以及太阳天顶角和地表反照率等外部因素对它的影响。因此,本章 3.7 节利用 BCC_RAD 辐射传输模式对影响地面太阳辐射及其谱分布的各种因子进行了定量的分析。由于大气气溶胶可以通过散射和吸收太阳短波辐射来直接影响地球系统的辐射收支,因此,3.8 节利用 BCC_RAD 辐射传输模式,着重探讨了不同污染条件下气溶胶对短波辐射通量的影响。

3.1　资料和方法

3.1.1　数据资料说明

本章所使用资料来自于中国气象局国家气象信息中心国家级气象资料存储检索系统,该网站资料由国家气象信息中心资料室负责收集、处理、存储、检索和服务。现有的资料种类包括地面气象资料、农业气象资料、高空气象资料、气象辐射资料、海洋气象资料、气象卫星资料、气象雷达资料、气象灾害资料、大气成分资料等。气象资料室负责对收集到的各类资料进行质量检验、加工处理、存储、建立综合气象数据库,形成各类便于应用的数据产品,通过在线和离线方式为各类用户提供分级分类共享服务(秦世广,2009)。

本章所使用资料取自该网站气象辐射资料集和地面气象资料集,包括逐日地面太阳总辐射、直接辐射、散射辐射和云量、能见度、地面气温、风速、相对湿度、降水等常规气象观测数据以及逐月日照百分率数据。

3.1.1.1 地面太阳辐射观测资料

常规气象站观测所获得的日射资料,测量的是到达地球表面 $0.3\sim3~\mu m$ 的太阳辐射,这部分能量约占整个太阳辐射能的 97% 左右。目前我国的辐射观测站的观测项目有总辐射、散射辐射、直接辐射、反射辐射和净辐射。本章使用的是中国地区(台湾、香港和澳门除外)122 个台站 1961—2008 年的逐日地面太阳总辐射 G、散射辐射 D 和直接辐射 B 三个物理量,单位统一换算为 $W \cdot m^{-2}$。各台站详细信息和具体观测时段可详见国家级气象资料存储检索系统辐射站点资料说明文件。

引起辐射观测数据误差的原因可以分为两类:①由于仪器本身性能造成的误差和不确定性,例如:灵敏度、非线性效应、环境响应、分辨率、响应时间、余弦响应和方位响应等。②非仪器本身造成的误差,例如:仪器操作误差、灰尘和雾雪等对仪器遮蔽、周围建筑的遮挡等。为了获取更加准确的数据,本章采用 Shi 等(2008)和陈志华(2005)的质量控制方法对所使用地面太阳辐射值进行检验。该方法利用的是物理阈值检验、日照百分率检验和标准偏差检验,关于该方法的详细介绍见 Shi 等(2008)。

3.1.1.2 地面气象观测资料

本章所使用的地面气象观测资料为华北地区 1961—2008 年的逐日总云量、低云量、能见度、风速、降水量、相对湿度、各种天气现象(降雨、霾、沙尘暴)日数、地面气温和逐月的日照百分率资料。

云量指的是云遮蔽天空视野的成数,包括总云量和低云量。总云量是指天空被所有云遮蔽的总成数。而低云量指的是天空被低云族所遮蔽的成数。因为云量是观测者通过肉眼判断得到的,不同的观测者的判断力不同,有一定的主观性,因此,本章同时分析了晴空(总云量小于 1 成)和阴天(总云量大于 9 成)的出现频率。同时本章还引用中高云量这个变量,定义为总云量减去低云量,但是由于观测员视野被低云遮蔽,这个量不能完全代表天空中实际的中高云量,而是小于或者等于实际的中高云量。

本章使用的能见度是有效水平能见度,即四周视野中二分之一以上的范围都能看到的最大水平距离,单位为千米。我国地面气象台站每天至少观测 4 次水平能见度,分别为北京时间 08 时、14 时、20 时和 02 时。02 时和 20 时是在夜晚观测,所选的目标物与白天目标物不同,容易造成观测资料的不一致。08 时的能见度会受到辐射雾的影响,而且由于夜间形成的接地逆温层还未被破坏,可能导致 08 时大气中颗粒物浓度升高,但是这种现象一般会在中午消散,故而本章采用的是 14 时观测资料来代表日能见度。

1980 年以前,我国能见度观测使用的是《气象观测暂行规范(地面部分)》规定的观测方法,地面气象站大气能见度观测分为 0~9 十个级别,自近而远在观测站各方向、各距离上的目标物分别代表 0.1 km、0.2 km、0.5 km、1.0 km、2.0 km、5.0 km、10.0 km、20.0 km、50.0 km。但是 1980 年以后我国执行新的《地面气象观测规范》,能见度的观测以 km 为单位,保留一位小数。

其他观测资料说明如下(中国气象局,2003)。

降水量——从天空降落到地面上的液态或固态(经溶化后)降水。

相对湿度——空气中实际水汽压与当时气温下的饱和水汽压之比,可以用来表示空气干湿程度的相对量。

日照百分率——一个时段内测站实际日照时数与当地最大可能日照时数的百分比。

天气现象日数——某年(季、月)某现象出现的日数。用来表征在某一时段(年、季、月)内某种天气现象发生次数的多少。

霾——大量极细微的干尘粒均匀的游浮在空中,使水平能见度小于 10.0 km 的空气普遍浑浊现象。

沙尘暴——由于强风将地面大量沙尘吹起,使空气相当浑浊,水平能见度小于 1.0 km 的天气现象。

3.1.2　数据分析方法

3.1.2.1　总辐射比、散射比和直射比的计算

总辐射比(又可以称为晴空指数)定义为:

$$Kt = G/G_0 \tag{3.1}$$

$$G_0 = \frac{24 \mathrm{Isc}}{\pi \rho^2}(\omega_0 \sin\varphi \sin\delta + \cos\varphi \sin\omega_0) \tag{3.2}$$

式中,G 为到达地面的太阳总辐射,G_0 为到达大气层顶的太阳总辐射值,Isc 是太阳常数(1367 W·m^{-2}),φ 是纬度,δ 是太阳赤纬,ρ 是日地距离,ω_0 是日出(日落)太阳时角,可以由以下公式求出:

$$\cos\omega_0 = -\tan\varphi \tan\delta \tag{3.3}$$

散射比定义为:

$$K_d = D/G \tag{3.4}$$

式中,D 为到达地面的太阳散射辐射,G 为到达地面的太阳总辐射。

直射比定义为:

$$K_b = B/G \tag{3.5}$$

式中,B 为到达地面的太阳直接辐射,G 为到达地面的太阳总辐射。

3.1.2.2　统计方法

线性相关分析用来描述两个时间序列之间的相关性,主要用相关系数 r 表示,r 的绝对值越大,表示两者之间关系越密切。$r>0$ 表示正相关,$r<0$ 表示负相关,具体计算公式为:

$$r = \frac{\sum_{i=1}^{n}(x_i - \overline{x})(y_i - \overline{y})}{\sqrt{\sum_{i=1}^{n}(x_i - \overline{x})^2} \sqrt{\sum_{i=1}^{n}(y_i - \overline{y})^2}} \tag{3.6}$$

在分析过程中,对各个气候要素变化趋势采用线性拟合方法,建立各个观测值 $\hat{y}$ 与时间变量 $t(t=1,2,\cdots,50)$ 之间的线性回归方程 $\hat{y}=a+bt$。其中,a 为回归常数,b 为回归系数,a 和 b 可以利用最小二乘法进行估计。回归系数 b 表示气候变量的趋势倾向,当 b 为正(负)时,表示气候要素值在统计时间内有线性增加(减少)趋势,b 值的大小反映了上升或下降的

速率。

对样本量为 n 的序列 x，其滑动平均序列表示为：

$$\hat{x}_j = \frac{1}{k} \sum_{i=1}^{k} x_{i+j-1} \qquad (j=1,2,\cdots,n-k+1) \tag{3.7}$$

式中，k 为滑动长度。经过滑动平均后，序列中短于滑动长度的周期大大减弱，显示出变化趋势。

回归分析选用多元线性回归法：

$$\hat{y} = b_0 + b_1 x_1 + \cdots + b_p x_p \tag{3.8}$$

具体计算过程见魏凤英（2007）。

3.1.3 BCC_RAD 辐射模式介绍

本章 3.7 和 3.8 节采用 BCC_RAD 辐射传输模式（Zhang，2002；Zhang $et\ al.$，2006a，2006b；张华，2016）。该模式包含了五种精度的 k-分布计算方案，其中的高精度辐射方案计算精度相对精确的逐线积分误差不超过 3%，同时也大大提高了辐射计算效率，可以替代逐线积分模式，应用于大气遥感等精度要求比较高的辐射传输计算中。该模式包含五种主要温室气体：H_2O，CO_2，O_3，N_2O，CH_4 和 3 种 CFCs，利用相关 k-分布方法（Zhang $et\ al.$，2005）计算它们的吸收系数，并利用 CKD 2.4 方案（Zhang $et\ al.$，2003）计算水汽，CO_2，O_3 和 O_2 的连续吸收系数。气溶胶辐射方案参考卫晓东等（2011），卫晓东（2011），Zhang 等（2012b）和周晨等（2013）的方法给出；水云和冰云的光学性质分别参考 Lu 等（2011）和 Zhang 等（2015）给出。辐射传输算法包括 Nakajima 等（2000），张华等（2014），Zhang 等（2013a）以及 Zhang 等（2013b）的二流算法、二流四流混合算法与四流算法。模式的主要框架如图 3.1 所示。

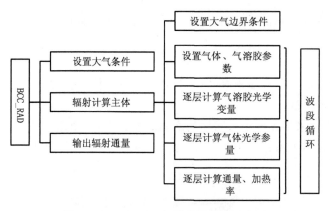

图 3.1 BCC_RAD 辐射传输模式示意图

BCC_RAD 辐射模式分为低光谱分辨率和高光谱分辨率两个版本。低光谱分辨率版本将波长（波长范围：$204 \sim 10^6$ nm）分为 17 个波带，通常应用于快速计算大辐射通量的研究。其中短波包含 9 个带、共 26 个 k-分布积分点，长波包含 8 个带、共 41 个积分点。表 3.1 列出了光谱带的划分及每个光谱带内考虑的吸收气体种类、积分样点数。

表 3.1　模式光谱带的划分及每个光谱带考虑的吸收气体种类、积分样点数

谱带	区间(cm^{-1})	吸收气体	积分样点数
1	10~250	H_2O	4
2	250~550	H_2O	4
3	550~780	H_2O,CO_2	11
4	780~990	H_2O	5
5	990~1200	H_2O,O_3	5
6	1200~1430	H_2O,N_2O,CH_4	5
7	1430~2110	H_2O	5
8	2110~2680	H_2O,CO_2,N_2O	3
9	2680~5200	H_2O	5
10	5200~12,000	H_2O	5
11	12,000~22,000	H_2O,O_3	3
12	31,000~33,000	—	0
13	31,000~33,000	O_3	2
14	33,000~35,000	O_3	2
15	35,000~37,000	O_3	2
16	37,000~43,000	O_3,O_2	4
17	43,000~49,000	O_3,O_2	2
总计			67

　　为精确评估不同因子对地面太阳短波辐射的影响,本章采用高光谱分辨率 BCC_RAD 辐射模式进行模拟研究,该版本将光波(波长范围:$200\sim10^6$ nm)分为 974 个波带,其中长波与短波波段分别被分为 498 和 476 个波带,比用于气候模式的 17 个波带方案大幅度地提高了计算精度。Zhang 等(2006b)通过研究发现,由于 974 带辐射方案不仅考虑了大气中强吸收气体的弱吸收带,而且还尽可能地考虑了所计算光谱区间内弱吸收气体(痕量气体)的吸收。因此,用该辐射方案计算的地面太阳辐射通量与观测结果的差别可以缩小大约 12.5 W·m^{-2},部分地解释了地面太阳辐射通量在模式模拟结果和观测结果之间差别的原因。

3.2　地面太阳辐射的年平均分布特征

3.2.1　总辐射的分布特征

　　地面太阳总辐射是直接辐射和散射辐射的总和,到达地面的太阳总辐射与纬度、地形、海拔高度、大气透明度以及气候特征都有关系。图 3.2 是 1961—2008 年地面太阳总辐射的年平均分布图。由图可以看出,我国的总辐射分布整体上是除了青藏高原和四川盆地外自东向西逐渐增加,其中在 95°E 以西,自南向北逐渐减少,而在 95°E 以东,长江流域以南最小,同时向四周递增。

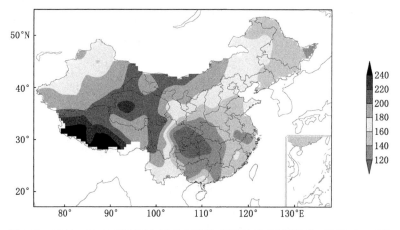

图 3.2 1961—2008 年地面太阳总辐射的年平均分布图[单位：W/(m²·d)]

我国的总辐射最高值出现在青藏高原,多年平均值超过了 240 W/(m²·d),并且随海拔高度的升高而增加,这是由该地区海拔高,大气稀薄,大气透明度高造成的;还有一个高值区位于内蒙古地区,由于常年多数时间受蒙古高压控制,晴天多,日照充足,因此该地区接收到的直接辐射量比较高。

我国的总辐射最低值出现在四川贵州一带,多年平均值低于 120 W/(m²·d),四川盆地一年四季水汽含量较高,而且由于盆地的地形特点,人为产生的气溶胶不易扩散,因此造成太阳辐射有较大衰减;由于东北地区纬度较高,太阳高度角小,日照时间短,因此东北的地面太阳总辐射也比较低;长江中下游也有两个低值区,主要原因是该地区受夏季风影响,太阳辐射最强时期(6 月)该地区处于梅雨季节,水汽较大,云量较多,而且此地区工业发达,人为产生的气溶胶较多,气溶胶的消光能力会随湿度增加而增加,从而导致了太阳辐射的大幅度衰减。位于西北地区的塔里木盆地和准格尔盆地总辐射值也比较低,主要原因为:一是纬度较高;二是海拔较低;三是此处多是沙漠,沙尘事件较多造成大气浑浊度较高,削弱了直接辐射。此外,青藏高原东部有一个小的低值区,其原因是该地区受到来自孟加拉湾水汽的影响,对太阳辐射吸收较强。

3.2.2 散射辐射的分布特征

到达地面的太阳散射辐射是太阳辐射能量的重要组成部分之一,它主要受云和散射性气溶胶的影响,因此在太阳高度角小、阴天以及大气浑浊度高的时候,对地面辐射能量的收入起决定性作用。图 3.3 是 1961—2008 年地面散射辐射的年平均分布图。总体而言,我国的散射辐射是东低西高,南高北低,这主要取决于:一是南部地区日照时间长,而且水汽、云量和降水大于北方;二是西部与东部地理环境差别。但是相对于直接辐射和总辐射而言,我国的地面散射辐射分布相对较均匀。

地面散射辐射的最大值位于塔里木盆地,多年平均值超过了 95 W/(m²·d),这归因于此处多为沙漠地区,沙尘气溶胶含量和地表反照率均很高。此外,受云、水汽和人为气溶胶的影响,云南、广西至广东南部一带也属于高值区。

青藏高原西南部属于低值区,因为青藏高原地区海拔高,大气透明度好,云量较少(丁守国,2004)。北疆地区和东北平原随纬度升高,散射辐射减少。

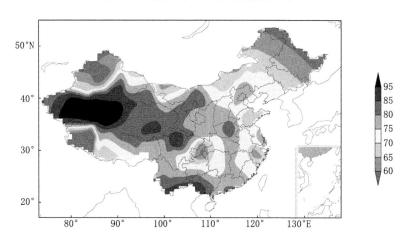

图 3.3　1961—2008 年地面太阳散射辐射的年平均分布图[单位:W/(m² · d)]

由图 3.3 可以看出四川盆地属于低值区域,主要原因是该地区全年平均云量都在 8 成左右(秦世广,2009),总辐射较低,从而导致能够穿过云层被散射的太阳辐射通量很小。即使该地区的散射比到达 0.8,到达地面的散射辐射也非常少(陈志华,2005)。值得注意的是塔里木盆地和四川盆地的散射比都很高,但两个地区的地面散射辐射分布特征却不同,其主要原因是造成两地散射比大的原因不同,塔里木盆地主要是由沙尘气溶胶的散射引起,而四川盆地主要是由云的吸收引起。

3.2.3　直接辐射的分布特征

地面太阳直接辐射的大小主要取决于所处的纬度、海拔高度、云量和大气透明度等。

我国的地面太阳直接辐射(图 3.4)整体而言,与地面总辐射的分布特征相似。在 100°E以西,呈两高一低分布。青藏高原西南部多年平均值超过了 120 W/(m² · d),这是因为青藏高原海拔高度高,空气稀薄干洁,日照丰富;青海内蒙古一带少云干燥,因此地面太阳直接辐射值也很高。塔里木盆地处于沙漠地区,受沙尘气溶胶的影响,直接辐射较小。

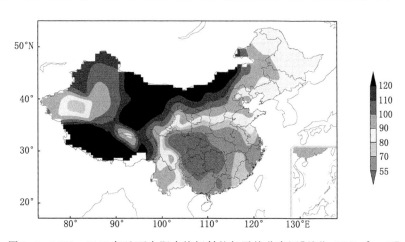

图 3.4　1961—2008 年地面太阳直接辐射的年平均分布图[单位:W/(m² · d)]

对东部地区直接辐射分布进行分析,发现长江流域以南和四川贵州一带最小,并向南北递增,东北地区呈现随纬度增加而减少的特征。四川盆地是我国直接辐射的最低值区域,多年平均值低于 55 W/(m² · d),主要是由于该地区受西南季风影响,云雨较多造成的。浙江沿海一带由于水汽充沛,直接辐射值也较低。另外,东北地区由于纬度较高,日照时间短,造成其地面太阳直接辐射也较低。

3.3　地面太阳辐射的季节平均分布特征

3.3.1　总辐射的季节分布特征

将 3—5 月、6—8 月、9—11 月、12 月至次年 2 月依次作为春季、夏季、秋季和冬季,讨论总辐射的季节分布特征。整体而言,我国地面太阳总辐射在夏季最大,冬季最小。

冬季全国地面太阳总辐射普遍较低(图 3.5),与年平均地面太阳总辐射分布特征相似。明显的区别是位于青藏高原东部的低值区不再存在,因为此处的低值区主要是受孟加拉湾的西南气流影响,而这支西南气流在夏季更活跃。在西部地区,总辐射自西北向东南增加,最高出现在青藏高原,高于 150 W/(m² · d),云南和四川西部冬季比较干旱,因此,总辐射也较高。在 105°E 以东,自北向南呈现出高低交错形势。与年平均分布特征近似,四川东部至贵州一带仍属于全国的最低值区域[低于 50 W/(m² · d)]。东北地区随纬度增加而减少。华北地区和华南沿海为相对高值区,为 90～110 W/(m² · d)。

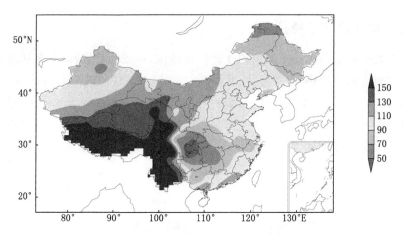

图 3.5　1961—2008 年冬季平均地面太阳总辐射分布图[单位:W/(m² · d)]

春季全国的地面太阳总辐射明显增加(图 3.6)。青藏高原的高值区和四川盆地的低值区仍然存在,同时四川盆地的低值区域延伸到广东广西北部。此外,孟加拉湾出现的西南气流输送水汽导致青藏高原西部的地面总辐射量降低;东南沿海的云量和降水逐渐增多,形成低值中心;从长江流域、黄河流域、华北地区至内蒙古地区,总辐射值随纬度增高逐渐增多;东北地区的总辐射值仍然较小。

夏季地面太阳总辐射量整体达到了最高值(图 3.7)。由于受夏季风带来的云和降水的影响,在 90°E 以东基本呈现出自东南向西北逐渐增多的趋势;辐射高值区域仍然位于青藏

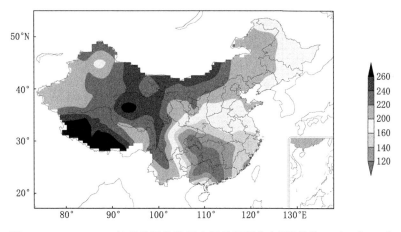

图 3.6　1961—2008 年春季平均地面太阳总辐射分布图[单位:W/(m² · d)]

高原南部,达到 280 W/(m² · d)以上,四川盆地仍属于低值区域,在 160 W/(m² · d)左右;由于受孟加拉湾西南气流的影响,青藏高原东部到云南地区出现明显的低值;除了黑龙江的东北角,夏季东北地区的总辐射量升高,其主要原因是夏季的太阳高度角大,日照时间也比较长。

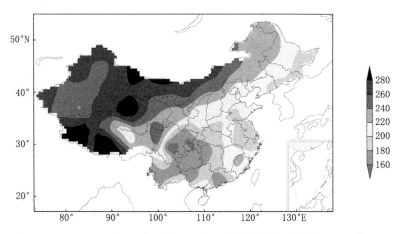

图 3.7　1961—2008 年夏季平均地面太阳总辐射分布图[单位:W/(m² · d)]

整体而言,秋季总辐射值的分布特征与冬季近似,即西部大于东部(图 3.8)。西部和东北地区的总辐射量随纬度增加而逐渐减少;四川盆地的特殊地形造成川黔地区冬季总辐射量仍低于其他地区。最高值则仍然分布在青藏高原,广西东南部、广东以及福建一带的沿海地区。

3.3.2　散射辐射的季节分布特征

总体而言,夏季我国的散射辐射量最大,春季次之,冬季最小,这是由于散射辐射的大小主要受太阳高度角、云、和散射性气溶胶的影响。夏季太阳高度角最大,造成到达地面的辐射能量较大,使得散射辐射量也较大;春季的散射辐射大于秋季,其部分原因是北方地区春季沙尘频发,造成沙尘气溶胶对太阳辐射的散射较多。

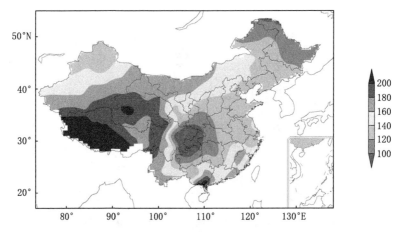

图 3.8 1961—2008 年秋季平均地面太阳总辐射分布图[单位:W/(m² · d)]

冬季(图 3.9)和秋季(图 3.12)的分布特征比较相似,有以下几个特点:①在东北、西北和西南地区散射辐射基本呈纬向分布,随纬度增加而减少,这是由于太阳高度角和日照时间自南向北逐渐减小;②地面散射辐射最大值出现在塔里木盆地,而且由外向内逐渐增加,这是由于此处位于沙漠地区,沙尘气溶胶含量和地表反照率均很高;③青藏高原地区是个明显的低值区,这是因为此处海拔很高,而且云量较少(丁守国,2004),大气透明度较高;④四川盆地一带是个低值中心,原因与年平均散射辐射为低值中心类似。

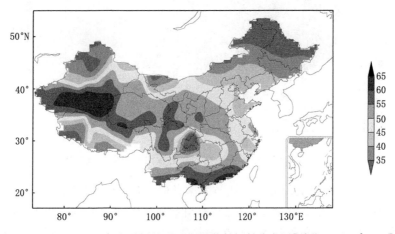

图 3.9 1961—2008 年冬季平均地面太阳散射辐射分布图[单位:W/(m² · d)]

春季(图 3.10)散射辐射值明显增大,而且已略呈现出经向分布的特点,平均而言,东部小于西部。青藏高原的低值中心和塔里木盆地的高值中心仍然存在。与秋冬季明显不同的是在长江中下游以南直到东南沿海的整个地区都是低值区。

夏季(图 3.11)地面散射辐射值达到最大,而且经向分布的特点更加明显。100°E 以西地区的分布特征变化不大。云南、广东南部由于云量较多造成散射较大(丁守国,2004)。长江中下游地区由于受副热带高压控制,晴朗少云,从而形成低值带。

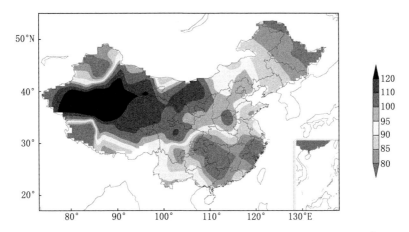

图 3.10　1961—2008 年春季平均地面太阳散射辐射分布图[单位:W/(m² · d)]

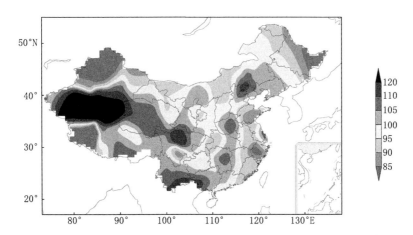

图 3.11　1961—2008 年夏季平均地面太阳散射辐射分布图[单位:W/(m² · d)]

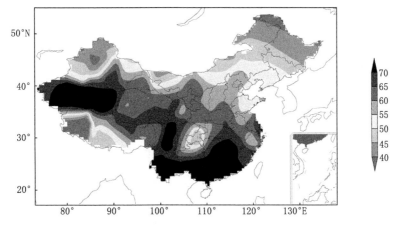

图 3.12　1961—2008 年秋季平均地面太阳散射辐射分布图[单位:W/(m² · d)]

3.3.3　直接辐射的季节分布特征

整体而言,地面直接辐射的分布特征与总辐射类似,即夏季最大,冬季最小。

冬季(图 3.13)最小值分布在东北、新疆北部、川黔地区,最小值小于 30 W/(m² · d),东北和新疆北部是由于纬度较高,太阳高度角较小所致,而川黔地区则是受其特殊地形影响;最大值位于青藏高原和云南地区,其值在 100 W/(m² · d)以上,青藏高原的高值是由于其海拔高,日照充足,云南出现高值则是因为冬季为干季。

春季(图 3.14)地表直接辐射从纬向分布向经向分布过渡,其中青藏高原的高值区依然存在,青海内蒙古一带由于少云干燥使得直接辐射也较大;105°E 以东,35°N 以南的整个区域直接辐射均较低,这可能是受南方春季多雨影响,而新疆的塔里木盆地处于沙漠地区,受沙尘气溶胶的影响,也是个低值区。

夏季(图 3.15),西北地区干旱少雨造成直接辐射较高;长江中下游地区由于受副热带高压控制,少云干燥,直接辐射明显增多;云南地区由于受西南季风的影响,直接辐射较春季显著减少;青藏高原的高值区和塔里木盆地的低值区变化不大。

秋季(图 3.16)的分布形势与冬季类似。云南地区地表直接辐射虽较夏季有明显回升,但没有达到最大值。

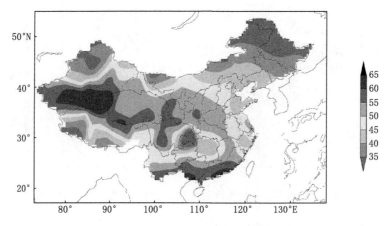

图 3.13　1961—2008 年冬季平均地面太阳直接辐射分布图[单位:W/(m² · d)]

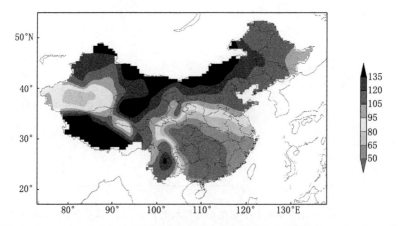

图 3.14　1961—2008 年春季平均地面太阳直接辐射分布图[单位:W/(m² · d)]

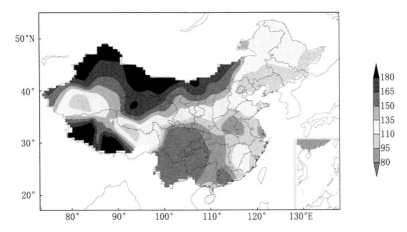

图 3.15　1961—2008 年夏季平均地面太阳直接辐射分布图[单位：W/(m² · d)]

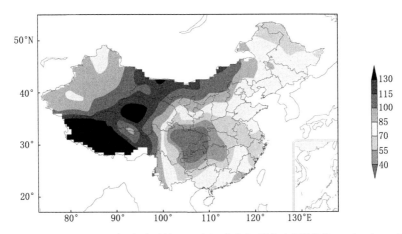

图 3.16　1961—2008 年秋季平均地面太阳直接辐射分布图[单位：W/(m² · d)]

3.4　地面太阳辐射的长期变化趋势

考虑到我国辐射站点在 1990 年前后有比较大的调整,部分站的缺测值较多,因此,选取总辐射观测时间序列超过 40 年的 55 个典型站进行分析。55 个站的分布如图 3.17 所示,除了青藏高原和内蒙古地区外,站点分布比较均匀。

3.4.1　总辐射的变化

图 3.18 给出了 55 个站的年平均地面太阳总辐射的变化趋势。可以看出总辐射在 1990 年前呈波动减少趋势,其中 20 世纪 60 年代末到 80 年代初减少最明显,1990 年后这种减少不再继续,并呈现出增加趋势,但这种增加并未恢复到近 50 年来的平均值,1995 年后开始基本保持稳定,其中最小值出现在 1989 年,仅为 153.4 W · m⁻²。在整个时段内,总辐射每十年下降 2.73 W · m⁻²,其中 1961—1989 年的减少速率为 7.78 W/(m² · 10 a),通过了 95% 的显著性检验,1990—2008 年的变化幅度为 1.13 W/(m² · 10 a),增加并不显著。

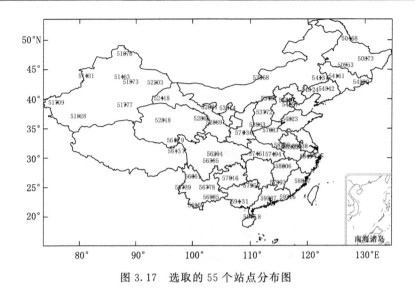

图 3.17　选取的 55 个站点分布图

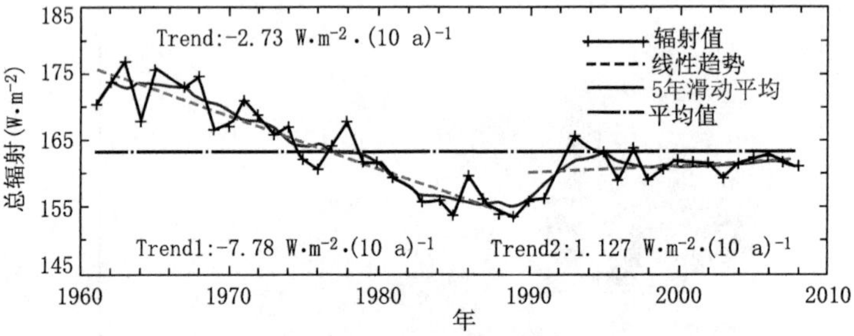

图 3.18　中国地区 55 个站年平均太阳总辐射变化趋势

（trend1 表示 1961—1989 年的变化趋势，trend2 表示 1990—2008 年的变化趋势，trend 表示 1961—2008 年的变化趋势）

　　由地面太阳总辐射四个季节的变化（图 3.19）可以看出：在年代际变化上，四个季节的整体变化均与年平均变化相似，但是年际变化略有不同。其中，春季 1990 年前快速下降，1990 年开始增加，但 1995 年后基本呈上下波动形式；1961—2008 年、1961—1989 年、1990—2008 年的变化趋势分别为 -2.03 W/(m² · 10 a)，-8.08 W/(m² · 10 a)，4.22 W/(m² · 10 a)，1990—2008 年的上升幅度明显大于全年平均，因此，使得整个时段的变化较全年平均略平稳。夏季和秋季的太阳总辐射变化最为相似，在 20 世纪 60 年代中期达到最高值，之后快速减少，80 年代末期跌至谷底，之后缓慢上升，90 年代中期后保持平稳，与全年平均不同的是 1990—2008 年的整体变化趋势为负值，但是这种下降并不显著，其中夏季的变化幅度大于秋季。冬季在 1989 年前变化与各个季节一致，在 1990 年后变化更为平稳。

3.4.2　散射辐射的变化

　　散射辐射的变化与总辐射变化明显不同（图 3.20），1990 年前主要在平均线上下呈波动式摆动，其中 60 年代初期略有增加，80 年代中后期略有减少，1990 年后逐渐呈波动式上升，最小值出现在 1990 年。1961—2008 年、1961—1989 年、1990—2008 年的变化率分别为 -0.1 W/(m² · 10 a)，-0.26 W/(m² · 10 a)，1.82 W/(m² · 10 a)，只有 1990—2008 年的变化通过了 95% 的显著性检验。值得关注的是火山爆发对散射辐射的作用非常显著，例如，

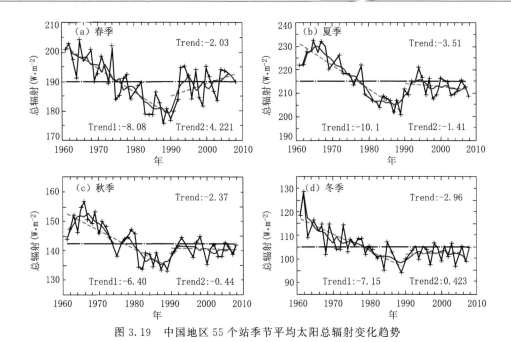

图 3.19 中国地区 55 个站季节平均太阳总辐射变化趋势

(图例同图 3.18)

1982、1983 年和 1992 年的散射值均高于 48 年平均值近 10 W·m^{-2}。

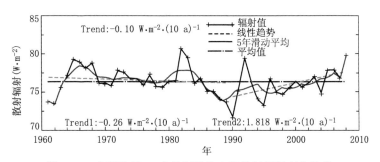

图 3.20 中国地区 55 个站年平均太阳散射辐射变化趋势

(图例同图 3.18)

散射辐射各个季节的变化相差比较大(图 3.21),其中春季最接近年平均变化。夏季的散射辐射在 1990 年前基本低于 48 年平均值,而在 1990 年后散射辐射快速增加使其逐渐高于平均值,而且与年变化不同的是各个时段都呈增加趋势,但只有 1990 年后的增加趋势通过了 95% 的显著性检验。秋季的变化比较平缓,振荡特征更加明显。冬季除了 1961—1965 年和 2000 年后散射辐射略有增加,1965—2000 年呈波动式下降,因此在各个时段均呈下降趋势,但是均不显著。火山爆发效应在各个季节都很明显,其中 1982 年的火山效应在夏秋季较强,而 1992 年的火山效应在冬春季较强。

3.4.3 更新的太阳辐射的变化趋势

年平均的直接辐射变化趋势与总辐射变化趋势非常接近(图略),因此不再详细叙述。

3.4 节分析的是 1961—2008 年中国地区太阳辐射(包括总辐射,散射辐射和直接辐射)的变化趋势,本章附图 1 至附图 7 结合了中国气象局国家气象信息中心最新的辐射资料给

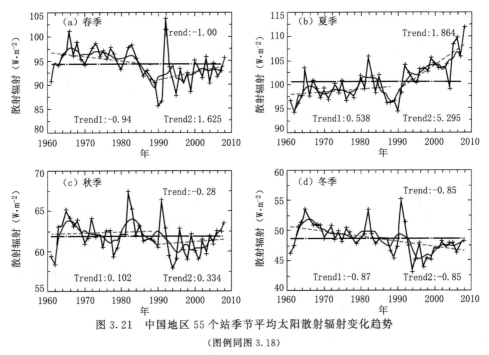

图 3.21　中国地区 55 个站季节平均太阳散射辐射变化趋势

(图例同图 3.18)

出了中国地区地面太阳辐射更长时间序列(1961—2016 年)的变化趋势,以供读者参考。

3.5　地面太阳总辐射长期变化趋势的空间分布

　　1961—1989 年地面太阳总辐射的下降是全国普遍存在的,55 个站中只有 2 个站呈现出增加趋势,分别为郑州和二连浩特,但是这种增加均不显著。在 53 个呈现减少趋势的站点中有 39 个是显著的。总辐射减少的最大值区位于长江中下游及其以南的东部地区,正好是太阳辐射分布的低值区,而最小值区主要位于 95°E 与 110°E 之间(图 3.22)。

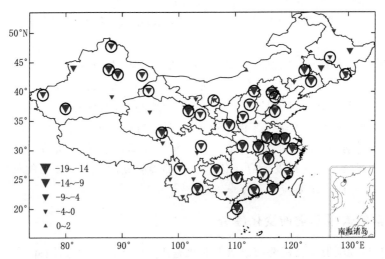

图 3.22　中国地区 55 个站 1961—1989 年太阳总辐射变化趋势空间分布[单位:W/(m² · 10 a)]

(黑色空心圆表示通过了 95% 的显著性检验)

1990—2008 年地面太阳总辐射呈现出增加和减少趋势的站点约各占一半,而且值得关注的是呈现出增加趋势的站点主要分布在长江以南,而大部分长江以北地区的站点呈现出减少趋势(图 3.23),这说明不同区域地面太阳辐射的变化不太一致,尤其是在 1990 年后,因此,有必要进行分区研究,以了解造成这种差异的原因。

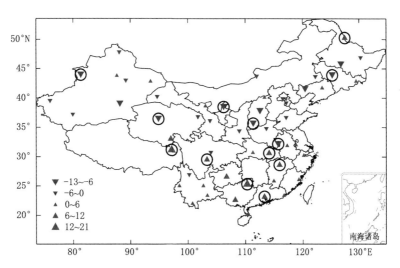

图 3.23　中国地区 55 个站 1990—2008 年太阳总辐射变化趋势空间分布[单位:W/(m² · 10 a)]
(黑色空心圆表示通过了 95% 的显著性检验)

1961—1989 年各个季节的地面太阳总辐射变化特征比较一致,均是绝大多数站呈现出减少趋势,呈增加趋势的站点的数量分别是,春季:3 个,夏季:5 个,秋季:2 个,冬季:1 个,而且在空间分布特征与年平均相似(图略),不再详细分析。

对比 1990—2008 年各个季节地面太阳总辐射变化趋势的分布(图 3.24～3.27),可以看

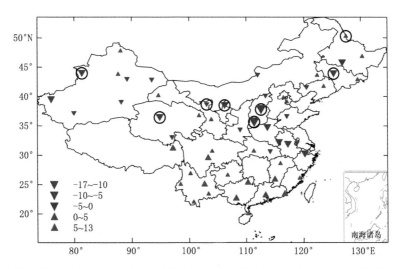

图 3.24　中国地区 55 个站 1990—2008 年冬季太阳总辐射变化趋势空间分布[单位:W/(m² · 10 a)]
(黑色空心圆表示通过了 95% 的显著性检验)

出整体分布比较相似,都是在北方以减少趋势为主,在南方则以增加趋势为主,但是不同季节之间仍存在差别。相比较而言,春季呈现增加趋势的站点居多,为35个,而秋季呈现增加趋势的站最少,只有18个,冬季和夏季呈现增加趋势的站分别为30个和25个。冬季在30°N以南全部呈现增加趋势,在东北、甘肃、新疆北部的部分站点也呈现出增加趋势,但增加幅度较小;所有增加的站点中只有一个站点的变化趋势是显著的。春季最为明显的差别是云南的绝大多数站点变为增加趋势,北方却仅约一半的站点保持增加趋势,主要分布在东北、河北、山西、新疆东部和北部以及青海甘肃西部,而且变化显著的站点只有一个呈减少趋势。夏季的分布与冬季非常相似,只是在30°N以南也有个别站点呈下降趋势。秋季最明显的特点是在华东沿海地区反而呈现出减少趋势;华北地区和新疆地区是总辐射减少的最大值区。

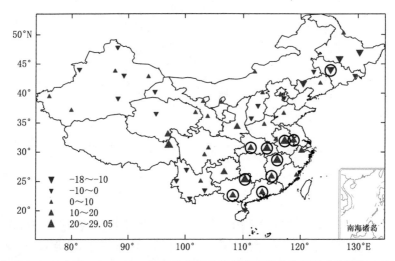

图 3.25 中国地区 55 个站 1990—2008 年春季太阳总辐射变化趋势空间分布[单位:W/(m² · 10a)]
(黑色空心圆表示通过了 95%的显著性检验)

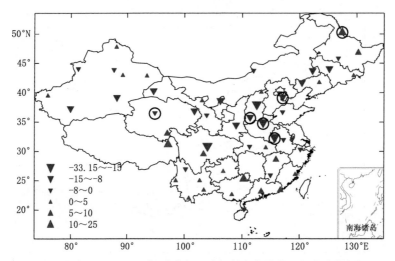

图 3.26 中国地区 55 个站 1990—2008 年夏季太阳总辐射变化趋势空间分布[单位:W/(m² · 10a)]
(黑色空心圆表示通过了 95%的显著性检验)

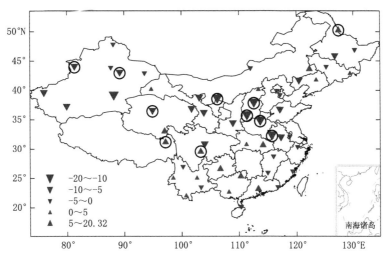

图 3.27　中国地区 55 个站 1990—2008 年秋季太阳总辐射变化趋势空间分布[单位:W/(m² · 10a)]
(黑色空心圆表示通过了 95% 的显著性检验)

3.6　地面太阳辐射变化对气温的影响

本节利用中国地区地面气温(平均气温、日最高气温、日最低气温及气温日较差)和地面太阳辐射资料,对中国地区的气温变化特征、地面太阳辐射对气温的影响以及气温日较差的变化原因进行分析。地面太阳辐射资料选取了观测时间超过 40 年的 55 个站点资料(见图 3.17),因为不同的站之间的变化趋势不同,为了与太阳辐射资料一致,其他常规资料也选取同样的 55 个站点资料。

3.6.1　地面气温变化趋势及地面太阳辐射对其的影响

3.6.1.1　气温的年变化趋势和地面太阳辐射对其的影响

图 3.28 是 55 个站平均的年平均气温、日最高气温、日最低气温和气温日较差时间序列图,年平均气温日较差通过平均日最高气温与日最低气温之差得到。由于地面太阳辐射在 1990 年前后有"变暗"到"变亮"的转变,因此,将各个物理量的线性变化趋势也分为两个时段,即 1961—1989 年和 1990—2008 年。

整体而言,平均气温呈升高趋势,平均每 10 年增加 0.31 ℃,要高于秦世广(2009)给出的全国平均气温升高速率 0.26 ℃/10 a,由于数据时间段基本一致,因此,应该是选择的站点不同而造成的结果差异,这也说明站点数量和地理分布对气温趋势的平均结果有很大影响。其中在前一时段(1961—1989 年)增加趋势很小,仅为 0.10 ℃/10 a,但是在 1990 年后年平均气温升高却很明显,远远超过了整个时段平均气温的升高,为 0.47 ℃/10 a。结合前一部分对地面太阳辐射的分析,在地面太阳辐射减少阶段,平均气温升高缓慢,而在地面太阳辐射由"变暗"转为"变亮"时,平均气温也相应地快速升高,初步说明地面太阳辐射对气温的演变有显著的影响。根据地面太阳辐射和热辐射对气温不同影响机制,即地面太阳辐射仅在白天起作用,其对最高气温的影响远大于对最低气温的影响,而最低气温主要是受到热辐射交换的影响。夜间地面辐射降温依赖于大气吸收和重新发射热辐射的能力。因此,可以通

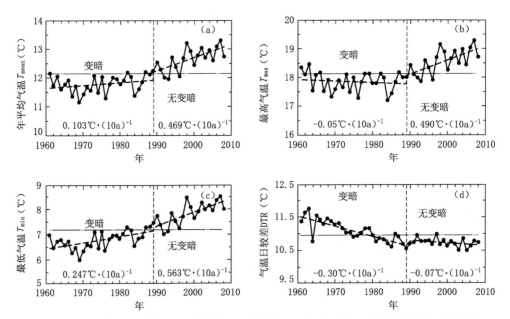

图 3.28　55 个站平均的年平均地面气温(a)、最高气温(b)、最低气温(c)和气温日较差(d)的变化图

[曲线为气温时间变化序列,虚线为各时段的线性倾向(1961—2008 年)]

过分析最高气温、最低气温和日较差的变化来判断地面太阳辐射对气温的影响程度。图 3.28b 可以看出,在 1961—1989 年期间年平均最高气温降低,这段时间内地面太阳辐射同样呈现减少趋势,说明"变暗"过程对地面气温有明显的影响。而受地面太阳辐射影响很小的最低气温在这段时间却是增加的,这也说明温室气体的影响在增加。在 1990—2008 年地面太阳辐射由"变暗"转变为"变亮"阶段,平均最高气温和最低气温都明显增加,而且增加速率接近。对比 1961—1989 年和 1990—2008 年两个时段的线性倾向率,最高气温的变化远大于最低气温的变化,这说明最高气温的升高已经赶上了最低气温,这与目前地面太阳辐射已经由变暗转变为变亮,从而不再阻止最高气温与最低气温同步增加的假设是一致的。因为输送感热和潜热的湍流通量可以对地表辐射能量进行再分配,但是由于白天边界层对流较强,而夜晚边界层多为稳定层结,导致这种再分配在白天更为有效,也就是说,夜晚温度对辐射变化的响应比白天更敏感(Wild *et al.*,2007)。因此,最高气温和最低气温线性变化趋势相近可以说明白天的地面辐射强迫(太阳辐射和热辐射)已经赶上甚至超过了夜晚的辐射强迫。这与前面讨论的到达地面太阳辐射不再减少而是增多的结果相吻合。

这种趋势的改变在气温日较差(DTR)的变化中也同样存在,在 1961—1989 年阶段 DTR 快速减小,减小速率为 0.30 ℃/10 a,但是 1990 年后这种减小明显减缓,仅为 0.07 ℃/10 a。

如果假设在第一时段地面太阳辐射没有减少,则可以假设平均气温的变化趋势与最低气温的变化应该没有本质区别,即近似为 0.247 ℃/10 a,对比平均气温的实际变化 0.103 ℃/10 a,可以推断"变暗"过程遮蔽了约 58% 的平均气温升高趋势,这个估计值低于 Wild 等(2007)给出的全球"变暗"(1958—1985 年)对陆地面平均气温升高的影响值,也低于秦世广(2009)给出的全国 753 个站的平均影响值。

就整个研究时段来看,在 1990 年前后地面太阳辐射发生由"变暗"到"变亮"的转变,并未达到 60 年代的水平,但是平均气温不断增加了约 1.48 ℃,说明过去几十年地表太阳辐射强迫的净作用并不是平均气温增加的主要驱动力,"变暗"的降温作用要高于"变亮"的增温作用,因此过去几十年气温的增加仍归因于温室气体的作用。

相对于过去几十年受地面太阳辐射减少的影响,1989 年后的温度响应是对温室气体作用的一种更真实的反映。1989 年后气温的快速增加不再低估气候系统对温室气体强迫的响应,反映了温室气体效应的作用。55 个站点年平均气温的平均值在 1989—2008 年期间增加了 0.47 ℃/10 a,一定程度上给出了气候系统对这 19 年温室气体强迫响应的上限,因为这一阶段的气温增加主要受温室气体和地面太阳辐射增加的共同影响。另一方面,1961—2008 年整个时段的气温增加了 1.48 ℃(0.31 ℃/10 a),是气候系统在这 48 年对温室气体强迫敏感性的最低值,因为这段时间地面太阳辐射整体呈现减少趋势,说明在过去 48 年中,热力(温室气体)地表辐射强迫整体是增加的。在地面太阳辐射整体下降的基础上,气温仍然增加了 1.48 ℃,可以估计对于这 55 个站平均而言,在过去 48 年中,温室气体强迫造成的气温递增率高于 0.31 ℃/10 a,低于 0.47 ℃/10 a。

3.6.1.2　气温的季节变化趋势

表 3.2 给出的是平均气温、最高气温、最低气温和气温日较差在不同季节、不同时间段的变化趋势。就整个时间段(1961—2008 年)和第一时间段(1961—1989 年)而言,平均气温、最高气温、最低气温都是在冬季的增温趋势最明显,在夏季增温趋势最弱,甚至最高气温在 1961—1989 年的春、夏、秋季变化速率变为负值,这可以归因于中国受季风气候影响,在夏天雨水较多,相对湿度较大,从而减缓了气温的变化;气温日较差在 4 个季节中的变化速率均为负值,说明最高气温的增温速度均小于最低气温。但是在第二时间段(1990—2008)与第一时段有很大的不同,一是除冬季外,最高气温、最低气温和平均气温都较第一时段增加很多,其中在春季增加最明显;二是气温日较差在各个季节的减小速率明显减小,甚至在春季还出现了增加趋势。第二时段的结果与 Liu 等(2004)和秦世广(2009)的结论有所不同,部分原因是本节所使用的站点远少于他们所使用的测站数量,尤其是本节的 55 个站没有包含青藏高原的站点,而青藏高原的气候特征明显异于其他区域。

表 3.2　不同时段各季节平均气温、最高气温、最低气温和气温日较差的变化趋势(℃/10 a)

	时间段	春季	夏季	秋季	冬季
平均气温	1961—2008	**0.31**	**0.17**	**0.29**	**0.48**
	1961—1989	−0.03	−0.05	0.09	**0.44**
	1990—2008	**0.83**	**0.45**	**0.53**	0.10
最高气温	1961—2008	**0.23**	**0.11**	**0.25**	**0.35**
	1961—1989	**−0.20**	**−0.16**	−0.03	0.19
	1990—2008	**0.96**	**0.45**	**0.50**	0.09
最低气温	1961—2008	**0.41**	0.26	**0.35**	**0.62**
	1961—1989	0.13	0.07	0.19	**0.64**
	1990—2008	**0.82**	**0.56**	**0.69**	0.23
气温日较差	1961—2008	**−0.19**	**−0.16**	**−0.10**	**−0.27**
	1961—1989	**−0.33**	**−0.24**	**−0.22**	**−0.46**
	1990—2008	**0.13**	−0.11	−0.20	**−0.15**

注:粗体加下划线表示通过 95%的显著性检验(下同)。

3.6.1.3　气温变化的空间分布

图 3.29~3.36 分别是 55 个站的 1961—1989 年和 1990—2008 年平均气温、最高气温、

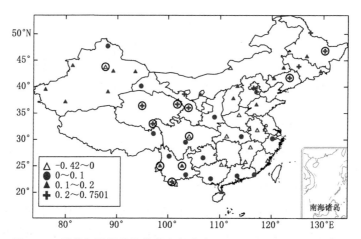

图 3.29　平均气温线性趋势的空间分布(℃/10 a)(1961—1989 年)

(空心黑色圆圈表示通过了 95% 的显著性检验)

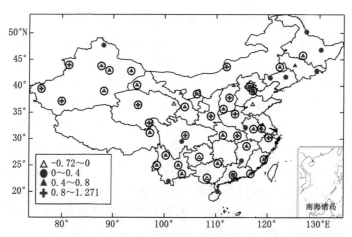

图 3.30　平均气温线性趋势的空间分布(℃/10 a)(1990—2008 年)

(空心黑色圆圈表示通过了 95% 的显著性检验)

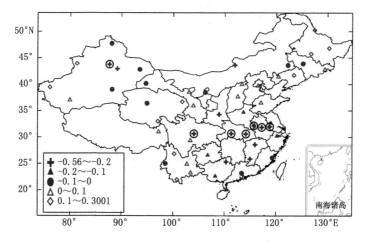

图 3.31　最高气温线性趋势的空间分布(℃/10 a)(1961—1989 年)

(空心黑色圆圈表示通过了 95% 的显著性检验)

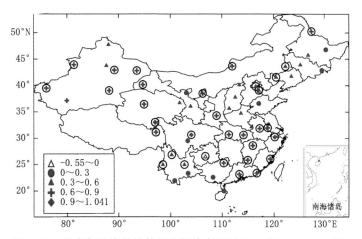

图 3.32　最高气温线性趋势的空间分布(℃/10 a)(1990—2008 年)

(空心黑色圆圈表示通过了 95% 的显著性检验)

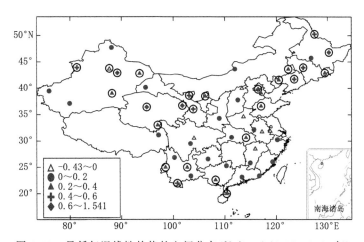

图 3.33　最低气温线性趋势的空间分布(℃/10 a)(1961—1989 年)

(空心黑色圆圈表示通过了 95% 的显著性检验)

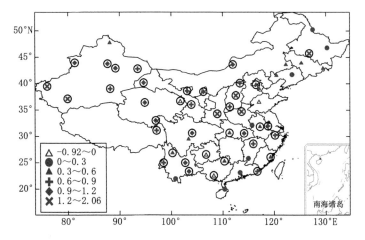

图 3.34　最低气温线性趋势的空间分布(℃/10 a)(1990—2008 年)

(空心黑色圆圈表示通过了 95% 的显著性检验)

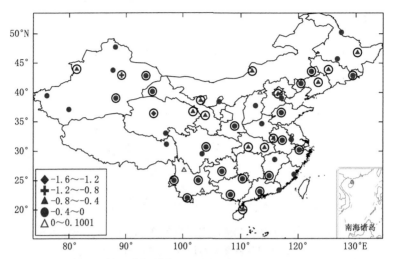

图 3.35　气温日较差线性趋势的空间分布(℃/10 a)(1961—1989 年)

(空心黑色圆圈表示通过了 95% 的显著性检验)

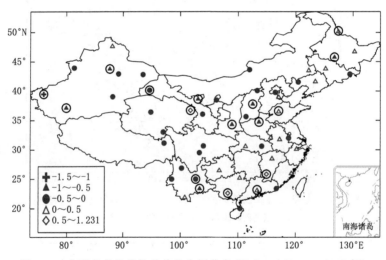

图 3.36　气温日较差线性趋势的空间分布(℃/10 a)(1990—2008 年)

(空心黑色圆圈表示通过了 95% 的显著性检验)

最低气温和气温日较差的线性趋势空间分布图。对于第一时段,在 55 个站中平均气温有约
4/5 的站呈上升趋势,其中东北地区和云南省的气温升高趋势最明显;而在东南沿海和四川
盆地区域,大多数站点的气温呈下降趋势,但是只有两个站通过了 95% 的显著性检验。最高
气温呈现出降温趋势的站点占总数 1/2 左右,其中在长江中下游地区减少比较明显;而呈增
加趋势的站点主要位于东北、华北一带以及新疆西南部和云南省,但是除去长江中下游的少
数站点外,大多数站的变化并不显著。最低气温只有 7 个站呈现出下降的趋势,大多出现在
中东部地区;北方的增温趋势明显高于南方。对于大多数站而言,最低气温的增加趋势要高
于最高气温的增加趋势,因此绝大多数站的气温日较差呈明显的减小趋势,北方减小的幅度
大于南方;其中仅有 3 个站为弱增加,分别是云南丽江、蒙自和山西大同。在第二时段,最高
气温和平均气温减少的站分别只剩 1 个和 3 个,而且大多数站的增温趋势要高于第一时段。

最低气温的变化不是非常明显,依然是绝大多数测站呈现出增加趋势,但是显著程度高于第一时段。气温日较差的变化比较明显,多数站点的气温日较差下降趋势减弱,东南、东北地区的多数站点的气温日较差甚至呈现增加趋势。

3.6.2　地面太阳辐射及相关气象因子与气温日较差的关系分析

日最低气温基本只与长波辐射通量有关,而日最高气温则主要决定于短波辐射(Makowski et al.,2008),故而气温日较差可用于研究长波和短波辐射强迫之间相互作用。在全球大多数地区,自 20 世纪 50 年代以来气温日较差呈现出明显的下降趋势(Karl et al.,1993;Kukla et al.,1993),而且气温日较差的下降有明显的季节和区域特征(Karl et al.,1991;Easterling et al.,1997)。对于大多数地区而言,最低气温的增加趋势大于最高气温的增加趋势,因此导致日较差减小。而部分地区的气温日较差减小是由最高气温的减小趋势导致的(Plantico et al.,1990;Vose et al.,2005)。广泛存在的平均气温增加现象可以归因于这些地区最低气温的增加,因为在这些地区最高气温呈现减小或者弱增加趋势,所以气温日较差的减小信号相当于平均气温的增加信号(Liu et al.,2004)。但是自 20 世纪 80 年代以来,气温日较差的减少趋势开始减缓,甚至在有些区域出现了增加趋势(Vose et al.,2005)。部分研究者认为,云量和降水的变化导致了气温日较差的变化(Karl et al.,1993;Plantico et al.,1990),同时灌溉、地表反照率、温室气体、大气气溶胶等也对气温日较差的变化有贡献(Kukla et al.,1993;Campbell et al.,1997)。云和气溶胶在影响气温日较差变化中扮演很重要的角色,因为它对最高和最低气温的影响是不平衡的,云在白天通过减少到达地面的太阳辐射而降低最高气温,但是在夜晚却通过拦截长波辐射而增加最低气温(Campbell et al.,1997);气溶胶通过影响云特性而降低最高气温(Hansen et al.,1995;Dai et al.,1997)。但是,Easterling 等(1997)曾指出,很难单独通过上述任何一个因子来解释气温日较差的变化。近些年来,一些研究发现到达地面的太阳辐射与气温日较差有很好的相关关系(Liu et al.,2004;Wild et al.,2007;Makowski et al.,2008)。因此本节参考上述结果,拟对中国地区 55 个站气温日较差的变化与地面太阳总辐射、云量、降水和相对湿度的关系进行分析,其中着重分析地面太阳总辐射(SSR)对气温日较差(DTR)的影响。

3.6.2.1　气温日较差与相关气象因子的关系分析

图 3.37 是年平均和季节平均气温日较差与地面太阳辐射、总云量、低云量、降水、相对湿度之间的简单相关系数和偏相关系数。由于这几个变量是非独立变量,本节主要对偏相关系数进行分析,发现年平均和各个季节平均的地面太阳辐射与气温日较差的相关性最强。

低云和相对湿度与气温日较差的相关系数都是在夏季最大,主要原因是中国大部分地区夏季受季风影响云水较多,相对湿度较高,对气温升高的抑制作用最强,这与前面在 1961—2008 年平均气温在夏季增温最慢是相对应的。总云量和低云量与气温日较差的相关系数符号在四个季节总是相反,在春夏季低云量与 DTR 的相关性较好,但是在秋冬季节总云量与 DTR 的相关性相对较高,这可能是因为在秋冬季节中高云量较多,低云对 DTR 的影响较小,但是对于年平均而言,还是低云量与 DTR 的相关性更好。但是降水量与 DTR 的相关在夏季最差,原因还有待进一步研究。

3.6.2.2　气温日较差与地面太阳辐射的关系分析

通过上面的分析可知气温日较差与地面太阳辐射之间有很好的相关性,为减少短期天

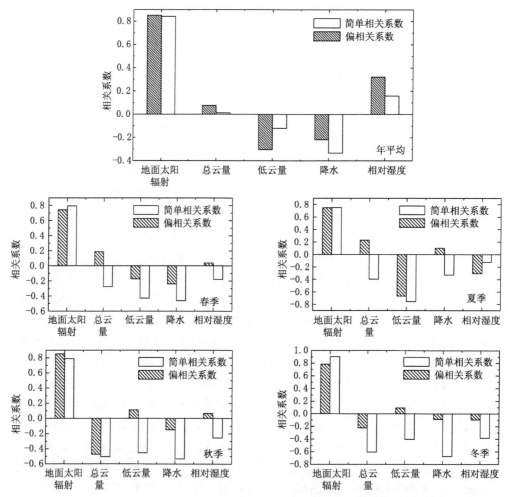

图 3.37　年平均和季节平均的气温日较差与地面太阳辐射(SSR)、总云量(TCC)、
低云量(LCC)、降水(Pre)、相对湿度(RH)的简单相关系数和偏相关系数

气对两者之间相关关系的影响,本节从年平均和季节平均的尺度上分析地面太阳辐射和气
温日较差之间的关系。

　　年平均气温日较差和地面太阳辐射的相关系数为 0.84,与秦世广(2009)和 Liu
等(2004)给出的值相近。其中,冬季的相关系数最大(0.90),春季、秋季次之(0.79),夏季最
小(0.75),如图 3.38 所示。结论通过了 99% 的显著性检验,但与 Makowski 等(2009)给出
的欧洲夏季相关性最大的结论并不一致。地面太阳辐射对气温日较差的影响程度可以通过
回归线的斜率来表示。由图 3.38 可以看出冬季回归斜率最大,春季秋季次之,而夏季的斜
率最小,因此可知相关性越高,地面太阳辐射对气温日较差的影响也越大。但是各个季节的
线性回归斜率不同,说明地面太阳辐射与气温日较差之间并不是严格的线性关系。造成这
种非线性的原因可能是不同季节水汽条件的变化和辐射与气温之间的非线性关系(Ma-
kowski *et al.*,2009)。

　　表 3.3 给出了各个站点年平均和四季地面太阳辐射和气温日较差之间的相关系数,可
以看出全国平均的相关系数基本都大于每个站的相关系数,这是因为全国平均平滑了局地

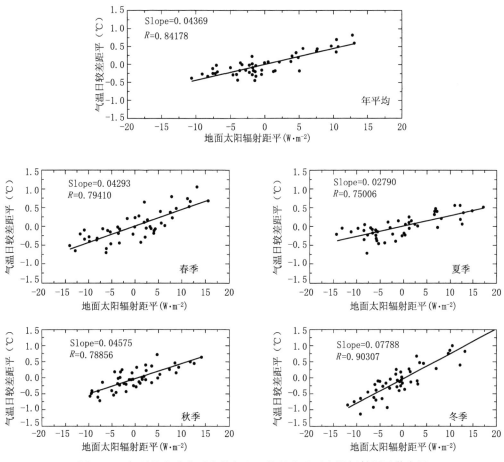

图 3.38 年平均和季节平均的气温日较差和地面太阳辐射距平散点图

（直线为线性回归直线，Slope 为线性回归斜率，R 为相关系数）

扰流（如冷暖空气平流）对气温的影响。大多数站的气温日较差与地面太阳辐射都呈现出正相关，而且通过了 95% 的显著性检验，超过两个季节不显著或者呈负相关的站只有 13 个，基本位于 95°E 至 105°E 之间自西北向东南倾斜的一条带状区域（甘肃西部、青海中部及云南东部）和吉林、辽宁省（图 3.39），造成这种现象的原因还需要进一步研究。

表 3.3 站点气温日较差和地面太阳辐射的线性回归相关系数

站点	相关系数				
	年平均	春季	夏季	秋季	冬季
所有站平均	**0.84**	**0.79**	**0.75**	**0.79**	**0.90**
黑河(50468)	**0.44**	**0.34**	**0.75**	**0.65**	0.16
佳木斯(50873)	**0.38**	0.28	**0.68**	**0.47**	**0.34**
哈尔滨(50953)	0.21	**0.36**	0.27	**0.36**	**0.41**
阿勒泰(51076)	**0.43**	**0.60**	0.20	**0.33**	**0.44**
伊宁(51431)	**0.29**	0.23	**0.46**	**0.39**	**0.50**
乌鲁木齐(51463)	0.25	**0.40**	0.06	**0.33**	**0.34**

站点	相关系数				
	年平均	春季	夏季	秋季	冬季
吐鲁番(51573)	**0.78**	**0.67**	**0.45**	**0.80**	**0.85**
喀什(51709)	0.14	0.35	0.14	0.04	0.55
若羌(51777)	0.41	0.54	0.41	0.22	0.58
和田(51828)	0.44	0.48	0.38	0.49	0.71
哈密(52203)	0.06	0.29	0.01	−0.17	0.21
敦煌(52418)	**0.32**	0.14	**0.49**	0.23	**0.52**
民勤(52681)	−0.13	0.11	−0.08	0.38	0.07
格尔木(52818)	0.24	0.08	0.31	0.28	0.47
西宁(52866)	0.16	0.39	0.34	0.21	0.32
兰州(52889)	0.49	0.39	0.56	0.60	0.63
二连浩特(53068)	0.26	0.41	0.20	0.39	0.33
大同(53487)	0.35	0.70	0.64	0.31	0.08
银川(53614)	0.60	0.65	0.57	0.53	0.78
太原(53772)	0.50	0.63	0.52	0.43	0.67
侯马(53963)	0.75	0.77	0.79	0.76	0.61
通辽(54135)	0.24	0.18	0.34	0.30	0.13
长春(54161)	0.16	0.21	0.26	0.34	0.40
延吉(54292)	0.18	0.34	0.51	0.37	0.06
朝阳(54324)	0.09	0.16	0.25	0.25	0.22
沈阳(54342)	0.37	0.31	0.47	0.46	0.35
北京(54511)	**0.88**	**0.80**	**0.87**	**0.84**	**0.75**
天津(54527)	0.18	0.48	0.23	0.22	0.36
济南(54823)	0.63	0.69	0.54	0.61	0.64
玉树(56029)	0.14	0.16	0.35	0.23	0.31
昌都(56137)	0.15	0.22	0.45	0.17	0.27
成都(56294)	**0.69**	**0.64**	**0.70**	**0.63**	**0.87**
峨眉山(56385)	−0.16	0.38	0.01	0.32	0.58
丽江(56651)	0.16	0.32	0.61	0.54	0.34
腾冲(56739)	0.27	0.42	0.57	0.59	0.57
昆明(56778)	−0.17	0.14	0.53	0.48	0.27
景洪(56959)	0.19	0.43	0.57	0.50	0.49
蒙自(56985)	0.07	0.26	0.27	0.32	0.39
郑州(57083)	0.54	0.60	0.60	0.82	0.71
宜昌(57461)	0.49	0.62	0.74	0.65	0.65
武汉(57494)	0.69	0.56	0.78	0.63	0.79

续表

站点	相关系数				
	年平均	春季	夏季	秋季	冬季
贵阳(57816)	0.38	0.67	0.44	0.62	0.83
桂林(57957)	0.44	0.65	0.50	0.57	0.81
赣州(57993)	0.57	0.81	0.43	0.47	0.89
固始(58208)	0.61	0.71	0.72	0.66	0.73
南京(58238)	0.42	0.67	0.68	0.64	0.68
合肥(58321)	0.63	0.70	0.76	0.68	0.70
杭州(58457)	0.48	0.61	0.73	0.74	0.76
南昌(58606)	0.57	0.70	0.63	0.61	0.81
福州(58847)	0.56	0.82	0.49	0.61	0.83
广州(59287)	0.71	0.82	0.39	0.75	0.87
汕头(59316)	0.38	0.63	0.28	0.44	0.78
南宁(59431)	0.39	0.52	0.54	0.45	0.83
海口(59758)	0.59	0.59	0.51	0.69	0.65

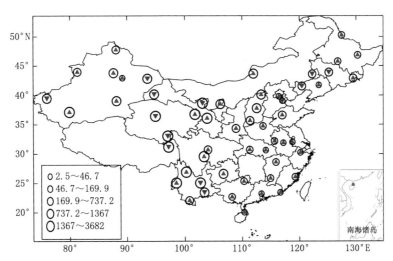

图 3.39　55 个站气温日较差与地面太阳辐射相关性

（向下三角表示至少有两个季节的 SSR 和 DTR 的正相关不显著或者呈负相关，
向上三角表示 SSR 和 DTR 超过两个季节正相关显著，黑色圆表示海拔高度）

　　图 3.40 为气温日较差和地面太阳辐射的线性回归最大相关系数所在季节的空间分布。冬季相关性最好的站点有 27 个，约占 50%，分别分布在东南沿海，川黔地区，新疆、甘肃、青海一带以及东北地区，同时也是地面太阳辐射相对低值的地区。其中东南沿海和川黔地区的站点由于夏天水汽含量较高，减缓了太阳辐射对气温日较差的影响，因此在冬季相关系数最大；位于北方的部分站点由于受西伯利亚高压影响，在冬季有较长时间的连续晴天，因此导致在冬季太阳辐射对气温日较差的影响较大。说明云量和水汽对气温日较差有一定程度的影响。图 3.41 是晴天情况下的分布特征，发现东南沿海、川黔地区的站点不再是冬季相

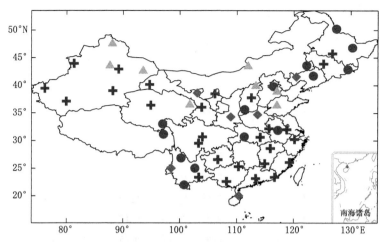

图 3.40　55 个站气温日较差和地面太阳辐射的线性回归最大相关系数所在季节的站点分布图
（三角▲为春季,圆●为夏季、菱形◆为秋季、加号╋为冬季）

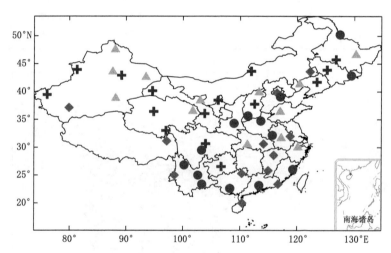

图 3.41　55 个站晴天下气温日较差和地面太阳辐射的线性回归最大相关系数所在季节的站点分布图
（三角▲为春季,圆●为夏季、菱形◆为秋季、加号╋为冬季）

关性最好,但是北方的部分站点依然是在冬季相关性最高。

3.7　影响地面太阳辐射及其谱分布的因子分析

本节采用 BCC_RAD 辐射传输模式,将其中的最高光谱分辨率的 974 带方案应用于下面的研究中。为了反映全球不同大气的平均状况,本节采用全球 42 种大气廓线（Garand *et al*.,2001）。它们可以涵盖全球不同地区的大气状况。其中前六种是热带大气、中纬度夏季和冬季大气、亚极夏季和冬季大气以及美国标准大气。每种廓线都把地球大气（约 0～65 km）分成 43 层。由于气溶胶时空变化的复杂性,本节仅利用 Jacobon(2001)中近地面气溶胶光学特性参数的全球平均值,初步讨论气溶胶对地面太阳辐射通量的影响。另外,本节还将不同种类的云（低云、中云、高云）按照 Li 等(2005)的云水诊断方案嵌入到背景大气的一层或几层中,利用二流近似方法进行辐射传输计算,讨论了不同的云对地面太阳辐射及其谱分布的影响。

在以下计算过程中,除太阳天顶角和地表反照率的敏感性试验外,其余都按太阳天顶角为 $60°$,地表反照率为 0.18 进行计算。太阳常数为 $1360\ W\cdot m^{-2}$。近红外、可见和紫外波段的波长范围分别取为 $0.7\sim4\ \mu m$、$0.4\sim0.7\ \mu m$ 和 $0.2\sim0.4\ \mu m$。

3.7.1 全球 42 种大气下到达地面的太阳辐射通量分布

图 3.42 给出了全球 42 种大气条件下到达地面的太阳辐射通量的谱分布及所占比例。从图 3.42a 可以看出,地表太阳辐射通量在近红外区的变化最大,在可见和紫外两个光谱区变化相对小很多。前者主要是因为水汽能强烈地吸收红外辐射,而对流层水汽含量在全球的分布变化较大。后者主要由氧气和臭氧的浓度决定,其中氧气含量在全球的分布是比较均匀的,而平流层臭氧含量较小且变化不大。从图 3.42b 可以看出,地面太阳辐射通量在可见光区所占比例的变化趋势与近红外区正好相反,而与紫外光区基本一致。即,当近红外区上的比例上升时,可见光区和紫外光区上的比例就会下降,但紫外区下降的幅度比可见光区小。

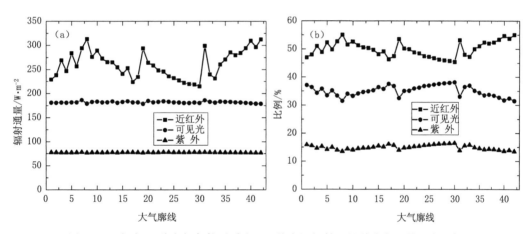

图 3.42　全球 42 种大气条件下到达地面的太阳辐射通量谱分布及其所占比例

3.7.2 晴空大气对太阳辐射的削弱

由以上分析可知,不同的大气条件对三个光谱区间的地面太阳辐射通量及其比例的谱分布有很大的影响。图 3.42 是大气中各种大气成分的吸收和散射的共同结果。下面我们将进一步分析大气分子的吸收和瑞利散射分别对近红外、可见和紫外三个光谱区的太阳辐射的削弱程度。为了比较客观地反映全球平均状况,我们取 42 种大气的平均结果。

3.7.2.1 大气对太阳辐射的吸收和散射

在大气顶,近红外、可见和紫外波段内的太阳辐射通量分别为 $357.16\ W\cdot m^{-2}$、$207.02\ W\cdot m^{-2}$ 和 $115.94\ W\cdot m^{-2}$,分别占总通量的 53%、30% 和 17%。当太阳辐射穿过大气层时,大气中的某些成分具有选择吸收一定波长辐射能的特性,从而减弱太阳辐射,也改变了其谱分布。图 3.43 是不同情况下在近红外、可见和紫外光谱区的太阳辐射通量及其所占比例的变化。比较图 3.43a 的 TOA 和 SUR1 可以看出,大气对近红外辐射吸收最多,其次是紫外辐射。前者主要是由对流层水汽的吸收引起,后者主要由平流层臭氧的吸收引起。但水汽的吸收远远大于臭氧的吸收。这主要是因为大气中对流层水汽含量远远大于平流层臭氧的含量。在可见光区,这两种气体均有吸收。大气的吸收作用使到达地面的太阳辐射总通量减少了 119.51 W·m^{-2}。从图 3.43b 可以看出,与大气层顶相比,大气分子的吸收使到达地面的近红外辐射比例大大下降,由 52.51% 减少至 46.97%。相应地,可见辐射和紫外辐射的比例分别上升了 4.41% 和 1.14%。

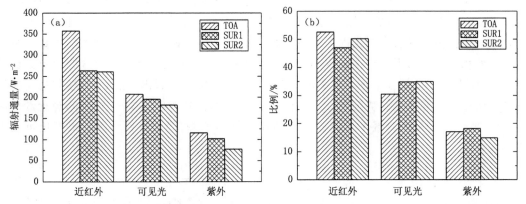

图 3.43　不同情况下太阳辐射通量的谱分布及其比例变化

[TOA 表示大气层顶的太阳辐射(a)和比例(b),SUR1 和 SUR2 分别表示仅考虑大气吸收和
考虑大气的吸收、散射后的地面太阳辐射(a)和比例(b)]

太阳辐射通过大气时,除了一部分能量被分子吸收外还有一部分能量被分子散射。比较图 3.43a 中 SUR1 和 SUR2 可知,与只考虑空气分子的吸收作用相比,瑞利散射使得到到达地面的太阳辐射减少 40.94 W·m^{-2}。其中紫外辐射从 101.95 W·m^{-2} 下降到 77.31 W·m^{-2},即减少了 24.17%,可见辐射和近红外辐射分别减少了 7.03% 和 0.98%。可见,瑞利散射对紫外辐射的影响是最大的。这是因为瑞利散射的散射光强度与波长的 4 次方成反比。因此,从近红外到紫外,各波段上辐射通量减少的百分比依次增加。另外,比较图 3.43b 中 SUR1 和 SUR2 可知,瑞利散射也使地面太阳辐射在三个光谱区间所占的比例发生了明显的变化。其中,近红外和可见光区分别增加了 3.2% 和 0.1%,紫外区减小了 3.31%。

3.7.2.2　水汽和臭氧浓度的敏感性试验

水汽和臭氧是影响地面太阳辐射的最重要的两种气体。在本节所采用的 42 种大气中,水汽柱浓度最低为 0.62 kg·m^{-2},最高为 70.93 kg·m^{-2};臭氧柱浓度最低为 205.76 DU,最高为 494.79 DU。为了使两种气体的浓度加倍后仍在实际可能发生的范围之内,我们选取了第 16 种大气廓线(水汽浓度为 16.57 kg·m^{-2},臭氧浓度为 242.27 DU)。图 3.44 是两种气体浓度分别加倍前后各波段上的地面太阳辐射通量的谱分布及其比例。从图中 SUR 和 SUR$_{H_2O}$ 的比较可以看出,在保持其他条件不变的情况下,水汽柱浓度加倍后,到达地表的近红外辐射减少 17.63 W·m^{-2},相应的比例下降了 1.67%;可见光辐射减少 1.41 W·m^{-2},比例却上升了 1.09%;紫外辐射不变,其比例增加了 0.58%。这主要是因为在太阳短波辐射中,水汽在近红外区和可见光区的 0.47~3.73 μm 带上有吸收,其中水汽的 2.7 μm 带是一个强吸收带。但水汽对紫外辐射没有影响。从这个敏感性试验来看,水汽对近红外辐射的吸收非常强烈,因此,它对地面太阳辐射通量的谱分布影响很大。在实际大气中,水汽的时空分布差异显著,这就在很大程度上决定了地面太阳辐射的谱分布具有较强的区域性。

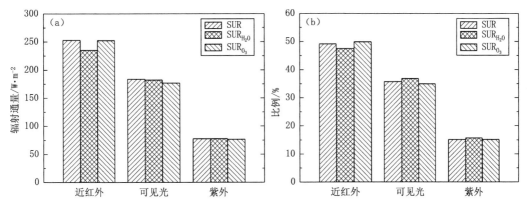

图 3.44　水汽、臭氧浓度加倍对地面太阳辐射通量的谱分布及其所占比例的影响
[SUR 表示考虑大气吸收、散射后的地表太阳辐射(a)和比例(b),SUR_{H_2O} 和 SUR_{O_3}
分别表示水汽和臭氧浓度加倍后的地表太阳辐射(a)和比例(b)]

从图 3.44 中 SUR 和 SUR_{O_3} 的比较中可以发现,在保持其他条件不变的情况下,臭氧浓度加倍使得到达地面的可见辐射减少 6.84 $W \cdot m^{-2}$,比例下降 0.77%;紫外辐射减少 1.06 $W \cdot m^{-2}$,其比例反而增加 0.04%,近红外辐射减少 0.34 $W \cdot m^{-2}$,比例增加了 0.74%。臭氧主要吸收波长为 0.20~0.40 μm 的紫外辐射。在这一范围内其吸收光谱分成 0.20~0.30 μm 的哈特莱带和 0.30~0.35 μm 的哈金斯带。在 0.44~1.18 μm 的可见光和近红外区,臭氧也有一些弱的吸收带,即查普斯带。这个带虽然吸收较弱,但由于它出现在太阳辐射的极大值附近,所以对到达地面的可见辐射有着较大的影响(石广玉,2007)。相反,虽然哈特莱带和哈金斯带是两个很强的吸收带,但由于在太阳光谱中紫外辐射占得很少,所以臭氧对它吸收的绝对量反而没有对可见光的吸收量大。

3.7.3　其他因子对地面太阳辐射通量谱分布的影响

在以上 42 种大气的计算过程中,发现美国标准大气与这 42 种大气的平均状况非常接近。故下面以美国标准大气为例,详细分析各种可能因子对地面太阳辐射及其谱分布的影响程度。

3.7.3.1　云的影响

云覆盖了地球约 2/3 的面积,在地气系统的辐射能量收支过程中起着非常重要的作用,是影响气候模拟和气候变化的最不确定性因子(IPCC,2001)。一方面,云能强烈地反射太阳短波辐射,对地气系统起到降温作用;另一方面,云能有效地吸收地表和云下大气放射的红外长波辐射,并以云顶较低的温度向外发射长波辐射,对地气系统起到加热作用。

在给定云滴浓度、云滴有效半径、云量和云高等条件下,我们对地面太阳辐射通量进行模拟。所采用的云诊断方案来自 Li 等(2005),云水路径诊断见表 3.4。

表 3.4　云的分类和性质

云分类	云层高度（km）	云滴浓度（g·m⁻³）	云滴有效半径（μm）	云粒子相态
低云	1～2	0.22	5.89	液态
中云	4～5	0.28	6.2	液态
高云	10～12	0.0048	30	冰晶

图 3.45 给出了天空中存在不同云量的低云时，到达地面的太阳辐射通量及其在近红外、可见光和紫外各光谱区间的比例分布。从图 3.45a 可以看出，各波段的地面太阳辐射通量均随低云云量的增加而逐渐减少。其中，近红外区下降最快，其次是可见光，紫外区下降最慢。从图 3.45b 可以看出，在有云情况下，云滴在近红外波段的吸收作用导致其所占比例下降，相应紫外波段和可见光波段辐射通量所占的比例上升。当云量大于 0.93 时，可见光波段辐射通量的比例超过了近红外区。当天空中低云云量为 1.0 时，地面太阳辐射总通量减少了 425.76 W·m⁻²，其中近红外区所占的比例减少 11.91%，可见光和紫外光区的比例分别上升 4.74% 和 7.17%。

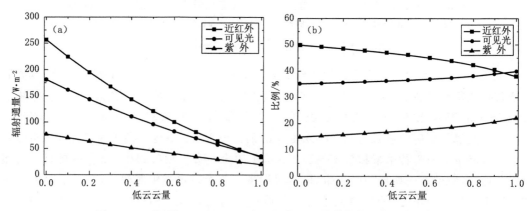

图 3.45　不同低云云量下地面太阳辐射通量的谱分布及其所占比例

中云的结果与低云相近，不再展开讨论。而高云对地面太阳辐射的影响较小。当天空的高云云量为 1.0 时，到达地面的太阳辐射总通量减少 40.46 W·m⁻²，与 Fu 等（1993）的结果一致。

由以上结论可以看出，不同性质的云具有不同的物理和光学性质，使得它们对太阳辐射的影响差异较大。其中，中低云（水云）对太阳辐射有很强的削弱作用，对其在不同光谱区间的比例分布也有很大的影响。而高（冰）云对地面太阳辐射的影响较小，主要原因是水云是红外辐射最有效的吸收体。而冰云对太阳辐射的吸收和散射作用都很微弱，它对太阳光的透过率比较大。

为了进一步探究云的微物理性质对地面太阳辐射通量的谱分布及其比例的影响程度，本节设计了改变云滴浓度和云滴有效半径的敏感性试验。以低云为例，云量取 0.8，试验结果如表 3.5 所示。从表中可以看出，云滴浓度加倍后，到达地面的太阳辐射通量减少了 28.89 W·m⁻²，近红外光区的比例减小 3.18%，可见光区和紫外光区分别增加了 1.41% 和 1.76%。当云滴有效半径加倍时，到达地面的太阳辐射总通量比加倍前增加了

115.17 W・m^{-2},这是因为云滴有效半径增加,使得云粒子的前向散射增强,从而增加了到达地面的太阳辐射通量。另外,改变高云的云滴浓度和有效半径对试验结果的影响都很小。

表 3.5　低云云滴浓度和有效半径分别加倍后,到达地面的辐射通量(W・m^{-2})谱分布及其比例变化

	近红外	可见	紫外	合计
加倍前	63.98	57.6	29.55	151.13
	42.33%	38.12%	19.55%	100%
云滴浓度加倍	46.18	43.41	22.36	111.95
	41.25%	38.78%	19.97%	100%
有效半径加倍	99.59	90.26	46.41	236.26
	42.15%	38.20%	19.64%	100%

3.7.3.2　气溶胶的影响

悬浮在大气中的气溶胶一方面将部分太阳入射辐射反射回宇宙空间,削弱了到达地面的太阳直接辐射;另一方面增加了来自天空的散射辐射。由于气溶胶的时空分布变化大,物理、化学和光学性质都比较复杂,所以本节只在距地面约 1.5 km 处的大气中加入一层背景气溶胶,初步讨论它们对地面太阳辐射通量的削弱作用。我们对气溶胶光学厚度(0.55 μm 处)在 0.1~1.5 范围内变化的几种情况进行计算。从图 3.46 可以看出,中等厚度的气溶胶层(τ=0.4)对地面太阳辐射的衰减达到 5.4%,较厚的气溶胶层(τ=0.8)对地面太阳辐射的衰减达到 9.6%。其中污染严重的地方和干净清洁的地区气溶胶对地面太阳辐射的影响最大相差 60~70 W・m^{-2}。由此可见,气溶胶对地面太阳辐射通量的影响仅次于大气的吸收作用,是不容忽视的。这也是导致没有考虑气溶胶影响的 NCEP 再分析资料中地面太阳辐射通量偏大的原因。

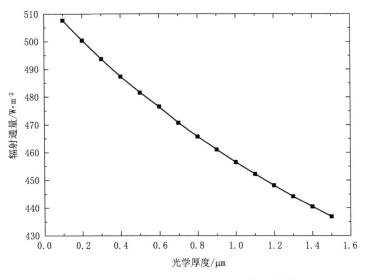

图 3.46　不同气溶胶光学厚度下的地面太阳辐射通量

3.7.3.3　太阳天顶角的影响

太阳天顶角是影响地面太阳辐射通量最重要的外部因子。太阳天顶角愈大,太阳辐射

穿过的大气层愈厚,到达地面的太阳辐射就愈少。图 3.47 给出了不同天顶角下近红外、可见光和紫外波段内的地面太阳辐射通量及其所占比例。从图 3.47a 可以看出,随着太阳天顶角的增大,各光谱区间的地面太阳辐射通量均逐渐减少。其中,近红外辐射下降得最快,其次是可见辐射,紫外辐射的下降速率最为缓慢。各光谱区间的比例变化则比较复杂。由图 3.47b 可以看出,在太阳天顶角小于 60°时,各区间的比例基本保持不变;大于 60°时,近红外和紫外辐射的比例逐渐发生变化。当太阳天顶角从 75°增至 89°时,近红外辐射和紫外辐射所占的比例分别上升 8.74% 和 6.03%;可见辐射下降 14.78%。紫外辐射所占比例在约 83°时有一个极小值,呈先稍减小后迅速增大的趋势。

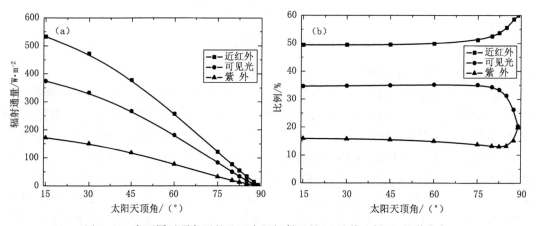

图 3.47 在不同天顶角下的地面太阳辐射通量(a)及其比例(b)的谱分布

3.7.3.4 地表反照率的影响

假定地表反照率在 0.05~0.95 范围内变化,我们模拟了它对地面太阳辐射谱分布的影响。结果表明,地表反照率对紫外辐射的影响最大,这与 Hansen(1984)的观点一致。从图 3.48a 可以看出,当地表反照率从 0.05 增加到 0.95 时,紫外、可见和近红外辐射通量分别增加了 21.76 W·m^{-2}、12.49 W·m^{-2} 和 2.22 W·m^{-2}。这是因为地表反照率越大,反射回天空的短波辐射越多。根据 3.7.2.1 节可知,波长越短,地表向上反射的太阳光散射回到地面越多。因此,随着地表反照率的增加,各光谱区间的地面太阳辐射通量均有所增大,且紫

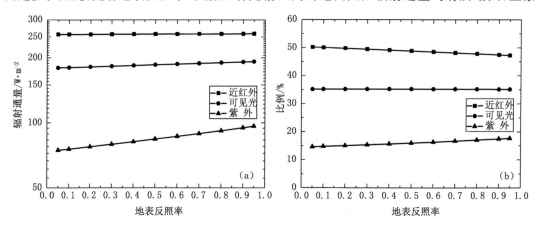

图 3.48 地表反照率对地面太阳辐射谱分布的影响

外辐射增加得最多。从图 3.48b 可以看出,随着地表反照率的增加,近红外辐射所占的比例减小,紫外辐射增加,且两者变化的幅度相当。可见光区所占的比例基本不变。这里我们只考虑了大气吸收和瑞利散射。若在此基础上考虑气溶胶和云,那么地表反照率的影响将更为重要和复杂。

3.8　不同污染条件下气溶胶对短波辐射通量影响的模拟研究

本节通过模拟不同污染大气状况下的气溶胶廓线,使用高光谱分辨率的辐射传输模式 BCC_RAD(974 带)精确计算气溶胶在短波波段对地表辐射通量的影响;其次,将短波波段(SW)分为紫外(UV)、可见光(VIS)、近红外(NIR)三个波段,分别计算气溶胶在地表的短波辐射强迫(DRF)和辐射强迫效率(RFE);最后,将气溶胶分为黑碳(BC)、有机碳(OC)、硫酸盐(SF)、海盐(SS)和沙尘(SD)几种类型,分别模拟其在地表的 DRF。此外,还讨论了自然与人为气溶胶对辐射通量的不同影响,并通过模拟硫酸盐和黑碳的辐射过程来分析散射和吸收过程的异同。

3.8.1　模式介绍

本节采用的数据来源于中国气象局国家气候中心的气溶胶-气候双向耦合模式 BCC_AGCM2.0_CUACE/Aero 的模拟结果,模式详细说明见 Zhang 等(2012a)。其中的气溶胶化学模式 CUACE/Aero 是由中国气象科学研究院大气成分研究所在加拿大气溶胶模式(CAM)的基础上发展而来(Gong *et al*.,2003),可根据排放数据模拟多种气溶胶的气相化学、清除和传输过程。目前该模式主要包含以下 5 种气溶胶类型:黑碳、有机碳、硫酸盐、海盐和沙尘气溶胶,气溶胶的排放(包括自然排放和人为排放)来自气溶胶观测和模式比较项目 AeroCom[http://aerocom.met.no/aerocomhome.html(2012-04-23)],沙尘排放方案来自 Marticorena 等(1995)以及 Albrecht(1989)。Zhang 等(2012a)在 BCC_AGCM2.0 的基础上耦合了气溶胶化学模式 CUACE/Aero,使其对气溶胶及其气候效应相关的模拟研究更加精确。赵树云等(2014)对该模式的气溶胶与气候模拟能力进行了综合评估,发现其对五种典型的气溶胶的模拟均比较合理;王志立(2011)将该模式输出的五类气溶胶的柱含量与 Aero-Com 模式集合的中值进行对比,结果相近。因此,利用该模式进行与气溶胶相关的模拟研究是可行的。本节采用的数据来源于上述气溶胶-气候耦合模式 BCC_AGCM2.0_CUACE/Aero 模拟的 2010 年 RCP 2.6 排放情景下中国地区(15°~55°N,72°~136°E)气溶胶浓度的垂直分布,模式运行 25 年,取后 20 年的结果得到气溶胶平均浓度廓线(图 3.49),在此基础上设计数值试验,模拟不同污染大气状况下气溶胶对地表与近地面大气短波辐射收支的影响。

本节使用的大气辐射传输模式为 BCC_RAD(Zhang,2002;Zhang *et al*.,2006a,2006b;张华,2016),并采用其中高光谱分辨率的 974 带方案。关于太阳高度角(H)的计算方案,是按照中国地区所在的纬度范围,计算了该地区的太阳高度角年平均值($\cos H = 0.8$)。地表反照率随入射短波波长变化而改变,其中 UV 波段内的地表反照率均为 0.200,VIS 和 NIR 波段内地表反照率的变化范围分别为 0.200~0.295 和 0.006~0.300。辐射传输算法采用了 Nakajima 算法(Nakajima *et al*.,2000)。在计算中,采用中纬度冬、夏两季标准廓线的平均值作为大气背景条件,将大气分为 100 层,每层高度为 1 km,逐层计算了大气中气体和气溶胶的光学参量,并进一步计算每一层边界的向上、向下辐射通量、层内部的净辐射通量和加热率。

3.8.2 研究方法

3.8.2.1 计算方法

气溶胶光学厚度(AOD)的定义是:沿辐射传输路径,单位截面内所有气溶胶产生的总削弱,为无量纲量。不同于观测反演的 500 nm(Bush *et al.*,2003;Chou *et al.*,2006;Kim *et al.*,2005)或 550 nm 波长下的光学厚度,本节所采用的计算方法是利用辐射模式 BCC_RAD 计算每个波带下的光学厚度,即得到短波波段范围内 476 个波带的气溶胶光学厚度,将太阳常数作为权重函数,对每个波带的 AOD 进行加权平均,最终计算出整个短波波段的,具体计算公式如下:

$$AOD = \sum_{\lambda} AOD_{\lambda} \cdot S_{\lambda.0} / \sum_{\lambda} S_{\lambda.0} \tag{3.9}$$

式中 AOD_{λ} 为每个波带范围内气溶胶的 AOD,$S_{\lambda.0}$ 为每个波长对应的太阳常数。

气溶胶直接辐射强迫被 Anton 等(2011)定义为由于大气中气溶胶的存在导致地表、大气层顶或大气中净辐射通量的瞬时增加或减少,其中净辐射通量的变化包含向下辐射通量(F_d)与向上辐射通量(F_u)变化两部分。本节选取无气溶胶的洁净大气为参考标准,主要计算了晴空条件下气溶胶在地表和近地面大气中的直接辐射强迫,如公式 3.10 所示。其中 F_d^0 和 F_u^0 表示洁净大气中的向下和向上通量,F_n 和 F_n^0 表示地表的净通量。对近地面大气的辐射强迫特指 1 km 以下大气的平均净辐射通量变化。

$$DRF = (F_d - F_u) - (F_d^0 - F_u^0) = F_n - F_n^0 \tag{3.10}$$

Bush 等(2003)将气溶胶强迫效率定义为一定波长范围内单位光学厚度下的气溶胶产生的直接辐射强迫,其中气溶胶光学厚度的计算方法如公式 3.9 所示。

$$DFE = DRF / AOD \tag{3.11}$$

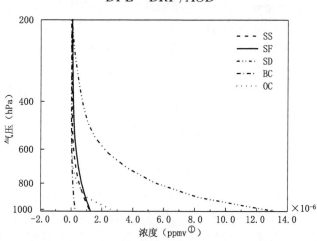

图 3.49　气溶胶浓度廓线(单位:ppmv)

3.8.2.2 数值试验设计

图 3.49 为气溶胶-气候耦合模式 BCC_AGCM2.0_CUACE/Aero 模拟的 2010 年 RCP

---

① ppmv:10^{-6} 体积分数,即百万分之一体积。

2.6 排放情景下中国地区的不同类型气溶胶的浓度廓线。参考《环境空气质量标准》(GB3095-2012)和前人在空气污染指数(API)与气溶胶光学厚度相关性分析方面的研究(孙林 等,2008;陈艳 等,2013),分别将上述的气溶胶浓度减半或加倍来模拟 4 种不同污染程度的大气状况如表 3.6 所示。需要说明的是,实验在模拟不同污染程度的大气状况时仅改变了气溶胶的浓度,没有改变气溶胶的物理参数和大气环境参数。此外,计算所使用的光学厚度均为 3.8.2.1 节定义的短波波段光学厚度加权平均值。由于观测中反演的光学厚度多为 550 nm 波长下的值,所以将本节计算所使用的短波波段加权气溶胶光学厚度与 550 nm 波段的气溶胶光学厚度做对比,发现 4 种大气状况下短波波段加权气溶胶光学厚度均小于 550 nm 波段的气溶胶光学厚度,但差别较小,说明试验计算所使用的波段加权光学厚度与前人研究中观测得到的气溶胶光学厚度有一定的可比性。

表 3.6　不同大气污染状况下的气溶胶浓度倍数及光学厚度(AOD)

	倍数因子	AOD
清洁大气	0.5	0.21
轻度污染	2	0.58
中度污染	3	0.83
重度污染	5	1.32

　　将短波波段分为 UV($0.2\sim0.4\ \mu m$)、VIS($0.4\sim0.76\ \mu m$)和 NIR($0.760\sim4\ \mu m$)三个波段,对上述 4 种大气状况下地表及近地面大气的向下辐射通量、向上辐射通量及净通量进行研究分析,结果见 3.8.3.1 节,并讨论气溶胶在每个波段内的直接辐射强迫与辐射强迫效率,详见 3.8.3.2 节。在 3.8.3.3 节中,首先将气溶胶按照不同种类分为硫酸盐、黑碳、有机碳、海盐和沙尘,对比讨论各种气溶胶在地表造成的辐射强迫(DRF-SUR)以及对近地面大气的辐射强迫(DRF-NG);其次,按照不同的排放源将气溶胶分为自然气溶胶(AERO-NAL)和人为气溶胶(AERO-ANC),具体分析了不同排放源的气溶胶在地表、大气层顶、整层大气和近地面大气造成的辐射强迫;最后,将人为气溶胶中的硫酸盐、黑碳、作为典型的散射型气溶胶和吸收型气溶胶,讨论不同的光学过程对地气系统辐射收支的影响。

3.8.3　结果与分析

3.8.3.1　地表通量的变化

　　表 3.7 所示为 4 种污染大气条件下不同短波波段范围内的地表向下、向上和净辐射通量。整体而言,地表的辐射通量值在紫外波段最小,可见光波段最大,与大气上界太阳入射光谱的能量分布基本一致。4 种污染大气状况下,紫外、可见光和近红外波段内的净辐射通量范围分别为 $85.65\sim97.97,236.47\sim265.85,223.27\sim249.16\ \mathrm{W\cdot m^{-2}}$。对比不同污染程度下的模拟结果,发现每个波段范围内地面向下、向上和净辐射通量值都随污染程度的上升而变小,即大气中的气溶胶含量越高,散射和吸收更多的太阳入射辐射,使得到达地面的向下辐射通量减小,进而导致地表的净辐射通量减少。

表 3.7 不同污染条件下,紫外、可见光、近红外和短波波段的辐射通量(单位:W·m⁻²)

		紫外	可见光	近红外	短波
清洁大气	向下	139.92	379.78	336.82	856.52
	向上	41.98	113.93	87.66	243.57
	净辐射	97.95	265.85	249.16	612.95
轻度污染	向下	134.04	366.22	325.46	825.72
	向上	40.21	109.87	84.74	234.82
	净辐射	93.83	256.35	240.71	590.90
中度污染	向下	130.12	356.86	317.68	804.66
	向上	39.04	107.06	82.73	228.83
	净辐射	91.08	249.80	234.94	575.83
重度污染	向下	122.36	337.81	301.92	762.08
	向上	36.71	101.34	78.65	216.69
	净辐射	85.65	236.46	223.27	545.39

3.8.3.2 气溶胶的辐射强迫和辐射强迫效率

图 3.50a 为大气气溶胶在地表产生的辐射强迫与在近地面大气中产生的辐射强迫。需说明的是,本节中近地面大气是指 1 km 以下的大气层,通过计算该层内净辐射通量的变化来模拟气溶胶在近地层大气中造成的辐射强迫。可以明显地看出,气溶胶在地表产生的辐射强迫为负,而在近地面大气中的辐射强迫为正,即产生加热大气的作用,与 Li 等(2010)的观测结论基本一致。4 种不同污染大气状况下,地表辐射强迫分别为 −7.13,−29.18,−44.25 和 −74.50 W·m⁻²,表明气溶胶浓度的上升会在地表产生更大的负辐射强迫;同时,近地面辐射强迫分别为 2.37,9.40,14.01 W·m⁻² 和 22.94 W·m⁻²,即大气气溶胶含量越高,在近地面大气中产生的正强迫越多。Yu 等(2006)结合地基观测与卫星遥感探究气溶胶在全球尺度上对辐射收支的影响,结论为气溶胶在海洋和陆地表面产生的直接辐射强迫分别为 −8.8±0.7 W·m⁻² 和 −11.8±1.9 W·m⁻²;Xia 等(2007)于 2004 年对中国北部香河站点(39.753°N,116.961°E)进行为期 15 个月的地面观测,发现气溶胶在地面产生的

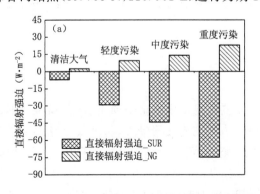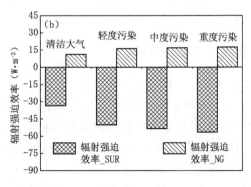

图 3.50 不同污染条件下,气溶胶在短波波段的直接辐射强迫与辐射强迫效率(单位:W·m⁻²)
(DRF_SUR 和 DRF_NG 分别表示为地表和近地面大气的直接辐射强迫,
DFE_SUR 和 DFE_NG 分别为地表和近地面大气的辐射强迫效率)

短波直接辐射强迫为 -32.8 W·m^{-2}。Wang 等(2016)利用 WRF-Chem 模式对东亚地区2005 年 3 月对流层的气溶胶进行模拟,认为气溶胶的直接辐射效应导致地表的短波辐射通量减少 20 W·m^{-2}。Li 等(2010)对中国地区 25 个站点的观测结果进行整理分析,区域范围内气溶胶在地表面和大气中的年平均直接辐射强迫分别为 -15.7 ± 8.9 W·m^{-2} 和 16.0 ± 9.2 W·m^{-2}。对比上述观测和模拟结果,说明本节的模拟结果是合理的。

图 3.50b 是气溶胶在地表和近地面产生的辐射强迫效率,即单位气溶胶光学厚度产生的直接辐射强迫。在本节的 4 种大气条件下,地表的辐射强迫效率分别为 -33.58,-50.18,-50.45 W·m^{-2} 和 -56.58 W·m^{-2};近地面的辐射强迫效率分别为 11.17,16.17,16.91 W·m^{-2} 和 17.37 W·m^{-2}。对照图 3.50a 发现辐射强迫效率的变化趋势与直接辐射强迫相似,地表的辐射强迫效率为负,近地面的辐射强迫效率为正,且辐射强迫效率随气溶胶浓度的升高而变大,说明大气气溶胶含量越高,单位光学厚度的气溶胶产生的直接辐射强迫 F 越大。导致上述变化趋势的原因是由于试验中大气环境参数没有发生改变,所以不同污染状况下大气中气溶胶产生的直接辐射强迫随光学厚度成比例变化,且 F_n^0 不发生变化,根据公式(3.11)中对辐射强迫效率的定义可知,当光学厚度上升时,F_n^0/AOD 减少,所以辐射强迫效率的绝对值出现了上升趋势。Xia 等(2007)通过分析香河站观测资料与 SBDART 模式的模拟结果,得到香河站在地表年平均短波辐射效率分别为 -55.2,-55.7 W·m^{-2}。相比较而言,亚洲各地大气气溶胶在地表的短波辐射效率均在 $-40\sim-100$ W·m^{-2} 范围内。例如,热带城市地区的短波辐射强迫效率约为 -53 W·m^{-2}(Chou et al.,2006),沙尘引起的东亚沿海地区地表的直接辐射强迫为 $65\sim95$ W·m^{-2}(Kim et al.,2005);韩国孤山的地表短波辐射强迫效率值约为 -63.9 W·m^{-2}(Nakajima et al.,2003)和 -73 W·m^{-2}(Bush et al.,2003);中东地区(Markowicz et al.,2002)和印度洋(Ramanathan et al.,2001)的平均短波强迫效率分别为 -85 W·m^{-2} 和 -63.9 W·m^{-2}。

气溶胶在紫外、可见光、近红外波段产生的直接辐射强迫与其在每个波段的辐射强迫效率如图 3.51 所示。4 种典型污染大气条件下,气溶胶在地表产生直接辐射强迫(DRF_SUR)在紫外、可见光、近红外波段分别为 $-1.36\sim-13.66$ W·m^{-2},$-3.03\sim-32.41$ W·m^{-2} 和 $-2.74\sim-28.62$ W·m^{-2}。类似于地表短波净辐射通量的分布,其在可见光波段产生负的直接辐射强迫最大,近红外波段次之,紫外波段内的辐射强迫绝对值最小,与太阳短波辐射在各个波段的能量分布是一致的。与地面则相反,气溶胶在近地面大气中的直接辐射强迫(DRF_NG)为正,在紫外、可见光、近红外波段的强迫值分别为 $0.44\sim4.26$ W·m^{-2},$0.99\sim9.80$ W·m^{-2} 和 $0.93\sim8.87$ W·m^{-2}。

对比 4 种不同污染大气状况下的模拟结果,发现气溶胶浓度越高,近地面大气中的辐射强迫越大越大。总而言之,地表的和近地面大气中辐射强迫在各个波段的分布比例不随气溶胶含量的变化而改变,而强迫值的大小会随含量的上升而增加。产生这种现象的主要原因是大气中的气溶胶粒子(除黑碳以外)主要是由散射性粒子组成,且气溶胶粒子群的有效半径没有改变,每个波段的尺度数 $\alpha(\alpha=2\pi r/\lambda)$ 不改变,所以单位浓度粒子群在每个波段的光学性质不变,最终导致不同含量的气溶胶粒子在每个波段的辐射强迫值分布比例基本不发生改变。

4 种污染条件下,紫外、可见光和近红外波段内地表的辐射强迫效分别为 $-1.15\sim-5.71$ W·m^{-2},$-14.01\sim-22.29$ W·m^{-2} 和 $-23.50\sim-25.96$ W·m^{-2}。不同于直接

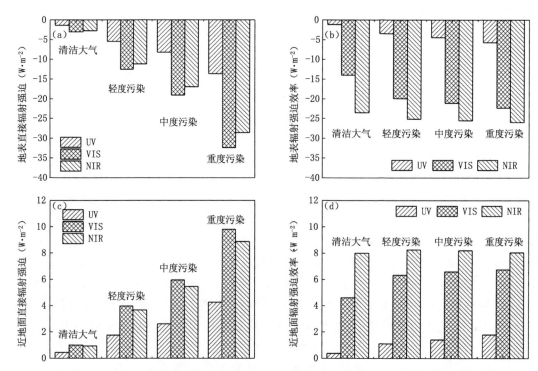

图 3.51　不同污染条件下,紫外、可见光与近红外波段内气溶胶在地表与近地面大气中的
直接辐射强迫与辐射强迫效率(单位:W·m^{-2})
(UV、VIS 和 NIR 分别代表紫外、可见光和近红外波段)

辐射强迫在各个波段的分布,辐射强迫效率在近红外波段最大,可见光波段次之,紫外波段的值最小。气溶胶的有效半径一定时,入射波长 λ 越小,气溶胶在该波段的尺度数 α 越大。根据 mie 散射理论(Mie,1908;Wiscombe,1980),粒子的散射截面是粒子尺度数 α 和粒子折射率 m 的复杂函数,其散射效率在一定范围内随 α 的增大而上升。所以同一气溶胶粒子群的光学厚度在紫外波段内最大,可见光波段次之,近红外波段最小,Che 等(2015)对 2013 年北京发生的强霾天气过程的观测资料进行分析,结果同样显示不同波长的气溶胶光学厚度随着波长的增大而变小,与上述分析结论一致。同时由图 3.51a,c 可知可见光波段与近红外波段内的直接辐射强迫相差不大,故而辐射强迫效率在短波波段的分布如图 3.51 所示。气溶胶在近地面大气中在紫外,可见光和近红外波段内的辐射强迫效率分别为 $0.38 \sim 1.78$ W·m^{-2},$4.61 \sim 6.74$ W·m^{-2} 和 $8.01 \sim 8.25$ W·m^{-2}。辐射强迫效率在三个波段的分布与其在地表的分布一致。值得注意的是,在近红外波段内,4 种不同污染大气状况下近地面大气中的辐射强迫效率分别为 8.01,8.25,8.20 W·m^{-2} 和 8.05 W·m^{-2}。轻度污染时气溶胶在近地面的辐射效率最高,其原因是近地面直接辐射强迫的增加速率小于气溶胶粒子在近红外波段的气溶胶光学厚度增加速率。

3.8.3.3　不同类型气溶胶的影响

(1)各类气溶胶的辐射强迫

分别模拟 5 种气溶胶(硫酸盐、黑碳、有机碳、海盐和沙尘)在地表和近地面造成的直接辐射强迫及其在总辐射强迫中所占的比例如表 3.8 所示。对每种气溶胶在地表的短波辐强迫进行分析,发现 4 种污染大气中硫酸盐在地表的短波辐射强迫值最大,分别为 -2.45,-10.16,-15.54 W·m^{-2} 和 -26.74 W·m^{-2},在总地表辐射强迫中占 34.57%~36.54%;沙尘的辐射强迫最小,分别为 -0.71,-2.85,-4.27 W·m^{-2} 和 -7.01 W·m^{-2},在总的辐射强迫中仅占 9.84%~10.06%。目前对沙尘气溶胶产生的直接辐射强迫的评估存在很大的不确定性。例如张华等(2009)对冬夏两季沙尘的直接辐射强迫在地面的分布做了定量研究,发现全球平均全波辐射强迫冬夏两季分别为 -1.36,-1.56W·m^{-2}。王宏等(2004)模拟了东亚—北太平洋地区 2001 年春季的平均辐射强迫,人为排放的沙尘产生的地面净辐射强迫为 -6.25 W·m^{-2}。Sun 等(2012)利用 RegCM4(Regional Climate Model version 4)模拟了 2000—2009 年中国沙尘春季晴空辐射强迫,发现地面直接辐射强迫在源区为 -25.0~-15.0 W·m^{-2},中国其他区域为 -15.0~-10.0 W·m^{-2}。除此以外,另外一些研究报道了中国沙尘气溶胶直接辐射强迫的年均值。地表总辐射强迫在中国源区为 -15~0.5 W·m^{-2},华北为 -10~-0.5 W·m^{-2},中国其他区域为 -5~0.6 W·m^{-2}(Albani et al.,2015;Liao et al.,2004;Yue et al.,2010)。张天航等(2016)在国际大气化学-气候模式比较计划(ACCMIP)中利用多模式定量评估中国区域沙尘气溶胶直接辐射强迫和不确定性范围,结果显示中国区域年均沙尘产生的地表短波直接辐射强迫为 -1.5 ± 1.0 W·m^{-2}。

总体而言,按照地表直接辐射强迫大小(绝对值)对气溶胶进行排序,结果为硫酸盐>有机碳>黑碳>海盐>沙尘。不同于气溶胶在地表造成的负强迫,各种气溶胶粒子对近地面大气的强迫为正,大小顺序为黑碳>有机碳>沙尘>海盐>硫酸盐。其中在近地面大气中造成最大辐射强迫的黑碳占总强迫约为 37.50%,最小的硫酸盐仅占 1.53%~2.05%。

表 3.8　不同污染条件下,不同类型气溶胶在地表与近地面大气中的辐射强迫(单位:W·m^{-2})及其占总强迫的百分比(括号内数字)

		清洁大气	轻度污染	中度污染	重度污染
沙尘	地表	$-0.71(10.06\%)$	$-2.85(9.92\%)$	$-4.27(9.84\%)$	$-7.10(9.70\%)$
	近地面	$0.43(18.38\%)$	$1.740(18.45\%)$	$2.60(18.49\%)$	$4.32(18.57\%)$
黑碳	地表	$-1.42(19.96\%)$	$-5.65(19.65\%)$	$-8.45(19.47\%)$	$-14.02(19.16\%)$
	近地面	$0.89(37.51\%)$	$3.54(37.50\%)$	$5.28(37.50\%)$	$8.72(37.50\%)$
硫酸盐	地表	$-2.45(34.57\%)$	$-10.16(35.35\%)$	$-15.54(35.81\%)$	$-26.74(36.54\%)$
	近地面	$0.05(2.05\%)$	$0.18(1.87\%)$	$0.25(1.75\%)$	$0.36(1.53\%)$
海盐	地表	$-1.01(14.22\%)$	$-4.05(14.09\%)$	$-6.09(14.02\%)$	$-10.18(13.91\%)$
	近地面	$0.16(6.91\%)$	$0.65(6.88\%)$	$0.97(6.87\%)$	$1.59(6.83\%)$
有机碳	地表	$-1.50(21.19\%)$	$-6.03(20.99\%)$	$-9.06(20.87\%)$	$-15.14(20.69\%)$
	近地面	$0.83(35.16\%)$	$3.33(35.30\%)$	$4.98(35.40\%)$	$8.27(35.57\%)$
合计	地表	-7.10	-28.73	-43.40	-73.17
	近地面	2.37	9.43	14.08	23.26

综合分析不同种类气溶胶在地表和近地面大气产生的辐射强迫,4 种污染大气下各种气溶胶在地表和近地面大气产生的强迫在总的强迫中所占的比例变化很小,但是同种气溶胶在地表和近地面大气的辐射强迫比例变化很大。例如硫酸盐在地表产生的辐射强迫最大,但对近地面大气产生的强迫却最小。

（2）自然和人为气溶胶的不同影响

按照以自然源或人为源排放产生为主将气溶胶分为自然气溶胶和人为气溶胶,分别计算上述两种排放源气溶胶在地表、大气层顶、整层大气和近地面大气的辐射强迫,如表3.9所示。两种排放源产生的气溶胶在地表、大气层顶均造成了负的辐射强迫。相较于大气层顶,它们在地表造成的负短波辐射强迫值较大,导致气溶胶在整层大气中的直接辐射强迫为正,即都产生加热大气的作用。对比自然气溶胶与人为气溶胶的影响,发现人为气溶胶在地表、大气层顶产生的负的辐射强迫以及对整层大气与近地面大气造成的正的辐射强迫均大于自然气溶胶的影响。人为气溶胶在地表、大气层顶、整层大气和近地面大气中产生的强迫分别占总强迫的76.30%,86.89%,73.82%和74.67%,对地气系统整体的辐射收支影响最大。除此以外,分析自然与人为气溶胶在大气中产生的直接辐射强迫,发现两类气溶胶对近地面大气的辐射强迫分别占整层大气的38.74%和40.51%,说明它们对整层大气辐射收支的影响主要集中在1 km高度以下的近地层大气中。

表3.9 不同污染条件下,自然与人为气溶胶在地表、大气层顶、整层和
近地面大气中产生的辐射强迫(单位:$W \cdot m^{-2}$)

	地表		大气层顶		整层大气		近地面大气	
	自然气溶胶	人为气溶胶	自然气溶胶	人为气溶胶	自然气溶胶	人为气溶胶	自然气溶胶	人为气溶胶
清洁大气	−1.72	−5.39	−0.18	−1.05	1.54	4.34	0.60	1.77
轻度污染	−6.90	−22.09	−0.73	−4.72	6.16	17.37	2.39	7.06
中度污染	−10.35	−33.56	−1.11	−7.51	9.23	26.05	3.57	10.54
重度污染	−17.26	−56.95	−1.90	−13.57	15.35	43.38	5.92	17.37

（3）散射型和吸收型气溶胶的不同影响比较

气溶胶对地气系统辐射收支影响的主要方式分为散射和吸收作用,其中散射过程是气溶胶通过改变一部分入射波的传播方向使得原方向的辐射能被削弱的过程;而吸收过程是指入射在气溶胶表面的辐射能中的一部分转变为气溶胶本身的内能或其他形式的能量导致传播方向上辐射能量的衰减。不同类型气溶胶在大气中对短波辐射的散射或(和)吸收作用主要取决于粒子自身的光学性质。按照粒子光学性质的差异,可将大气气溶胶分为散射型气溶胶和吸收型气溶胶。本节以数值试验中的中度污染状况为例,选取人为气溶胶中的硫酸盐和黑碳分别代表散射型气溶胶和吸收型气溶胶,来探究不同光学过程对地表及大气辐射收支的影响。

图3.52a,b分别为硫酸盐与黑碳对地表及200 hPa(12 km)高度以下大气的向下与向上短波辐射造成的影响。对图3.52a进行分析,发现硫酸盐使得地表向下的短波辐射通量减少了21.78 $W \cdot m^{-2}$,大于黑碳对地表向下短波通量的影响(−11.94 $W \cdot m^{-2}$)。随着高度的上升,两种气溶胶造成向下通量的改变量迅速减少,且硫酸盐的减小速率大于黑碳,到800 hPa(2 km)高度以上,由于气溶胶浓度的迅速减少,其对向下的短波辐射影响较小且随高度基本不变,同时黑碳对向下通量的影响超过了硫酸盐。总而言之,硫酸盐和黑碳通过散射和吸收过程均使得向下的太阳辐射通量减少,但硫酸盐对地表和近地面大气向下通量的影响较大,而BC对地表以上大气的向下短波通量影响较大。图3.52b为短波向上辐射通量的变

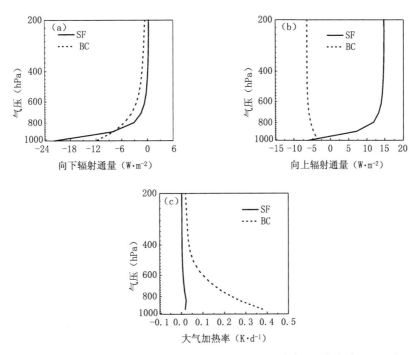

图 3.52　短波向下(a)、向上(b)通量与加热率(c)的变化(其中 SF 为硫酸盐,BC 为黑碳)

化,硫酸盐造成地表向上的辐射通量减少了 $6.24\ \mathrm{W\cdot m^{-2}}$,当高度增加到 $970\ \mathrm{hPa}(0.4\ \mathrm{km})$ 左右时,其对向上短波通量的影响变为正值,说明硫酸盐使得大气向上的辐射通量增加。而黑碳对地表与大气向上短波通量的影响均为负值,使得地表向上通量减少了 $-3.49\ \mathrm{W\cdot m^{-2}}$,小于硫酸盐的影响。随着高度的增加,其对向上短波通量的影响(减少)变大。对比两种气溶胶对向上短波通量的影响,发现硫酸盐和黑碳均使得地表向上的短波辐射通量减少(硫酸盐>黑碳),但两者的影响随高度变化的趋势不同,硫酸盐会造成大气向上短波辐射通量增加,而黑碳的情况则相反。综合分析两种类型气溶胶对地表向上与向下短波通量的影响,发现二者对两个方向短波通量的影响主要集中在 $600\ \mathrm{hPa}(4\ \mathrm{km})$ 高度以下,其主要原因是人为气溶胶的垂直分布主要集中边界层大气中。区别于两种气溶胶对向下短波通量的影响随高度的相同变化趋势,两种气溶胶对向上辐射通量的影响随高度变化趋势相反。可以从它们光学性质出发解释上述现象的原因:作为散射型气溶胶,硫酸盐会将部分入射太阳短波辐射散射到其他方向,进而导致原太阳光路上向下的短波辐射通量变少,而向上短波辐射通量则由于后向散射过程而增大。总体而言,硫酸盐不影响短波辐射的总量,仅通过散射过程造成短波辐射在各个方向的重新分布;大气中的黑碳则通过吸收光路中的短波辐射使得向下的通量减少,同时向上短波辐射通量也同样因为黑碳的吸收作用而减少,因此黑碳会使得各个方向光路上的辐射通量都减少。硫酸盐与黑碳对每层大气中净辐射通量及加热率的影响如图 3.52c 所示,发现黑碳通过吸收短波辐射并将其转化为内能对对流层大气有加热作用,对 $800\ \mathrm{hPa}(2\ \mathrm{km})$ 高度以下大气的升温效应最明显,平均加热率为 $0.38\ \mathrm{K\cdot d^{-1}}$。对比之下,硫酸盐对 $800\ \mathrm{hPa}$ 高度以下大气的平均加热率仅为 $0.018\ \mathrm{K\cdot d^{-1}}$,远小于黑碳的加热作用。

附图

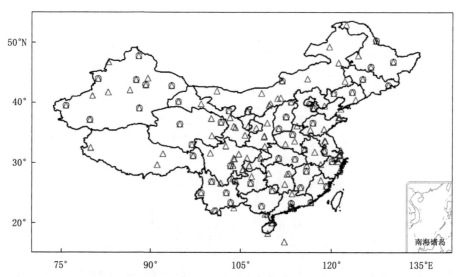

附图 1　中国地区 130 个地面辐射台站(三角形)和选取的总辐射时间序列超过 48 年的
50 个地面辐射台站(圆形)的地理分布

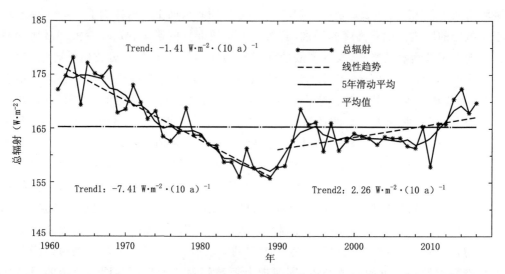

附图 2　中国地区 1961—2016 年太阳总辐射时间序列超过 48 年的 50 个站点年平均
太阳总辐射变化趋势

(trend1 表示 1961—1989 年的变化趋势,trend2 表示 1990—2016 年
的变化趋势,trend 表示 1961—2016 年的变化趋势)

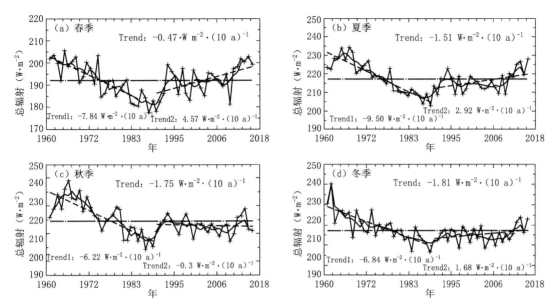

附图 3　中国地区 1961—2016 年时间序列超过 48 年的 50 个站点季节

平均太阳总辐射变化趋势

（其余同附图 2）

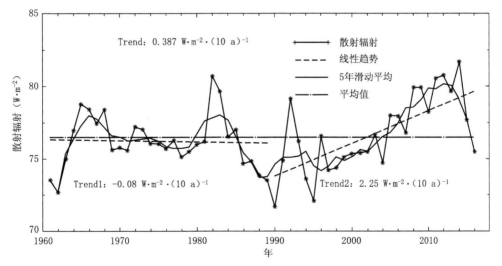

附图 4　中国地区 1961—2016 年时间序列超过 48 年的 50 个站点年平均

太阳散射辐射变化趋势

（其余同附图 2）

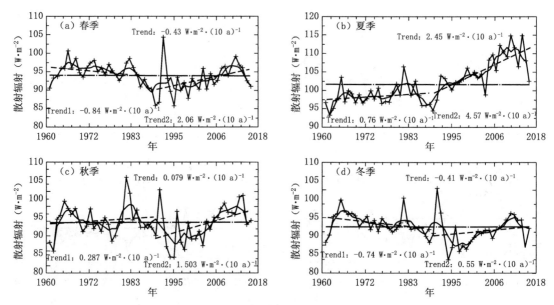

附图5　中国地区1961—2016年时间序列超过48年的50个站点季节平均
太阳散射辐射变化趋势
（其余同附图2）

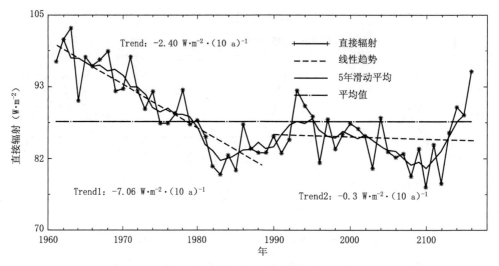

附图6　中国地区1961—2016年时间序列超过48年的50个站点年平均
太阳直接辐射变化趋势
（其余同附图2）

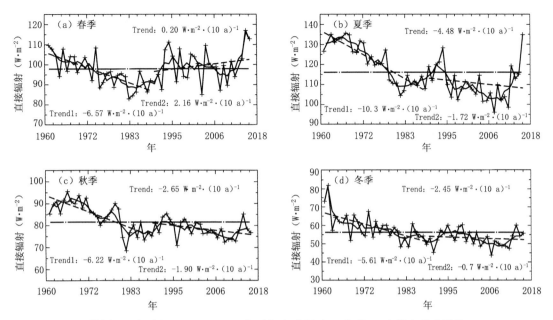

附图 7　中国地区 1961—2016 年时间序列超过 48 年的 50 个站点季节平均
太阳直接辐射变化趋势
（其余同附图 2）

参考文献

陈艳,孙敬哲,张武,等,2013.兰州地区 MODIS 气溶胶光学厚度和空气污染指数相关性研究[J].兰州大学
　　学报:自然科学版,**49**(6):765-772.

陈志华,2005.1957—2000 年中国地面太阳辐射状况的研究[D].北京:中国科学院大气物理研究所.

丁守国,2004.中国地区云及其辐射特性的研究[D].北京:中国科学院大气物理研究所.

秦世广,2009.中国地面太阳辐射长期变化特征、原因及其气候效应[D].北京:中国科学院大气物理研究
　　所.

沈钟平,张华,2009.影响地面太阳辐射及其谱分布的因子分析[J].太阳能学报,**30**(10):1389-1395.

石广玉,2007.大气辐射学[M].北京:科学出版社:103-105.

孙林,商晓青,孙长奎,等,2008.城市地区气溶胶光学厚度与空气污染指数的相关性分析[J].山东科技大学
　　学报(自然科学版),**27**(3):9-13.

王宏,石广玉,王标,2004.2001 年春季东亚-北太平洋地区沙尘气溶胶的辐射强迫[J].科学通报,**49**(19):
　　1993-2000.

王志立,2011.典型种类气溶胶的辐射强迫及其气候效应的模拟研究[D].北京:中国气象科学研究院:
　　25-45.

魏凤英,2007.现代气候统计诊断与预测技术[M].北京:气象出版社.

卫晓东,2011.大气气溶胶的光学特性及其在辐射传输模式中的应用[D].北京:中国气象科学研究院:
　　47-52.

卫晓东,张华,2011.非球形沙尘气溶胶光学特性的分析[J].光学学报,**31**(5):7-14.

尹青,2010.中国地区变暗变亮问题的研究[D].南京:南京信息工程大学.

张华,马井会,郑有飞,2009. 沙尘气溶胶辐射强迫全球分布的模拟研究[J]. 气象学报,**67**(4):510-521.

张华,卢鹏,2014. 多层四流球谐函数算法的构建及在大气辐射传输模式中的应用[J]. 气象学报,**72**(6):1257-1268.

张华,2016. BCC_RAD 大气辐射传输模式[M]. 北京:气象出版社.

张天航,廖宏,常文渊,等,2016. 基于国际大气化学—气候模式比较计划模式数据评估中国沙尘气溶胶直接辐射强迫[J]. 大气科学,**40**(6):1242-1260.

赵树云,智协飞,张华,等,2014. 气溶胶-气候耦合模式系统 BCC_AGCM2.0.1_CAM 气候态模拟的初步评估[J]. 气候与环境研究,**19**(3):265-277.

中国气象局,2003. 地面气象观测规范[M]. 北京:气象出版社.

周晨,张华,王志立,2013. 黑碳与非吸收性气溶胶的不同混合方式对其光学性质的影响[J]. 光学学报,**33**(8):270-281.

朱思虹,张华,卫晓东,等,2018. 不同污染条件下气溶胶对短波辐射通量影响的模拟研究[J]. 气象学报,**76**(5):790-028,doi:10.11676/qxxb2018.031

Albani S,Mahowald N M,Perry A T,*et al.*,2015. Improved dust representation in the Community Atmosphere Model[J]. *Journal of Advances in Modeling Earth Systems*,**6**(3):541-570.

Albrecht B A,1989. Aerosols,cloud microphysics,and fractional cloudiness [J]. *Science*,**245**(4923):1227.

Antón M,Gil J E,Fernández-Gálvez J,*et al.*,2011. Evaluation of the aerosol forcing efficiency in the UV erythemal range at Granada,Spain [J]. *Journal of Geophysical Research*:Atmospheres,**116**(D20):1551-1564.

Bush B C,Valero F P J,2003. Surface aerosol radiative forcing at Gosan during the ACE-Asia campaign[J]. *Journal of Geophysical Research*:Atmospheres,**108**(D23):1253-1265.

Campbell G G,Vonder Haar T H,1997. Comparison of surface temperature minimum and maximum and satellite measured cloudiness and radiation budget[J]. *Journal of Geophysical Research*:Atmospheres,**102**(D14):16639-16645.

Che H,Xia X,Zhu J,*et al.*,2015. Aerosol optical properties under the condition of heavy haze over an urban site of Beijing,China[J]. *Environmental Science and Pollution Research*,**22**(2):1043-1053.

Chou M D,Lin P H,Ma P L,*et al.*,2006. Effects of aerosols on the surface solar radiation in a tropical urban area[J]. *Journal of Geophysical Research*:Atmospheres (1984-2012),**111**(D15).

Dai A G,Del Genio A D,Fung I Y,1997. Clouds,precipitation and temperature range[J]. *Nature*,**386**(6626):665.

Easterling D R,Horton B,Jones P D,*et al.*,1997. Maximum and minimum temperature trends for the globe [J]. *Science*,**277**(5324):364-367.

Fu Q,Liou K N,1993. Parameterization of the radiative properties of cirrus clouds[J]. *Journal of the Atmospheric Sciences*,**50**(13):2008-2025.

Garand L,Turner D S,Larocque M,*et al.*,2001. Radiance and Jacobian intercomparison of radiative transfer models applied to HIRS and AMSU channels[J]. *Journal of Geophysical Research*:Atmospheres,**106**(D20):24017-24031.

Gong S L,Barrie L A,Blanchet J P,*et al.*,2003. Canadian Aerosol Module:A size-segregated simulation of atmospheric aerosol processes for climate and air quality models 1. Module development[J]. *Journal of Geophysical Research*:Atmospheres,**108**(D1):AAC 3-1-AAC 3-16.

Hansen J,Sato M,Ruedy R,1995. Long-term changes of the diurnal temperature cycle:implications about mechanisms of global climate change[J]. *Atmospheric Research*,**37**(1-3):175-209.

Hansen V,1984. Spectral distribution of solar radiation on clear days:a comparison between measurements and model estimates[J]. *Journal of climate and applied meteorology*, **23**(5):772-780.

IPCC,2001. Climate Change 2001-Synthesis Reports:Third Assessment Report of the Intergovernmental Panel on Climate Change [R]. *Cambridge University Press*.

Jacobson M Z,2001. Global direct radiative forcing due to multicomponent anthropogenic and natural aerosols[J]. *Journal of Geophysical Research*:Atmospheres,**106**(D2):1551-1568.

Karl T R,Kukla G,Razuvayev V N,*et al.*,1991. Global warming:Evidence for asymmetric diurnal temperature change[J]. *Geophysical Research Letters*,**18**(12):2253-2256.

Karl T R,Jones P D,Knight R W,*et al.*,1993. A new perspective on recent global warming:asymmetric trends of daily maximum and minimum temperature[J]. *Bulletin of the American Meteorological Society*,**74**(6):1007-1024.

Kim D H,Sohn B J,Nakajima T,*et al.*,2005. Aerosol radiative forcing over East Asia determined from ground - based solar radiation measurements[J]. *Journal of Geophysical Research*:Atmospheres,**110**(D10):887-908.

Kukla G,Karl T R,1993. Nighttime warming and the greenhouse effect[J]. *Environmental science & technology*,**27**(8):1468-1474.

Li J,Dobbie S,Räisänen P,*et al.*,2005. Accounting for unresolved clouds in a 1-D solar radiative-transfer model[J]. *Quarterly Journal of the Royal Meteorological Society*,**131**(608):1607-1629.

Li Z,Lee K H,Wang Y,*et al.*,2010. First observation-based estimates of cloud-free aerosol radiative forcing across China[J]. *Journal of Geophysical Research*:Atmospheres,**115**(D00K18):1383-1392.

Liao H,Seinfeld J H,Adams P J,*et al.*,2004. Global radiative forcing of coupled tropospheric ozone and aerosols in a unified general circulation model [J]. *Journal of Geophysical Research*:Atmospheres,**109**(D24):1355-1363.

Liu B H,Xu M,Henderson M,*et al.*,2004. Taking China's temperature:daily range,warming trends,and regional variations,1955-2000[J]. *Journal of climate*,**17**(22):4453-4462.

Lu P,Zhang H,Li J,2011. Correlated k-distribution treatment of cloud optical properties and related radiative impact[J]. *Journal of the Atmospheric Sciences*,**68**(11):2671-2688.

Makowski K,Wild M,Ohmura A,2008. Diurnal temperature range over Europe between 1950 and 2005[J]. *Atmospheric Chemistry and Physics*,**8**(21):6483-6498.

Makowski K,Jaeger E B,Chiacchio M,*et al.*,2009. On the relationship between diurnal temperature range and surface solar radiation in Europe[J]. *Journal of Geophysical Research*:Atmospheres,**114**(D10). doi:10. 1029/2008JD011104.

Markowicz K M,Flatau P J,Ramana M V,*et al.*,2002. Absorbing Mediterranean aerosols lead to a large reduction in the solar radiation at the surface[J]. *Geophysical Research Letters*,**29**(20):29-1-29-4.

Marticorena B,Bergametti G,1995. Modeling the atmospheric dust cycle:1. Design of a soil-derived dust emission scheme[J]. *Journal of Geophysical Research*:Atmospheres,**100**(D8):16415-16430.

Mie G,1908. Articles on the optical characteristics of turbid tubes,especially colloidal metal solutions[J]. *Ann. Phys*,**25**(3):377-445.

Nakajima T,Tsukamoto M,Tsushima Y,*et al.*,2000. Modeling of the radiative process in an atmospheric general circulation model[J]. *Applied Optics*,**39**(27):4869-4878.

Nakajima T,Sekiguchi M,Takemura T,*et al.*,2003. Significance of direct and indirect radiative forcings of aerosols in the East China Sea region[J]. *Journal of Geophysical Research*:Atmospheres,**108**(D23):2139-2146.

Plantico M S,Karl T R,Kukla G,et al.,1990. Is recent climate change across the United States related to rising levels of anthropogenic greenhouse gases? [J]. *Journal of Geophysical Research*：Atmospheres,**95**(D10)：16617-16637.

Ramanathan V,Crutzen P J,Lelieveld J,et al.,2001. Indian Ocean Experiment：An integrated analysis of the climate forcing and effects of the great Indo-Asian haze[J]. *Journal of Geophysical Research*：Atmospheres,**106**(D22)：28371-28398.

Shi G Y, Hayasaka T, Ohmura A, et al.,2008. Data Quality Assessment and the Long-Term Trend of Ground Solar Radiation in China[J]. *Journal of Applied Meteorology & Climatology*, **47**(4)：1006-1016.

Sun H,Pan Z,Liu X,2012. Numerical simulation of spatial-temporal distribution of dust aerosol and its direct radiative effects on East Asian climate[J]. *Journal of Geophysical Research*：Atmospheres, **117**(D13)：13206.

Vose R S,Easterling D R,Gleason B,2005. Maximum and minimum temperature trends for the globe：An update through 2004[J]. *Geophysical Research Letters*,**32**(23). doi：10. 1029 /2005GL024379.

Wang J,Allen D J,Pickering K E,et al.,2016. Impact of aerosol direct effect on East Asian air quality during the EAST-AIRE campaign[J]. *Journal of Geophysical Research*：Atmospheres,**121**(11)：6534-6554.

Wild M,Ohmura A,Makowski K,2007. Impact of global dimming and brightening on global warming[J]. *Geophysical Research Letters*,**34**(4),doi：10. 1029 /2006GL028031.

Wiscombe W J,1980. Improved Mie scattering algorithms[J]. *Applied optics*,**19**(9)：1505-1509.

Xia X,Li Z,Wang P,et al.,2007. Estimation of aerosol effects on surface irradiance based on measurements and radiative transfer model simulations in northern China[J]. *Journal of Geophysical Research*：Atmospheres (1984-2012),**112**(D22)：355-362.

Yu H,Kaufman Y J,Chin M,et al.,2006. A review of measurement-based assessments of the aerosol direct radiative effect and forcing[J]. *Atmospheric Chemistry and Physics*,**6**(3)：613-666.

Yue X,Wang H,Liao H,et al.,2010. Simulation of dust aerosol radiative feedback using the GMOD：2. Dust-climate interactions[J]. *Journal of Geophysical Research*：Atmospheres,**115**(4)：288-303.

Zhang F,Li J,2013a. Doubling-adding method for delta-four-stream spherical harmonic expansion approximation in radiative transfer parameterization[J]. *Journal of the Atmospheric Sciences*, **70**(10)：3084-3101.

Zhang F,Shen Z,Li J,et al.,2013b. Analytical Delta-Four-Stream Doubling-Adding Method for Radiative Transfer Parameterizations[J]. *Journal of the Atmospheric Sciences*,**70**(3)：794-808.

Zhang H,Nakajima T,Shi G,et al.,2003. An optimal approach to overlapping bands with correlated k distribution method and its application to radiative calculations[J]. *Journal of Geophysical Research*：Atmospheres,**108**(D20). doi：10. 1029/2002JD003358.

Zhang H,Shi G,2005. A new approach to solve correlated *k*-distribution function[J]. *Journal of Quantitative Spectroscopy and Radiative Transfer*,**96**(2)：311-324.

Zhang H,Shi G,Nakajima T,et al.,2006a. The effects of the choice of the k-interval number on radiative calculations[J]. *Journal of Quantitative Spectroscopy and Radiative Transfer*,**98**(1)：31-43.

Zhang H,Suzuki T,Nakajima T,et al.,2006b. Effects of band division on radiative calculations[J]. *Optical Engineering*,**45**(1)：016002.

Zhang H,Shen Z,Wei X,et al.,2012a. Comparison of optical properties of nitrate and sulfate aerosol and the direct radiative forcing due to nitrate in China[J]. *Atmospheric research*,**113**(37)：113-125.

Zhang H,Wang Z,Wang Z,et al.,2012b. Simulation of direct radiative forcing of aerosols and their effects on East Asian climate using an interactive AGCM-aerosol coupled system[J]. *Climate Dynamics*, **38**(7-8):1675-1693.

Zhang H, Chen Q, Xie B, 2015. A new parameterization for ice cloud optical properties used in BCC-RAD and its radiative impact[J]. *Journal of Quantitative Spectroscopy and Radiative Transfer*, **150**:76-86.

第4章 中国不同地区地面太阳辐射变化的归因

地面太阳辐射的变化既受到外部影响(地球外的变化),即到达大气层顶太阳辐射本身的变化,同时受到内部影响,即大气透明度的变化。地球外的变化决定于地球轨道参数和太阳辐射输出,而大气透明度的变化主要受以下几个方面的影响:①云特性的变化,包括云量和云的光学特征;②大气 Rayleigh 散射和气体吸收的变化;③气溶胶含量和光学性质的变化,它对太阳辐射的吸收和散射依赖于其物理和化学组成;④水汽的变化,水汽对太阳辐射有比较强的吸收作用。

第3章研究了中国地区地面太阳辐射的分布特征与变化趋势,可以发现,中国地区不同区域的地面太阳辐射变化也不尽相同。本章利用地面太阳辐射和相关气象要素的地面观测资料,针对中国不同地区分析了地面太阳辐射的变化特征与可能的原因,其中4.1节针对华北地区,4.2节针对华东地区,4.3节针对东北地区。

4.1 华北地区地面太阳辐射变化原因分析

华北地区包括北京、天津、河北省、山西省和内蒙古自治区,属于温带季风气候,四季分明,夏季暖热多雨,冬季寒冷干燥。本节利用华北地区部分气象站的观测资料,分析该地区的太阳辐射和相关气象要素的年和年际变化特征,以研究影响太阳辐射变化的可能因子。

本节所使用的地面太阳辐射和相关气象要素的资料均来自中国气象局国家气象信息中心气象资料室。辐射资料包括华北地区 14 个观测站(图 4.1)1961—2008 年的逐日曝辐量

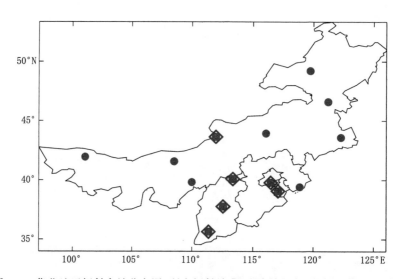

图 4.1　华北地区辐射台站分布图(所有辐射站●,有直接辐射/散射辐射的台站◇)

地面观测资料,包括总辐射量、直接辐射量和散射辐射量(其中直接辐射和散射辐射仅有 6 个站有观测资料),单位转换为 W·m^{-2}。为了对应,其他气象因素,包括云量、能见度、地面水汽压、降水、霾日数、雨日数、沙尘暴日数,均使用相同 14 个站 1961—2008 年的逐日数据。以上数据经过计算转化为月平均、年平均日值。图 4.1 是华北地区 14 个总辐射台站和 6 个有直接辐射/散射辐射数据的台站的分布图。由图可以看出,14 个站分布比较均匀,能代表华北地区的整体状况,但是 6 个拥有直接辐射/散射辐射资料的站点主要集中在中部地区,整体代表意义略差。

为达到更加准确的目的,本节采用 Shi 等(2008)的质量控制方法对所使用地面太阳辐射资料进行检验。该方法利用的是物理阈值检验、日照百分率检验和标准偏差检验,关于该方法的详细介绍见 Shi 等(2008)。

4.1.1　地面太阳辐射的年际变化特征

4.1.1.1　总辐射的年际变化特征

图 4.2 给出了近 48 年来华北地区年平均地面太阳总辐射的变化,可见总辐射整体呈减少趋势,其中 20 世纪 60 年代末期至 80 年代末期总辐射呈现出明显的下降趋势,1990 年左右总辐射开始增加,但是并未恢复到 60 年代末期的水平,而且这种增加只维持到 90 年代末期,进入 21 世纪总辐射再次开始减少。由于华北地区的平均总辐射在 2000—2008 年呈现出相对明显的减少趋势,因此,本节将总辐射分为三个时段考虑,即 1961—1989 年、1990—1999 年和 2000—2008 年,三个时段总辐射变化速率分别为,−8.51 W/(m^2·10 a)、7.18 W/(m^2·10 a)和−3.63 W/(m^2·10 a)。造成总辐射呈现出这种变化的可能原因将在下文结合相关气象要素的变化进行分析。

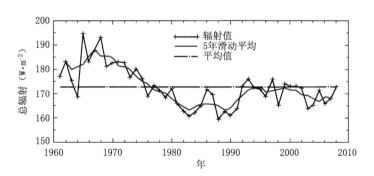

图 4.2　华北地区 1961—2008 年地面太阳总辐射长期变化趋势

4.1.1.2　直接辐射和散射辐射的年际变化特征

直接辐射和散射辐射在 1961—1992 年有 6 个站有相对完整的观测资料,但是在 1992 年后只有北京站(54511)有完整资料,其他站点均缺测。

图 4.3 是过去 48 年华北地区直接辐射和散射辐射的变化情况。可以看出,直接辐射与总辐射的变化相类似,略有不同的是在 20 世纪 60 年代初就开始呈现下降趋势,以及 2000 年后的下降趋势没有总辐射明显。而散射辐射的变化与总辐射和直接辐射变化相差很大,20 世纪 60 年代初快速增加,之后一直到 80 年代中期在波动中略有增加,80 年代中期至 90 年代中期呈现出下降趋势,90 年代中期后又开始增加,最小值出现在 1995 年。1961—2008 年、

1961—1989 年、1990—2008 年的变化率分别为 0.19 W/($m^2 \cdot$ 10 a),—0.60 W/($m^2 \cdot$ 10 a),0.49 W/($m^2 \cdot$ 10 a),但是这些变化均未通过 95％的显著性检验。火山爆发对散射辐射的作用非常显著,例如,1982、1983 年和 1992 年的散射值均高于 48 年平均值近 10 W·m^{-2}。

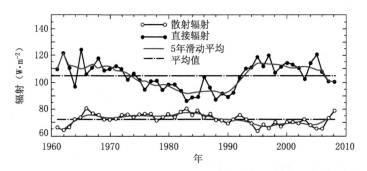

图 4.3　华北地区 1961—2008 年地面太阳散射和直接辐射长期变化趋势

4.1.2　地面太阳辐射的年变化特征

4.1.2.1　总辐射的年变化特征

图 4.4 给出了 1961—1989 年、1990—1999 年和 2000—2008 年三个不同时段多年平均的总辐射年变化柱状图,目的是反映总辐射在不同月份的长期变化特征。由图可以看出,第一时段每个月的平均值均高于第二时段,其中在 3 月差值最大,在 4 月差值最小,说明总辐射 1990—1999 年并未增加到第一时段的平均水平;对比第二时段和第三时段可知,除了 3 月、7 月和 11 月,第二时段的平均值都高于第三个时段的平均值,这说明总辐射 2000 年后在多数月份还是呈下降趋势。

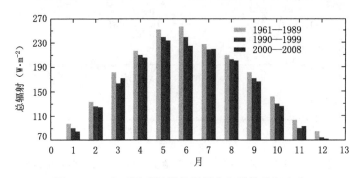

图 4.4　三个不同时间段总辐射多年平均的年变化

4.1.2.2　总辐射比、直射比和散射比的年变化特征

图 4.5 是总辐射比、直射比和散射比的年变化曲线。总辐射比指到达地面的太阳总辐射与大气层顶的太阳总辐射的比值,能够反映研究区域上空整个大气层对太阳辐射削弱作用。直射比指到达地面的太阳直接辐射与总辐射的比值,散射比指到达地面的太阳散射辐射与总辐射的比值,这两个量可以反映大气中云、气溶胶、水汽等对太阳辐射散射程度。

由图 4.5 可以看出,总辐射比在夏季最小、冬季最大,这主要是因为总云量、低云量、降水量和降水日数均是在夏季最大、冬季最小(图 4.6～4.7),也就是说,在云雨较多的夏季对太阳辐射的削弱最大,造成总辐射比最小。

　　总辐射是由直接辐射和散射辐射组成的,因此直射比和散射比的和理论上应该等于 1,而且两者为反相关关系,由图 4.5 可以看出两者确实呈现很好的反相关关系。散射比和直射比呈现出两高两低的形式,其中散射比在春季最大,秋季最小,直射比正好相反。散射比的大小决定于空气质量的好坏,能见度在春季最小、秋季最大(图 4.8)可以间接说明气溶胶含量在春季最高,秋季最低,同时沙尘暴日数和霾日数也是在春季最多,秋季最少(图 4.8 和图 4.9),这较好地解释了散射辐射的年变化特征,也说明气溶胶是华北地区产生散射辐射的重要原因之一。由图 4.6 可以看出,中高云量在 4 月最多,由于中高云对太阳辐射的散射要强于低云,这也可以部分地解释散射辐射在 4 月最大。

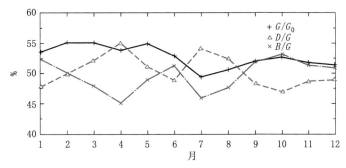

图 4.5　总辐射比、直射比和散射比 1961—2008 年平均的年变化

(G/G_0 表示总辐射比,D/G 表示散射比、B/G 表示直射比)

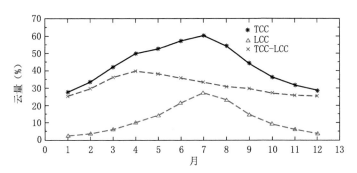

图 4.6　云量 1961—2008 年平均的年变化

(TCC 表示总云量,LCC 表示低云量,TCC-LCC 表示中高云量)

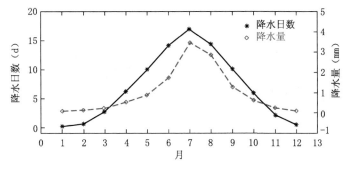

图 4.7　降水量和降水日数 1961—2008 年平均的年变化

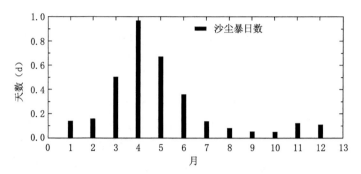

图 4.8 沙尘暴 1961—2008 年平均的年变化

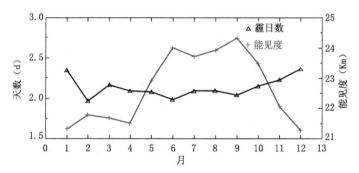

图 4.9 霾日数和能见度 1961—2008 年平均的年变化

4.1.3 相关气象要素的年际变化特征

4.1.3.1 云量的变化

云量的变化是影响到达地面太阳总辐射的重要因素之一,云对总辐射的影响具有两重性,一是会造成直接辐射减小,同时会造成反射、散射辐射增大。但是在一般情况下,太阳直接辐射在总辐射中所占比例比较大,因此,一般来说,云量减少(增加)会使得到地面的总辐射增加(减少)。

图 4.10 给出了近 48 年华北地区总云量和低云量的变化趋势,两者都有明显的年际变化,但是低云量的变化幅度小于总云量。总云量多年平均值为 42.7%,其中 20 世纪 60 年代中期前缓慢递增,60 年代末期到 80 年代初期呈波动减少趋势,之后有短暂的增加,1990 年后又开始减少,这种减少维持到 90 年代末,进入 21 世纪,云量再次增加。低云量的多年平

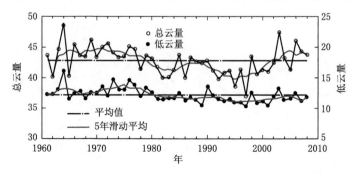

图4.10 华北地区 1961—2008 年总云量和低云量长期变化趋势(单位:%)

均值是 12.2%,20 世纪 60 年代中期前略有减少,60 年代末期到 70 年代中期呈波动增加趋势,之后持续减少,直到最近十年又有增加趋势。

表 4.1 和表 4.2 分别给出了总辐射和相关气象要素在不同时段的变化趋势以及总辐射和有关气象要素之间的相关系数。虽然从整个时段看总辐射与总云量以及低云量的变化并不相符,但是在 1990—1999 年总辐射呈增加趋势时,总云量和低云量呈现出减少的趋势,而在 2000—2008 年总辐射减少时,总云量和低云量都是增加的,由表 4.2 可以看出在两个时段总云量和低云量与总辐射的相关系数都很高,而且除了 2000—2008 年低云量与总辐射之间相关不显著外,其他都通过 95% 的显著性检验。

表 4.1　华北地区地面太阳总辐射和有关气象要素变化趋势

要素	1961—2008	1961—1989	1990—1999	2000—2008
总辐射[W/(m^2·10a)]	**−3.25**	**−8.51**	7.18	−3.63
总云量(%/10a)	−0.45	**−0.97**	−1.1	3.4
低云量(%/10a)	**−0.42**	**−0.6**	−1.6	0.65
晴天频率(/10a)	0.034	0.37	0.67	−2.51
阴天频率(/10a)	−0.02	**−1.17**	−0.73	3.72
能见度(km/10a)	**−0.71**	−1.16	**−1.22**	0.19
大于 20 km 能见度(km/10a)	**−0.10**	−2.23	−2.19	1.73
地面水汽压(hPa/10a)	**0.1**	0.03	0.18	0.19

注:粗体加下划线表示通过 95% 的显著性检验(下同)

表 4.2　华北地区地面太阳总辐射与有关气象要素的相关系数

要素	1961—2008	1961—1989	1990—1999	2000—2008
总云量(%/10a)	0.048	0.18	**−0.71**	**−0.81**
低云量(%10a)	0.07	0.11	**−0.85**	−0.58
晴天频率(/10a)	0.027	−0.073	**0.68**	**0.87**
阴天频率(/10a)	0.064	0.25	**−0.78**	**−0.69**
能见度(km/10a)	**0.64**	**0.69**	−0.32	0.62
大于 20 km 能见度(km/10a)	**0.51**	**0.49**	0.36	0.13
地面水汽压(hPa/10a)	**−0.43**	−0.3	−0.65	−0.29

因为云量是观测者通过肉眼判断得出的结论,不同的观测者的判断力不同,有一定的主观性,因此,本节同时分析了晴空(总云量小于 10%)和阴天(总云量大于 90%)的出现频率(图 4.11)。由图 4.11 可以看出,在 1990—1999 年间晴天频率呈增加趋势,而阴天频率则呈减少趋势,在 2000—2008 年间,地面太阳总辐射减少时,晴天频率也呈减少趋势,而阴天频率是增加的,而且晴天频率和阴天频率在两个时段与总辐射的相关系数都通过了 95% 的显著性检验,这再一次证明了在 1990—2008 年间,云量可以(至少是部分可以)解释华北地区总辐射的先增加后减少的这种趋势变化。

但是在第一时段总云量、低云量以及总辐射同时呈现出减少的趋势,而且总云量和低云量与总辐射之间呈现出正相关性(并不显著),所以在这时段云量无法解释总辐射的变化。

由于云量只是云特征中的一个,其他如云高、云光学厚度、云状等性质也会对到达地面的太阳辐射产生影响,因此,并不能简单地说在这一时段云对总辐射没有影响,但是由于云

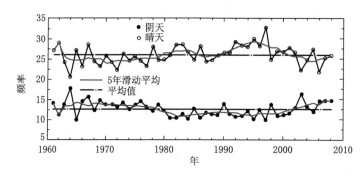

图 4.11　华北地区 1961—2008 年晴天频率和阴天频率长期变化趋势

高、光学厚度等资料无法通过地面观测资料获得,而卫星资料的时间尺度又较短,因此需要借助更多手段作进一步研究。

4.1.3.2　能见度的变化

气溶胶是影响到达地面太阳辐射的另一个重要因子,它不仅可以通过散射或吸收太阳辐射来直接改变太阳辐射(直接气候效应);也可以作为云凝结核改变云的光学性质以及云的寿命(第一和第二间接气候效应);此外,吸收性气溶胶在高污染地区还可以加热和稳定大气,从而阻止云的形成或者溶解已经存在的云(半直接气候效应)。一般情况下,大气中气溶胶含量增加(减少)会导致到达地面的太阳总辐射减少(增加)。但是由于在目前的地面观测中,还没有长时间序列的气溶胶观测资料,而能见度资料被认为能够在一定程度上反映观测时大气的污染程度和气溶胶的水平,已有研究表明水平能见度与气溶胶光学厚度之间有很好的负相关性(罗云峰 等,2000;赵秀娟 等,2005;宗雪梅 等,2005),因此,本节用能见度资料来反映气溶胶的变化情况。由于我国水平能见度观测方法在 1980 年前后的不同,导致能见度资料存在格式上的不统一,在分析中会造成比较大的影响,因此,本节采用秦世广(2009)给出的能见度转换方法,先将 1980 年前的等级资料估算为实际距离资料,具体转换方法和转换前后的对比详见秦世广(2009)。

图 4.12 给出了华北地区 1961—2008 年能见度的长期变化趋势,整个时段的平均能见度为 23.35 km,其中在 20 世纪 80 年代前快速减小,80 年代到 90 年代有所增加,但并未增加到 60 年代至 80 年代的平均水平,90 年代后又开始持续减小,2000 年后基本呈上下波动状态。由表 4.1 和表 4.2 可以看出,能见度和总辐射在整个时段的变化相符,而且有很好的相关性,并通过了 95% 的显著性检验,因此,就整个时段而言,气溶胶对地面总辐射减少的贡

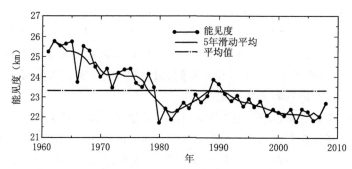

图 4.12　华北地区 1961—2008 年能见度长期变化趋势

献最大。如果分时段研究气溶胶的作用可以发现,在 1961—1989 年与整个时段的情况类似,气溶胶与总辐射变化相符,而且相关系数最高,说明在第一时段,气溶胶是造成总辐射减少的主要因素,这与很多研究的结论是一致的(秦世广,2009;Wild,2009;Shi et al.,2008);但是在第二时段和第三时段气溶胶与总辐射的变化趋势不再相符,而且在第二时段两者呈现出负相关,这说明在这两个阶段气溶胶不再是影响总辐射变化的主要因素。

本节同时分析了好能见度(大于 20 km)的出现频率(图 4.13)。近 48 年来能见度大于 20 km 平均出现频率为 71.1%,好能见度出现频率与能见度的长期变化相似,20 世纪 60 年代至 80 年代和 90 年代中期至末期呈下降趋势,其他时间呈上升趋势。好能见度出现频率与总辐射也是在整个时段和第一时段的变化趋势相符,这与上面的研究结果一致,不同的是好能见度出现频率与总辐射在所有时段都呈现出正相关,只是在后两个时段相关不显著,这说明在 1990—1999 年和 2000—2008 年两个时段中,气溶胶对总辐射有一定的影响,但已经不是主要影响因子。

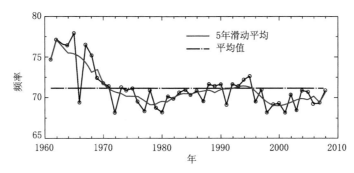

图 4.13　华北地区 1961—2008 能见度大于 20 km 出现频率长期变化趋势

由于能见度反映的只是水平方向的大气浑浊度,并不能完全代表气溶胶含量,因此,这些结果还需要积累更长时间的气溶胶光学厚度资料后来检验。

4.1.3.3　水汽的变化

水汽对太阳辐射有较强的吸收作用,因此,水汽的增加(减少)会使得到达地面的总辐射减少(增加)。实际工作中,通常用可降水量来表示单位截面大气柱中的水汽含量,但由于计算整层大气可降水量比较麻烦,通常需要有探空资料(秦世广,2009),但有研究表明我国整层大气可降水量同地面水汽压之间存在很好的线性关系(杨景梅 等,1996),因此,本节使用水汽压代表水汽含量来研究其与地面太阳辐射之间的关系,

图 4.14 给出了华北地区地面水汽压的长期变化趋势,可以看出地面水汽压的变化比较平缓,在 20 世纪 80 年代前基本呈上下波动状态,没有明显的变化趋势,80 年代末期后,在波动中略有上升趋势,进入 21 世纪变化再次变缓。从整个时段看,地面水汽压的变化趋势与地面太阳总辐射的变化趋势是相符的,即地面水汽压略有增加,而地面太阳总辐射在整个时段略有减少,同时两者在整个时段也呈现出显著的负相关,但是相关系数小于总辐射与能见度之间的相关系数,说明就整个时段而言,水汽是华北地区影响到达地面太阳辐射的因子之一,但是影响小于气溶胶的影响。如果分时段看水汽的影响,可以发现只有在第三时段 2000—2008 年地面水汽压的变化与地面总辐射的变化相符,但是两者在所有时段均呈现出负相关,这种相关并不显著,这表明,水汽对到达地面的太阳辐射在每个时段都有贡献,但是

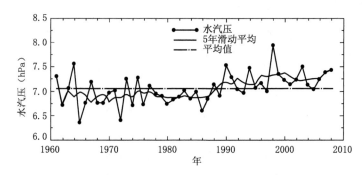

图 4.14　华北地区 1961—2008 年地面水汽压长期变化趋势

影响比较弱。

4.1.4　地面太阳辐射对气温的影响

第 3 章详细讨论了全国 55 个站点平均地面太阳辐射对气温的影响,华北地区的地面太阳辐射与全国平均的结果不同的是在 2000 年后又开始呈现出下降趋势,那华北地区的气温在这一阶段的变化又是如何呢?

由表 4.3 可以看出,在第一时段 1961—1989 年和第二时段 1990—1999 年地面太阳总辐射和平均气温、最高气温、最低气温以及气温日较差之间的变化趋势都是相符的,这与全国 55 个站平均的结果相似,因此在此不再赘述,而是详细讨论一下第二时段和第三时段的对比情况。由前面的分析可知,地面太阳辐射在第二时段(1990—1999 年)呈增加趋势,但是在第三时段(2000—2008 年)再次呈现出下降趋势,对比两个时段的平均气温、最高气温、最低气温和日较差可见,第三时段最低气温的增加趋势与第二时段的只相差 0.07 ℃/10 a,但是平均气温在两个阶段的增加趋势相差 0.55 ℃/10 a,最高气温的增加趋势在两个阶段相差 0.95 ℃/10 a,两者的相对变化都远远大于最低气温的变化,而且气温日较差也从第二时段呈现增加趋势变化为第三时段的减小趋势,也就是说,在第三时段的"变暗"阶段,受地面太阳辐射影响较大的最高气温的增加速率再次远远小于了受地面太阳辐射较小的最低气温的增加速率,这与第 4 章的理论是一致的,因此,再次证明了到达地面的太阳辐射对气温的影响。

表 4.3　华北地区地面太阳总辐射和气温的变化趋势

要素	1961—2008	1961—1989	1990—1999	2000—2008
总辐射[W/(m² · 10 a)]	**−3.25**	**−8.51**	7.18	−3.63
平均气温(℃/10 a)	**0.56**	0.18	**1.29**	0.74
最高气温(℃/10 a)	**0.43**	−0.02	**1.52**	0.57
最低气温(℃/10 a)	**0.72**	**0.42**	**1.09**	**1.02**
气温日较差(℃/10 a)	**−0.29**	**−0.45**	**0.43**	−0.42

4.2　华东地区地面太阳辐射变化原因及其与华北地区的对比分析

通过第 3 章的分析可以看出,长江以南的站点在 1990—2008 年多数呈现出增加的趋势,这与北方地区的情况有所不同,因此,本节选取华东地区作为研究区域,对该地区地面太阳辐射的变化趋势和原因及其与华北地区的对比进行分析。

华东地区包括江苏省、江西省、浙江省、福建省、安徽省、山东省、上海市,但是由图 3.22 可以看出,山东省的站点在 1990—2008 年间呈现出下降的趋势,与其他几个省站点的变化不一致,因此本节只选取五省一市即江苏省、江西省、浙江省、福建省、安徽省和上海市作为研究对象,也称为华东地区。图 4.15 是华东地区 13 个辐射站的分布图,可见 13 个站分布较为均匀,能够代表华东地区的整体状况。云量、能见度和水汽压的资料同样选取这 13 个站的逐日数据。数据的处理方法同 4.1 节。

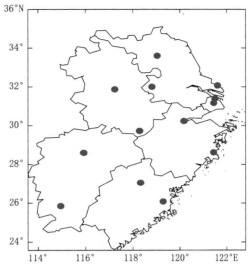

图 4.15　华东地区辐射台站分布图

4.2.1　地面太阳辐射的年际变化特征

图 4.16 给出了华东地区平均地面太阳总辐射的长期变化趋势,其 1961—2008 年的平均值比华北地区要低近 30 W·m^{-2}。就整个时段而言华东地区平均总辐射呈现出减少趋势,减少速率为 2.05 W/(m^2·10 a)。1990 年前该地区总辐射变化与华北地区平均总辐射的变化基本一致,也呈现出显著的下降趋势,但是下降程度要大于华北地区,这一时段最高值出现在 1963 年,最低值出现在 1989 年,两年相差 42 W·m^{-2};1990 年后的变化与华北地区的变化特征差别较大,1990—1995 年呈现快速增加趋势,而且在 1995 年已经达到 20 世纪 70 年代初的水平,但是 1995—2000 年再次呈下降趋势,2000 年后在平均线上下波动略有增加。为了方便与华北地区的变化特征进行对比,也将总辐射的变化分为三个时段进行分析,即 1961—1989 年、1990—1999 年和 2000—2008 年,三个阶段总辐射变化速率分别为 −11.7 W/(m^2·10 a)、8.0 W/(m^2·10 a)和 5.6 W/(m^2·10 a),其中在 2000—2008 年的变化趋势与华北地区相反。

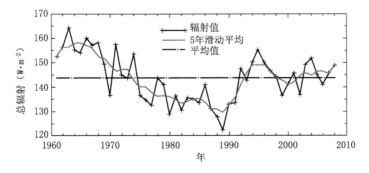

图 4.16　华东地区 1961—2008 年平均地面太阳总辐射长期变化趋势

4.2.2 相关气象要素的年际变化特征

4.2.2.1 云量的变化

图 4.17 是 1961—2008 年华东地区平均总云量的变化趋势图。多年平均的总云量为 66%，远高于华北地区的平均值，这是造成该地区平均总辐射低于华北地区总辐射的原因之一。相对总辐射而言，总云量的变化较为平缓，由图 4.17 可以看出，两者在整个时段都呈现出很好的反相关关系。1961—2008 年总云量的变化速率为 −0.6%/10 a，与总辐射的变化并不相符，但是两者的相关系数为 −0.45，通过了 95% 的显著性检验。如果从各个时段分别看两者的变化趋势可以发现，两者在每个时段的变化都很相符，即在 1961—1989 年、1990—1999 年、2000—2008 年总云量分别呈现出增加、减少、减少的变化趋势，虽然总云量在各个时段的变化均不显著，但是两者在各个时段的相关系数都通过了 95% 的显著性检验，说明在华东地区，云量可以比较好的解释总辐射的变化

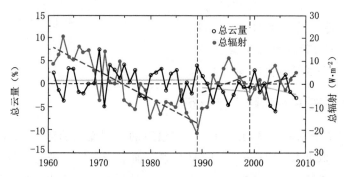

图 4.17　华东地区 1961—2008 年平均总云量的长期变化趋势

[实线表示总云量在各个时段的变化趋势，虚线表示总辐射在各个时段的变化趋势（13 个站平均，下同）]

图 4.18 是 1961—2008 年华东地区平均低云量的变化趋势图。多年平均的低云量为 39%，同样远高于华北地区的平均值。相对总云量而言，低云量的变化更为明显。无论是对于整个时段，还是将三个时段分开而言，低云量的变化趋势与总辐射的变化总是相符，即低云量呈减少趋势时，总辐射增加，而低云量呈增加趋势时，总辐射减少，而且在每个时段低云量与总辐射都呈现出显著的负相关，且所有相关系数绝对值都大于总云量与总辐射之间的相关系数绝对值，说明低云量比总云量能更好地解释总辐射的这种变化趋势，换言之，低云量在各个时段都是影响总辐射变化的重要因子。

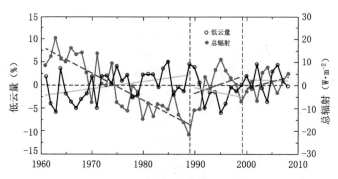

图 4.18　华东地区 1961—2008 年平均低云量长期变化趋势

图 4.19 和图 4.20 分别给出了全年所有天平均和晴天情况下平均的晴空指数（Kt）变化趋势，之所以用晴空指数代替总辐射，是为了消去总辐射本身的季节变化。对比两幅图可以看出，两种情况下 Kt 在 1990—1999 年和 2000—2008 年间的变化趋势发生了很大的变化，晴天情况下两个时段的 Kt 变化速率很小，只有 0.19%/10 a 和 0.27%/10 a，仅为所有天平均情况下 Kt 变化趋势的 10% 左右，这说明云量在这两个阶段对总辐射的影响很大。但是在第一时段这种变化很不明显，Kt 的下降趋势在晴天情况反而加大，但是对比两者的年际变化还是有很大的区别，而且在晴天情况下，Kt 的减少主要集中在 20 世纪中期，其他时间变化比较缓慢，而在所有天平均的情况下，Kt 一直呈现出波动下降趋势，因此，云量在这一时段对总辐射还是有一定的影响，只是可能因为在这一时段云量本身的变化速率就很小，只有 0.008 成/10 a，因此，对总辐射造成的影响也比较小，不至于造成两种情况下 Kt 变化趋势有明显区别。

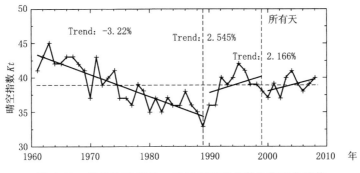

图 4.19　华东地区 1961—2008 年晴空指数长期变化趋势

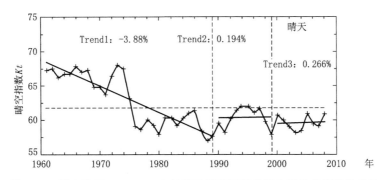

图 4.20　华东地区 1961—2008 年晴天情况下平均晴空指数长期变化趋势

4.2.2.2　能见度的变化

图 4.21 和图 4.22 分别给出的是华东地区平均能见度和能见度大于 20 km 出现频率的长期变化趋势，1961—2008 年平均能见度为 19.97 km，而能见度大于 20 km 平均出现频率只有 49%，均低于华北地区的平均值，这也是造成华东地区平均总辐射低于华北地区总辐射的原因之一。可以看出能见度除了在 20 世纪 80 年代初期到中期变化相对平缓外，其余时间均呈现出比较明显的下降趋势。而好能见度出现频率在整个时段都呈现出快速下降趋势。对于整个时段，能见度与总辐射的变化相符，而且呈现出正相关，相关系数通过了 95% 的显著性检验，说明就整个时段而言气溶胶对总辐射的变化趋势有明显的贡献；如果分时段

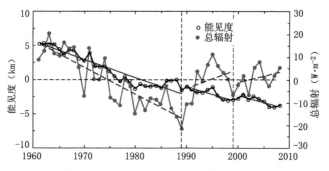

图 4.21　华东地区 1961—2008 年平均能见度长期变化趋势

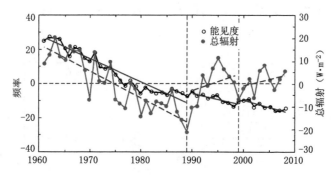

图 4.22　华东地区 1961—2008 年能见度大于 20 km 出现天数频率的长期变化趋势

研究气溶胶的作用可以发现,在 1961—1989 年与整个时段的情况类似,气溶胶与总辐射变化相符,而且相关系数达到 0.9,远大于云量与总辐射之间的相关系数,说明在第一时段,气溶胶是造成总辐射减少的主要因素,这与华北地区的结果是一致的;但是在第二时段和第三时段气溶胶与总辐射的变化趋势不再相符,而且在第二时段两者呈现出负相关,这说明在这两个阶段气溶胶不再是影响总辐射变化的主要因素,尤其是在第二时段这种影响几乎可以忽略。

4.2.2.3　水汽的变化

图 4.23 给出的是华东地区平均地面水汽压的长期变化趋势,48 年来平均地面水汽压为 16.9 hPa,水汽含量远远大于华北地区水汽含量,这也是造成华东地区平均总辐射低于华北地区总辐射的原因之一。地面水汽压在 20 世纪 60 年代末期前呈现出下降趋势,此后一直到 90 年代初期均为波动状态,没有明显变化趋势,20 世纪 90 年代开始上升,但是进入 21 世纪又开始呈现下降趋势。华东地区地面水汽压与地面总辐射的相对变化与华北地区一致,

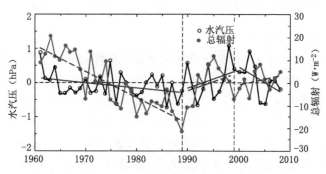

图 4.23　华东地区 1961—2008 年平均水汽压长期变化趋势

即从整个时段看,地面水汽压的变化趋势与地面太阳总辐射的变化趋势是相符的,地面水汽压略有增加,而地面太阳总辐射在整个时段略有减少,同时两者在整个时段也呈现出显著的负相关,但是相关系数小于总辐射与能见度之间的相关系数,说明就整个时段而言,水汽是华北地区影响到达地面太阳辐射的因子之一,但是影响小于气溶胶的影响。如果分时段看水汽的影响,可以发现只有在第三时段 2000—2008 年地面水汽压的变化与地面总辐射的变化相符,但是两者在所有时段均呈现出负相关,这种相关并不显著,这表明水汽对到达地面的太阳辐射在每个时段都有贡献,但是影响比较弱。

4.3　东北地区地面太阳辐射变化及原因分析

　　本节所使用的东北地区太阳辐射数据和日照、云量资料均来自中国气象局国家气象信息中心气象资料室。辐射资料包括东北地区 8 个观测站 1960—2008 年的地面太阳总辐射数据和散射辐射数据(单位统一为 MJ·m^{-2})。日照时数、云量资料包括东北三省(黑、吉、辽)72 个台站 1960—2008 年逐月及逐年数据。利用以上资料统计出各因子的逐月、逐季及逐年序列。图 4.24 是 8 个辐射台站和 72 个常规台站的分布图,可以看出这些站点分布相对比较均匀,基本能够代表我国东北地区的整体状况。本节采用 Shi 等(2008)的质量控制方法对所使用地面太阳辐射资料进行检验。该方法利用的是物理阈值检验、日照百分率检验和标准偏差检验,关于该方法的详细介绍见 Shi 等(2008)。

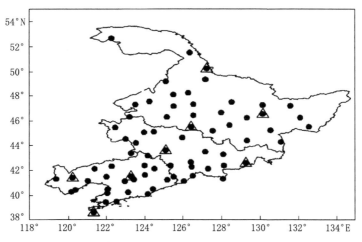

图 4.24　东北地区站点分布图[辐射测站 8 个(△)及气候因子常规测站 72 个(●)]

　　本节在检验太阳辐射等因子的气候突变时使用了 Le Page 检验法(魏凤英,2007;张婷 等,2009),Le Page 检验法是一种无分布双样本的非参数检验方法。基本思想是视序列中的两个子序列为两个独立总体,经过统计检验,如果两个子序列有显著差异,则认为在划分子序列的基准点时刻出现了突变。

4.3.1　东北地区太阳辐射的气候特征

4.3.1.1　太阳总辐射的气候特征

图 4.25 给出了近 50 年来东北地区年平均太阳总辐射的变化,该地区太阳总辐射的年

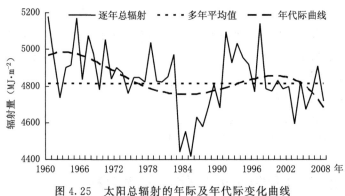

图 4.25　太阳总辐射的年际及年代际变化曲线

际变化有较大幅度的波动,大致有三个时段,总辐射的两个较高值时段出现在 20 世纪 60 年代至 80 年代初期和 90 年代之后,低值时段主要集中在 80 年代。多项式拟合发现总辐射从 60 年代初开始处于波动下降阶段,持续到 80 年代初期之后迅速下降,年总辐射在 1985 年达到最低值,仅为 4417 MJ·m^{-2}。1960 年到 1985 年总辐射值平均减少 14.365 MJ/(m^2·a);80 年代中后期开始到 90 年代初期总辐射值逐渐振荡回升,增加趋势明显,1985 年到 1990 年总辐射值年平均增加 56.4 MJ/(m^2·a),但仍然没有回升到 60 年代初至 80 年代的平均水平;虽然 90 年代初期前几年出现持续总辐射高值,但除了 1998 年的总辐射峰值外,近 20 年来的总辐射仍为下降趋势。综合近 50 年来的情况,虽然总辐射在 80 年代中期出现波谷,并在 90 年代有所回升,但仍然没有达到 20 世纪 60 年代的水平,这与尹青(2010)和 Wild 等(2007)的研究结果相一致。

　　利用滑动子序列长度为 10 的 Le Page 统计检验对东北地区的太阳总辐射进行了突变分析,从绘制出的曲线上的点是否超过临界值来判断序列是否出现突变,并确定突变时间。由图 4.26 可见,Le Page 统计值在 1979 年和 1990 年出现了极大值,并且超过了 0.05 的显著性检验水平。表明:东北地区的太阳总辐射趋势在 1979 年经历了一次比较明显的突变,总辐射量由逐渐减少的趋势突变到总辐射的低谷期,之后回升,到 1990 年后增加趋势又转为减少趋势,同年代际变化趋势基本一致。

图 4.26　太阳总辐射的 Le Page 检验曲线

(两条直线分别代表 0.05 和 0.01 的显著性水平)

　　由四个季节太阳总辐射的多年变化曲线(图 4.27)可以看出,四个季节的总辐射均为减少趋势,秋季总辐射的年际波动最大,冬季相对平稳。在年代际变化过程中,不同季节太阳总辐射的变化趋势不同:冬季、春季和夏季的太阳总辐射同年总辐射的年代际变化趋势类似,均是 20 世纪 60 年代初期至 80 年代中期太阳总辐射逐渐减少,达到 1985 年的谷值之后总辐射值逐渐回升。近 20 年来冬季、春季和夏季总辐射又出现减少的趋势,但春季减少的幅度明显大于夏季和冬季。秋季的太阳总辐射与年平均总辐射的年代际变化趋势不同,20 世纪 90 年代之前太阳总辐射值一直处于波动递减的变化趋势,下降趋势较显著,而近 20 年的秋季太阳总辐射年代际减小趋势不显著。其中近 50 年来冬季的下降趋势超过了 0.001 的显著性检验,夏季和秋季的下降趋势超过了 0.01 的显著性检验,而春季的下降趋势没有超过显著性检验。可见,影响年平均太阳总辐射的变化趋势主要是夏季太阳总辐射的波动。

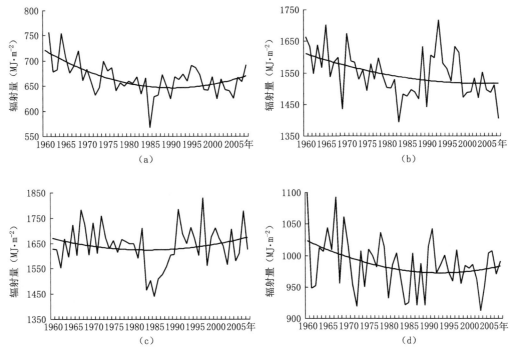

图 4.27　东北地区太阳总辐射的季节变化
(a.冬季,b.春季,c.夏季,d.秋季)

4.3.1.2　太阳散射辐射的气候特征

全国范围进行散射辐射观测的站点很少,并且考虑到数据的连续性和有效性,东北地区仅有哈尔滨和沈阳两个站点的散射辐射年数据比较完整,因此,用哈尔滨代表东北北部的散射辐射,沈阳代表东北南部的散射辐射。由图 4.28a 可见,近 50 年来沈阳地区多高于哈尔滨地区的散射辐射值,沈阳地区仅有 1962 年、1965 年、1976 年和 1989 年的散射辐射值低于哈尔滨,并且两者的年代际变化趋势大致相同,说明东北地区的散射辐射变化具有一致性。但是两站的年太阳散射辐射变化仍有区别,60 年代初至 80 年代末期两站的散射辐射均有微弱的减小趋势,期间近 30 年的变化曲线发现,哈尔滨的散射年际变化略滞后于沈阳 2～4 年,而从 90 年代初开始,两站的散射辐射变化趋势趋于同步,但沈阳的年散射辐射值增加趋势比哈尔滨显著。沈阳地区由于老工业基地的发展,气溶胶含量高于东北北部地区。散射辐射的上升趋势,反映了 20 世纪 90 年代随着中国的改革开放,东北地区工业活动增加,向大气中排放的污染物增多,大气气溶胶含量随之增多。

利用子序列长度为 10 的 Le Page 统计检验对东北地区的太阳散射辐射也进行了突变分析(图 4.28b)。由图可以看出,Le Page 统计值在 1977 年和 1991 年出现了极大值,并且分别超过了 0.05 和 0.01 的显著性水平。表明:东北地区的太阳散射辐射趋势在 1991 年前后经历了一次比较明显的突变,散射增加的趋势明显。散射辐射同总辐射的突变时间较一致,说明 90 年代来太阳总辐射的回升中包含了气溶胶增加的贡献。

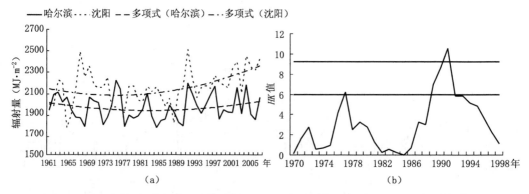

图 4.28   东北地区太阳散射辐射的年际及年代际变化曲线(a)和 Le Page 检验(b)

综合 4.3.1.1 节和 4.3.1.2 节对太阳总辐射和散射辐射的分析得出,东北地区太阳总辐射在 1985 年之前的减少("变暗")主要是由太阳直接辐射减少造成的,而 1985 年以后太阳总辐射增加("变亮")主要是由太阳散射辐射增加造成的。

4.3.2   日照和云量的变化特征

4.3.2.1   日照时数的变化特征

日照时数和太阳辐射都是对地面太阳辐射状况进行评估的重要物理量,两者关系密切。东北地区的年均日照时数 20 世纪 60 年代中期之前为逐渐递增的变化趋势,在 60 年代中期达到日照时数峰值,之后年日照时数逐渐减少,明显的减少趋势一直持续到 80 年代中期,进入到 90 年代以来,日照时数有所回升,同总辐射变化趋势类似,21 世纪初的日照时数又有减少的趋势,2003 年为近 50 年来的最低值。日照时数在 1978 和 1982 年发生趋势突变,说明日照时数在 20 世纪 80 年代初发生突变,由减小趋势突变到增加趋势。近 50 年来东北地区日照时数总体为减少的趋势,其随时间变化的趋势相关系数为 −0.5575,通过 0.001 显著性检验(图 4.29a,b)。

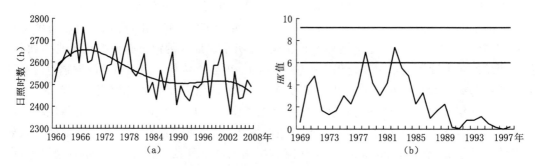

图 4.29   东北地区日照的变化曲线(a)和 Le Page 检验(b)

　　四个季节的日照时数年代际变化均为减小趋势(图略)：冬季减小趋势最明显,冬季的日照和总辐射变化趋势最为相似,而夏季的日照时数在 80 年代中期前与总辐射的下降趋势变化相似,谷值基本同步,但 90 年代之后日照时数没有像总辐射那样较之前上升,反而有所下降。冬季和夏季的下降趋势均超过了 0.001 的显著性检验,春季和秋季的下降趋势均超过了 0.05 的显著性检验。

4.3.2.2　平均总云量的变化特征

　　东北地区的总云量 20 世纪 60 年代中期之前为缓慢递增的变化趋势,从 60 年代中期一直到 90 年代中期,总云量波动下降,而近 20 年来总云量又略有增加趋势。总云量在 1980 年左右发生趋势突变,由平稳变化突变到减少趋势,总云量同日照时数的变化有很好的一致性。总体而言,近 50 年来平均总云量为减少的趋势,随时间变化的趋势相关系数为 -0.6658,通过 0.001 显著性检验(图 4.30a,b)。近 50 年来四个季节的总云量均为下降趋势(图略),夏季的减小趋势最为明显,春季其次。四个季节的下降趋势超过了 0.001 的显著性检验。通过分析得出,总云量的这些变化趋势与总辐射的变化趋势相反,对东北地区的变暗/变亮没有贡献。

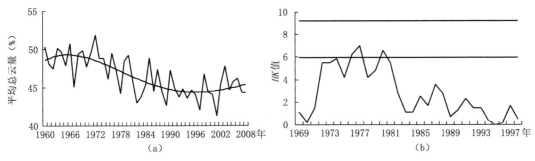

图 4.30　东北地区总云量的变化曲线(a)及 Le Page 检验(b)

4.3.2.3　平均低云量的变化特征

　　云状对总辐射也表现为不同云状对太阳辐射的透过能力和散射能力的差异。20 世纪 60 年代至 80 年代末东北地区的年平均低云量变化趋势不明显,在 2 成上下波动。1989 年开始,低云量发生趋势突变,出现明显的上升趋势,这是否与大气气溶胶的增加有关,需要今后给予进一步研究。年平均低云量随时间变化的趋势相关系数为 0.5797,通过 0.001 显著性检验(图 4.31a,b)。近 50 年来四个季节的低云量均为上升趋势(图略),夏季的上升趋势最明显,超过了 0.001 的显著性水平,其次是春季的低云量上升趋势超过了 0.01 的显著性检验,秋季的上升趋势超过了 0.05 的显著性水平,而冬季低云量变化没有超过显著性检验。所以,低云量的变化也对东北地区的变暗/变亮没有贡献。

　　综上所述,既然云量对东北地区的"变暗"/"变亮"没有贡献,而造成该地区"变暗"/"变亮"分别是由直接辐射减少和散射辐射增加引起。由沈钟平等(2009)的研究发现,影响太阳直接辐射的主要因子为：云,吸收性气溶胶和大气分子,而影响太阳散射辐射的主要因子是：云,散射性气溶胶和大气分子。其中,大气分子的瑞利散射远远小于其他两个因子,且其散射为球形散射,故在此可以忽略其影响。进而得出,气溶胶在其中起了非常重要的作用。在 1985 年之前的"变暗"效应很可能是由大气中吸收性气溶胶增加引起的,而 1985 年后的"变

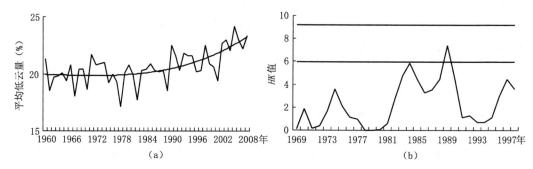

图4.31 东北地区低云量的变化曲线(a)及 Le Page 检验(b)

亮"效应很可能与大气中的散射性气溶胶的大量增加有关,这些结论还有待于未来给予深入研究来证实。

参考文献

罗云峰,吕达仁,何晴,等,2000.华南沿海地区太阳直接辐射、能见度及大气气溶胶变化特征分析[J].气候与环境研究,**5**(1):36-44.

秦世广,2009.中国地面太阳辐射长期变化特征、原因及其气候效应[D].北京:中国科学院大气物理研究所.

沈钟平,张华,2009.影响地面太阳辐射及其谱分布的因子分析[J].太阳能学报,**30**(10):1389-1395.

魏凤英,2007.现代气候统计诊断与预测技术[M].北京:气象出版社,66-68,99-104.

谢今范,张婷,张梦远,等,2012.近50a东北地区地面太阳辐射变化及原因分析[J].太阳能学报,**33**(12):2127-2134.

杨景梅,邱金桓,1996.我国可降水量同地面水汽压关系的经验表达式[J].大气科学,**20**(5):620-626.

尹青,2010.中国地区变暗变亮问题的研究[D].南京:南京信息工程大学.

张婷,魏凤英,2009.华南地区汛期极端降水的概率分布特征[J].气象学报,**67**(3):442-451.

赵秀娟,陈长和,袁铁,等,2005.兰州冬季大气气溶胶光学厚度及其与能见度的关系[J].高原气象,**24**(4):617-622.

宗雪梅,邱金桓,王普才,2005.近10年中国16个台站大气气溶胶光学厚度的变化特征分析[J].气候与环境研究,**10**(2):202-208.

Shi G Y, Hayasaka T, Ohmura A, *et al.*, 2008. Data Quality Assessment and the Long-Term Trend of Ground Solar Radiation in China [J]. *Journal of Applied Meteorology & Climatology*, **47**(4):1006-1016.

Wild M, Ohmura A, Makowski K, 2007. Impact of global dimming and brightening on global warming[J]. *Geophysical Research Letters*, **34**(4). doi:10.1029 /2006GL028031.

Wild M, 2009. Global dimming and brightening: A review[J]. *Journal of Geophysical Research: Atmospheres*, **114**(D10). doi:10.1029/2008JD011470.

第5章　全球云辐射的特征和变化规律

　　云的辐射效应,是指云与短波辐射和长波辐射之间的相互作用对地气系统能量收支的调节,是地气系统辐射收支平衡中的重要因子之一(Liou,1992),通常用"云辐射强迫"来表示。"云辐射强迫"定义为任一给定大气的净辐射通量(向下通量减去向上通量,假定向下为正)在大气层顶和地表的差别,并适用于短波辐射和长波辐射(石广玉,2007),其表示的是大气层顶或地表辐射通量以及大气辐射加热/冷却率在有云条件下和晴空条件下的显著差异。然而气候模式中对于云的描述与模拟一直是其薄弱之处,导致云成为气候模式模拟研究中最大的不确定性因子之一,其中,云的垂直结构的不确定性是气候模式准确模拟云辐射过程的最大障碍之一。这是由于目前气候模式网格的水平分辨率过低,只能通过参数化来描述云的次网格结构。而云层的重叠关系十分复杂,通常只能用假设的重叠方案来描述,常用的重叠假设有最大重叠、随机重叠以及最大/随机重叠。Hogan 等(2000)以及 Bergman 等(2002)提出了一般重叠假设方案,更好地描述了云的重叠和云层垂直距离的关系,使得云的重叠关系表达灵活可变。该方案基于重叠系数呈指数分布,导出一项可以有效去除云垂直结构对于模式垂直分辨率依赖的参数(本书定义为抗相关厚度,简写为 L_{cf}),表示一般重叠假设方案内重叠系数减小为 e^{-1} 时云层的距离。

　　云的参数化发展可以通过两个主要途径:一种是由观测手段获取空间更密集和时间更连续的云系统的第一手资料,通过对资料的处理和分析寻找参数化的方法。另一个是通过水平分辨率达到几千米或者更小的云分辨模式。本章5.1节介绍反演云垂直结构特征参数——抗相关厚度时所用的次网格云产生算法——Räisänen 随机云生成器;在 5.2 节中,利用主动卫星遥感资料分析全球范围内云的垂直结构,结合气候模式反演出抗相关厚度在全球的时空变化规律,并总结出其平均气候态的查找表,为气候模式中云垂直结构参数化的进一步改进提供基于观测资料的统计结果;5.3 节利用 NICAM(Nonhydrostatic ICosahedral Atmospheric Model)全球云分辨模式的模拟结果,分析了有效抗相关厚度的时空变化,并在热带地区建立了有效抗相关厚度与大气环流场之间的联系。

5.1　Räisänen 随机云生成器介绍

　　气候模式的次网格云参数化会对辐射传输的计算来带误差,是导致云辐射强迫计算中不确定性来源之一。而准确描述云的次网格结构,特别是云的垂直结构能够大幅度减小这一不确定性。借助 CloudSat/CALIPSO 卫星资料,能够获得观测的云垂直结构,而如何将这一结构准确地引入气候模式,则需要下文介绍的 Räisänen 等(2004)随机云生成器(Stochastic Cloud Generator,简称 SCG)。

5.1.1　随机云生成器的基本假设

传统气候模式中会给出每个网格点上气柱中的云量和云水含量的廓线,然后进行辐射计算。而 SCG 则通过一定的方法新生成多个次级气柱组成三维次网格结构来替代原气柱,从而精细描述模式不能分辨的次网格结构。这过程中包含有 3 个基本假设:①新三维次网格结构中的次网格中只有存在云(云量为 1)或者不存在云(云量为 0)两种情况;②三维次网格结构中每个垂直层上存在云的次网格数目和该垂直层次网格总数目的比值近似等于原模式气柱中该垂直层的云量,而不同垂直层上的次网格分布满足一定的重叠关系;③假设辐射传输在水平方向上可以忽略,从而可以独立产生次网格气柱,不用考虑云的水平相关。

假设气候模式大尺度网格气柱内水平方向上新生成 N 个次网格,模式垂直分为 k 层(模式顶层为第 1 层,向下依次为第 $2,3,\cdots,k$ 层),首先在最基本层中的每个次网格内产生位于[0,1]范围内的随机数,记为 $x_{j,k}$, $y_{j,k}$ (j,k 分别为柱序号和层序号),分别做判断该处的云量和云水含量的依据。

$x_{j,k}$ 通过以下关系判断该处是否有云:

$$c_{j,k}=\begin{cases} 0, & x_{j,k}\leqslant 1-C_k \quad (\text{晴空}), \\ 1, & x_{j,k}>1-C_k \quad (\text{有云}), \end{cases} \quad k=k_{top},\cdots,k_{base}; \quad j=1,\cdots,N \quad (5.1)$$

式中, C_k 为大尺度气柱在第 k 层的云量, k_{top} , k_{base} 分别为云顶、云底层。可以看到,如果随机数小于晴空比例,则认为该次网格内不存在云,如果随机数大于晴空比例,则认为该次网格内存在云。因为 $x_{j,k}$ 是完全随机的,所以,只要取样数目足够大,每层上存在云的次网格数目所占比例必然趋向该层的大尺度云量。

$y_{j,k}$ 通过以下关系得到该处云凝结量 $w_{j,k}$:

$$y_{j,k}=\int_0^{w_{j,k}} p_k(w)\mathrm{d}w \quad (5.2)$$

式中 $p_k(w)$ 是第 k 层内总云水含量(水云和冰云)的归一化概率密度分布, $y_{j,k}$ 是其累积频率分布。 $p_k(w)$ 可以指定为任一理想的分布型,如 Γ 分布、β 分布等,也可使用观测结果。

下面将介绍 SCG 对次网格内云的垂直重叠关系和水平分布的描述方法。

5.1.2　随机云生成器对云的垂直重叠关系的表达

SCG 在表达云的垂直重叠关系时首先确定次网格云的位置分布,使其满足一定的重叠关系,然后再将云水含量分配给次网格云,使其满足一定的水平分布关系。以下详细给出了的最大-随机重叠(Maximum-Random Overlap,简称 MRO)、一般重叠(General Overlap,简称 GenO)、最大重叠(Maximum Overlap,简称 MO)和随机重叠(Random Overlap,简称 RO)的实现过程。

5.1.2.1　最大-随机重叠(MRO)

MRO 认为垂直相邻的两层云是最大重叠的,即重叠总云量等于垂直方向上两层云中云量最大者;而在垂直方向上被一个以上晴空层分离的两个云层是随机重叠的,重叠总云量是随机的(Geleyn et al.,1979)。SCG 首先在云顶层,给每个次网格气柱分配一个独立的、均匀分布于[0,1]之间的随机数 $RN1_{j,k_{top}}$,即:

$$x_{j,k_{top}} = RN1_{j,k_{top}}, \quad j = 1, \cdots, N \tag{5.3}$$

然后向下逐层确定下一层随机数。如果上层有云,则沿用其上层的 $x_{j,k}$,否则使用新随机数,这样新的云量就优先产生于两层云重叠的区域,从而实现了 MRO。这个过程可以概括为:

$$x_{j,k} = \begin{cases} x_{j,k-1}, & x_{j,k-1} > 1 - C_{k-1}(\text{上层有云}) \\ RN_{j,k}(1 - C_{k-1}), & x_{j,k-1} \leqslant 1 - C_{k-1}(\text{上层无云}) \end{cases} \tag{5.4}$$

式中 $RN_{j,k}$ 为新的随机数,C_{k-1} 为第 $k-1$ 层的云量。

5.1.2.2　一般重叠(GenO)

Hogan 等(2000)以及 Bergman 等(2002)提出了一般云重叠的数学模型,这是一种介于最大重叠和随机重叠之间的可变的重叠关系。这个模型将上下两层(标记为第 k 和第 l 层)的垂直投影的总云量写为

$$C_{k,l} = \alpha_{k,l} C_{k,l}^{\max} + (1 - \alpha_{k,l}) C_{k,l}^{ran} \tag{5.5}$$

这里,$C_{k,l}^{\max} = \max(C_k, C_l)$,$C_{k,l}^{ran} = C_k + C_l - C_k C_l$。$\alpha_{k,l}$ 是两层云的重叠系数,反映两层云之间的重叠程度,$\alpha_{k,l}$ 越大,则重叠程度越高。$\alpha_{k,l}$ 可以由以下公式计算:

$$\alpha_{k,l} = \exp\left(-\int_{Zk}^{Zl} \frac{dZ}{L_{cf}(Z)}\right) \tag{5.6}$$

式中,$L_{cf}(Z)$ 是云量的抗相关厚度(以下简称为 L_{cf}),表示重叠系数减小为 e^{-1} 时的云层间的距离,此时两层云的重叠程度已经很小,接近于随机重叠。GenO 同样从顶层向下逐层确定随机数 $x_{j,k}$,只是在确定下层随机数时考虑与上层云的重叠程度。假设上层确定了 $x_{j,k-1}$,然后在下层重新产生平均分配于 $[0,1]$ 之间的一组随机数 $RN2_{j,k}$,这一层 $x_{j,k}$ 的确定通过以下关系:

$$x_{j,k} = \begin{cases} x_{j,k-1}, & RN2_{j,k} \leqslant \alpha_{k-1,k}, \\ RN3_{j,k}, & RN2_{j,k} > \alpha_{k-1,k}, \end{cases} \quad k = k_{top}+1, \cdots, k_{base}; \quad j = 1, \cdots, N \tag{5.7}$$

式中,$RN3_{j,k_{top}}$ 为类似于 $RN1_{j,k_{top}}$,$RN2_{j,k}$ 的重新产生的随机数。注意到,当重叠系数 $\alpha = 1$ 时,GenO 即为最大重叠,而当 $\alpha = 0$ 时,即为随机重叠,当 α 位于 $0 \sim 1$ 时,重叠关系介于最大和随机之间。

5.1.2.3　最大重叠(MO)

第一步同 MRO,在云顶产生随机数用来判断该层云的位置;之后其下各层都采用与上层同样的随机数,即:

$$x_{j,k} = x_{j,k-1}, j = 1, \cdots, N, k = 2, \cdots, K。$$

这样,根据公式(5.4),下层云量优先在上层云的下部产生。以 c_{k-1}、c_k 分别表示上下两层云量。如果 $c_{k-1} > c_k$,那么 c_k 完全被 c_{k-1} 所覆盖;如果 $c_{k-1} < c_k$,那么 c_k 中有等于 c_{k-1} 的一部分与上层重叠。因此这种重叠假设的重叠程度是最大的,总云量相应减小。

5.1.2.4　随机重叠(RO)

第一步同 MRO,在云顶产生随机数用来判断该层云的位置;之后在其下各层都产生新的随机数,不论上层是否有云存在,即

$$x_{j,k} = RN_{j,k}, j = 1, \cdots, N, k = 2, \cdots, K。$$

这样云的垂直相关性被完全忽略,各层云的分布独立而完全随机,云的重叠程度最小,因此总云量也就相应增大。

5.1.3 水平非均匀分布的实现

云的水平和垂直分布经过以上步骤确定下来。如果假设云水含量在云内是水平均匀分布的,那么可以将每层的大尺度云水含量平均分配给每个有云胞;如果云水含量的水平分布是不均匀的,那么次网格的云水含量可以通过如下做法得到。

首先,在云顶层,在有云胞(无云胞不予考虑)中给出平均分配于[0,1]间的随机数,

$$y_{j,k_{top}} = RN4_{j,k_{top}}, \quad j = 1, \cdots, N \tag{5.8}$$

然后,在下层,按以下关系得到 $y_{j,k}$,

$$y_{j,k} = \begin{cases} y_{j,k-1}, & RN5_{j,k} \leqslant 1 - r_{k-1,k}, \\ RN6_{j,k}, & RN5_{j,k} > 1 - r_{k-1,k}, \end{cases} \quad k = k_{top} + 1, \cdots, k_{base}; \quad j = 1, \cdots, N \tag{5.9}$$

式中,$RN4_{j,k}$,$RN5_{j,k}$,$RN6_{j,k}$ 是类似 $RN1_{j,k}$ 的随机数。根据公式(5.8)、(5.9)和(5.2),我们就能得到水平呈 $p_k(w)$ 型的云水含量分布。

5.1.4 随机云生成器与观测资料的结合

从上文的描述可以看出,SCG 模拟次网格结构时需要给定云量廓线和重叠关系,当气候模式采用一般重叠时,通过预报或诊断给出云量廓线,而通过抗相关厚度的设定来表示云的重叠关系。

5.2 节通过改进云重叠关系进而减小气候模式模拟不确定性的工作思路如下:

①从卫星观测资料获得实际大气中云量的垂直廓线以及真实的重叠关系下的多层云的总云量;②将真实的云量廓线输入 SCG,通过设定不同的抗相关厚度值获取不同的总云量;③当总云量与观测云量一致时,选取此时的抗相关厚度作为能够正确表达云重叠关系的特征参数;④按照气候模式的网格分布,通过上述方法反演出基于观测结果的抗相关厚度的时空分布特征,给出气候态的查找表,减少云垂直结构带来的不确定性。

5.2 全球云的垂直重叠特性

本节通过将 CloudSat 和 CALIPSO 两颗卫星 2007—2009 年的观测资料与随机云生成器相结合,以在气候模式的云辐射过程中表征云垂直结构特征的重要参数——抗相关厚度为着手点,研究东亚地区云的垂直重叠特性,并通过气候模式的敏感性试验表明抗相关厚度的取值对于气候模式模拟的云辐射强迫有重要的影响。在此基础上,基于国家气候中心气候模式 BCC_AGCM 2.0 的网格划分,利用可获得的时间尺度(2007—2010 年)的 CloudSat 和 CALIPSO 卫星资料给出了抗相关厚度在全球的时空分布,为今后气候模式对云垂直结构参数化的优化提供了观测基础。

云与大气中各种热力、动力和地表过程高度耦合,在地气系统中扮演着十分重要的角色(Ramanathan *et al.*,1989;Wang *et al.*,1994;Sun *et al.*,2000;Ding *et al.*,2005;Houghton *et al.*,2001a),对气候系统有着重要的影响。云对地气系统辐射平衡的调节,对气候系

统中的辐射过程也起着至关重要的作用。然而由于目前气候模式网格的水平分辨率过低，只能通过参数化来描述云的次网格结构，给气候模式对云的模拟和描述带来很大的不确定性（Wetherald *et al.*，1988；Houghton *et al.*，2001b）。因此，精确的描述云及云辐射过程是提高气候模式模拟能力的重要方面，可以最大限度地减少云辐射反馈的不确定性。

在气候模式对云辐射过程的模拟中，云层垂直分布的不确定性是研究云对气候影响的最大障碍之一。云层常常是重叠出现的（Wang *et al.*，1994），多层云之间的重叠方式深刻影响着大气和地表的辐射加热（冷却）率，而加热率的改变不仅对云的发展具有影响，对于大气和地表的辐射收支平衡也十分重要（荆现文 等，2009；张华 等，2010，2016）。然而由于云层之间的重叠受热力和动力等许多因素的共同作用，目前还没有普遍适用的单一理论能够完全地描述次网格尺度上云层的重叠问题。因此，目前气候模式云的次网格结构参数化方案中，云层垂直重叠方式一般是采用重叠假设来决定。在气候模式发展的过程中，常用的云重叠假定分别为：最大重叠，随机重叠以及最大/随机重叠方案的组合（Manabe *et al.*，1964；Geleyn *et al.*，1979；Morcrette *et al.*，1986；Barker *et al.*，2003）。从统计得到的结果表明，最大/随机重叠的组合方案与观测的一致性最高（Morcrette *et al.*，2000）。但由于观测资料的限制，这种假定尚未被完全支持（Tian *et al.*，1989）。

Barker 等（1999）用云分辨模式（Cloud-Resolving Model，简称 CRM）对对流云实施了高精度的蒙特卡洛（Monte Carlo）模拟，发现模式云的重叠与通常假定的最大/随机重叠不同，导致的短波通量差别高达 100 W・m^{-2}；Li（2002）发现，在一些代表性的研究中，由 GCM 中通常使用的重叠方案带来的辐射通量误差可以达到 155 W・m^{-2}，加热率的误差高达 16 K・d^{-1}；Liang 等（1997）提出了一个处理多层云重叠的"马赛克"（Moasic）方法，在全球气候模式辐射参数化中显式地考虑云的垂直相关，结果表明，全球气候模式对云的垂直分布的处理非常敏感，与假定随机云重叠的结果相比，显式处理云相关的全球气候模式结果具有非常不同的大气辐射加热率分布，所导致的气候影响非常大：热带和副热带对流层的中高层大气在全年变暖超过 3℃，北半球极区平流层变得更暖，最大超过 15℃。

总体而言，以上三种重叠方案表达形式固定、不够灵活，而实际上云的重叠关系是随时间、地点、云的类型而变化的。例如，大范围的高层云趋向于与积云同时存在，而积雨云和卷云常常同时出现在热带地区；相邻的云层可能具有最大的相关性，而被晴空层分离的云层之间则是相互独立的（Liang *et al.*，1997）。Hogan 等（2000）通过加入一个可调节的重叠系数，将整体云层的真实云量假设为垂直各层云的最大重叠云量和随机重叠云量中的某一个值，被称之为一般重叠假设方案，它使云的重叠关系表达灵活可变。研究发现，重叠系数呈指数分布，并因此获得了一种可以有效去除云垂直结构对于模式垂直分辨率的依赖的系数——抗相关厚度（L_{cf}^{*}）。L_{cf}^{*} 表示一般重叠假设方案内的重叠系数减小为 e^{-1} 时云层之间的距离，其反映的是云层在垂直方向上的重叠关系。有关抗相关厚度的观测研究在国际上处于起始阶段，目前由卫星和地面雷达等观测尚不能明确给出其随时空的变化规律，只能利用 2 km 常数作为全球平均取值。因此常见的气候模式或将其简单参数化为一定值，或线性拟合为随纬度变化的函数，均无法描述出理论上的复杂性，从而成为气候模式不确定性的重要来源之一（Barker，2008；Räisänen *et al.*，2004；Barker *et al.*，2005；Räisänen *et al.*，2005；Pincus *et al.*，2006；Räisänen *et al.*，2007；Morcrette *et al.*，2008），因此，有必要利用可以获得的卫星资料来进行中国地区的相关研究。在 2006 年 4 月美国航天航空局成功发射了太阳极轨云观测卫星 CloudSat,其上搭载的 94 GHz 毫米波雷达具有非常高的垂直分辨率,使得定量化研究云垂直重叠的特性成为可能。

近年来一种新的被称为随机云生成器(Stochastic Cloud Generator,以下简称 SCG)的次网格云参数化方案显示出独特的优越性(Barker *et al*.,1999),它可以将云的结构和辐射传输计算分离开来,在辐射传输模块外描述云的结构,因此,可以很容易进行云的结构调整而不用涉及辐射传输代码的改变。这种同时易于对云和辐射方案调整的方法为模式的发展提供了广阔的空间。

因此,将 SCG 和具有高垂直分辨率的 CloudSat/CALIPSO 的观测资料相结合来研究云的垂直结构是切实可行的改进气候模式中云垂直结构参数化的方法之一。

5.2.1 抗相关厚度的反演方法

5.2.1.1 卫星资料的处理方法

CloudSat 所搭载的 94 GHz 毫米波云廓线雷达(Cloud Profile Radar,简称 CPR)能够在垂直方向上对云进行高分辨率的观测,因此能够精确地给出其运行轨道与轨道地面投影所组成的剖面中云的水平和垂直分布信息,对于研究云层的垂直重叠问题提供了十分必要的观测信息。

CloudSat 描述云几何位置的产品主要是 2B-GEOPROF 和 2B-GROPROF-LIDAR,对其描述请参考 2.7 节。与 2.7 节相同,当每个扫描格点的数据满足 Radar_Reflectivity ≥ -30 dBZ 和 CPR_Cloud_mask ≥ 20;或者 Radar_Reflectivity ≤ -30 dBZ 和 CloudFraction ≥ 99%;或者 Radar_Reflectivity ≥ -30 dBZ,CPR_Cloud_mask ≤ 20 和 CloudFraction ≥ 99% 时,认为该扫描格点有云存在。

本节首先对整个东亚地区及根据气候特征划分的 5 个区域进行了研究,图 5.1 给出的是不同区域的示意图。共 6 个研究域,包括整个东亚地区(下文简称:Total)、北方地区(下文简称:North)、南方地区(下文简称:South)、西北地区(下文简称:Nw)、青藏高原地区(下

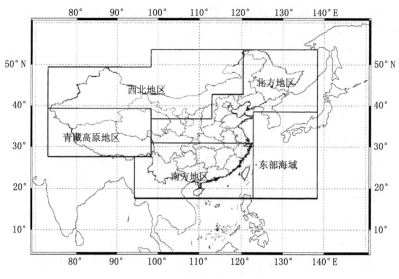

图 5.1　研究区域示意图

文简称：Tibet)和东部海域(下文简称：E. O)。本节选取 50 个扫描廓线组成的部分，即 50
(廓线个数)×1.1 km(星下点沿轨道运行方向长度)×1.4 km(星下点垂直轨道运行方向长
度)×125(垂直层数)×0.24 km(垂直每层厚度)作为一个整体，称之为子域，计算出每个子
域的抗相关厚度后，根据子域所处的研究域归类，最后计算抗相关厚度在 6 个研究域的统计
特性。

5.2.1.2 抗相关厚度的反演个例

在气候模式给了网格点中的各层云量，即云量廓线之后，可以有许多种方法生成次网格
的云分布，以便获得网格点的云量，如前文所述，本节将 SCG 放入 NCAR(The National
Center for Atmospheric Research)的全球模式 CAM3.0 中来完成这一过程。SCG 的原理是
通过建立高分辨率的三维次网格结构对任意给定的模式格点云廓线的信息进行模拟，在所
有次网格信息的平均依旧遵循于原格点廓线信息的同时，研究模式格点无法分辨的次网格
水平上的云信息。鉴于次网格随机产生的云仅需满足平均信息遵循原廓线这一条件，而在
次网格尺度的上几何位置并无限制，所以可以十分灵活的基于任意给定的云重叠方案进行
模拟，并且 SCG 已整合为随机重叠方案，最大/随机重叠方案与一般重叠方案(Ramanathan
et al.，1989)，因此，非常适用于通过对由卫星观测得到的云量廓线信息进行模拟，进而研究
云的垂直重叠问题。使用 SCG 时需要给定 3 个初始条件：假设的云重叠方案、云量垂直廓
线和抗相关厚度—L_{cf}(其中本节反演后的值表示为 L_{cf}^*)，即可通过模拟的次网格云结构获
得网格点的总云量。在这里，云量的垂直廓线由 CloudSat 数据计算得到[需要特别说明的
是，本节研究的单位区域是由 50 根连续的廓线所组成，将每个高度层上存在云的格点数与
总格点数(50)的比值近似为此单位区域对应高度上的云量，这里的近似是因为气候研究中
通常定义的云量是指某一时刻观测到的天空中存在云的面积与天空面积的比值，是单一时
刻的观测量，而由于 CloudSat 每 0.16 s 完成单根廓线的扫描，因而实际上是将 50 个时刻观
测到的值近似为单个时刻观测到的值，但是由于这一过程仅需 8 s，因此，这里的近似处理相
当于将 8 s 内的 50 个时刻的观测数据近似为只观测了单个时刻，而该单个观测过程需要 8 s
时间]，重叠方案本节选取了新的一般重叠方案(Hogan et al.，2000)，同时需要给定云的垂
直重叠关系(即设定抗相关厚度—L_{cf} 的值)来完成模拟。本节通过从小到大设定 L_{cf} 的值
来获得对网格点总云量 $\hat{C}$ 的不同模拟值，由此得到 $\hat{C}(L_{cf})$ 这样一个函数关系。通过选取
L_{cf}^* 使得 $\hat{C}(L_{cf}^*)$ 与从 CloudSat 数据计算得到的网格点总云量相同，此时获得的 L_{cf}^* 就是与
观测相一致的描述云重叠特性的尺度参数。上述方法的思路是在采用一般重叠假设方案的
情况下，给定云量廓线(即各个高度上的云量)，通过调整云在垂直方向的重叠关系(即调整
L_{cf} 的取值)，使 SCG 模拟出的总云量与观测一致，此时的重叠关系(即 L_{cf}^*)就是正确表述
云重叠特性的参数。本节检测了 2007—2009 年的卫星数据，发现在 125 层雷达垂直扫描层
中，全球平均海平面高度位于第 105 层，因此，本节只提取从扫描顶层到第 104 层的探测信
息。SCG 生成的是三维次网格云的结构，需要给定 3 个空间方向的格点数目。本节设定垂
直方向为 104 层与 CloudSat 的垂直分层相对应，纵向选取 1 层。对横向的层的数目，本节测
试了选取不同层数对计算结果的影响，发现：在逐步增加层数为 1000，2000，5000 和 10000
模拟时，L_{cf}^* 的随机误差有明显的降低，从 0.01 的量级减少到 0.001 的量级，而如果继续增
加横向模拟层数到 20000 层时，随机误差仍然位于 0.001 量级。因此本节对横向选取了

10000 层来进行计算。同时本节选取:50(廓线个数)×1.1 km(星下点沿轨道运行方向长度)×1.4 km(星下点垂直轨道运行方向长度)×104(垂直层数)×0.24 km(每个垂直层的厚度)的卫星扫描区域作为研究的子域,每一个子域被本节分成 104×1×10000 的立体网格,通过 SCG 在这些小网格中生成云来模拟总云量和云量的垂直廓线。

本节首先选取 2007 年 1 月的第 03609 轨道中经纬度范围从 33.482°N:98.732°E 到 34.441°N:98.461°E 作为研究的子域。从 CloudSat 数据计算出该子域的总云量为 0.85,然后计算出云量的垂直廓线(图 5.2a)并输入给 SCG;以 0.1 km 为间隔,设定 L_{cf} 从 0.1 km 递增到 10 km,通过 SCG 生成不同的云量廓线,得到 $\hat{C}(L_{cf})$ 的函数关系(图 5.2b),从图 5.2b 中可以看出:当选取 $L_{cf}^*=0.6$ km 时,生成的云量为 0.848,与该子域 CloudSat 数据得出的云量 0.85 最为接近,因此,本节认为在该子域选取 $L_{cf}^*=0.6$ km 作为其抗相关厚度是最合适的。图 5.2a 给出的是该子域从地面到 20 km 高度的各层云量,其中点线是由 CloudSat 观测获得,而不同高度的误差棒则代表了选取 $L_{cf}^*=0.6$ km 作为参数由 SCG 模拟得到的云量的垂直廓线与相应的观测廓线在不同高度上的差值,可以看出误差在 0.01~0.07 的范围之内,非常小,说明选取 $L_{cf}^*=0.6$ km 时 SCG 对云量垂直廓线的模拟与观测结果符合较好。需要特别指出的是,在获取所有研究子域的 L_{cf}^* 时,SCG 云生成器生成的气柱云量与由观测资料得到的气柱云量之间的差值均在 0.001~0.01 量级范围,精度非常高。

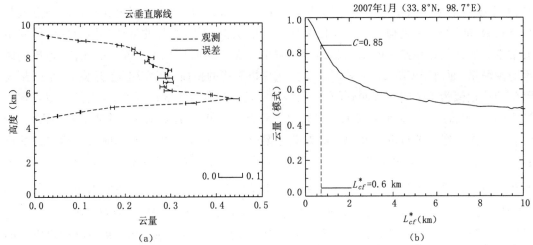

图 5.2 (a)SCG 模拟生成的各高度层云量与观测得到的各高度层云量之间的误差;(b)2007 年 1 月

在子域(33.48°N:98.73°E,34.44°N:98.46°E)上 $\hat{C}(L_{cf})$ 函数图

5.2.2 抗相关厚度的时空分布特征及其对云辐射强迫的影响

5.2.2.1 东亚地区抗相关厚度的分布特征

在通过上述单个子域验证了方法的可行性之后,本节计算了所有子域的抗相关厚度。结果表明,90% 以上的子域的 L_{cf}^* 在 0~3 km,只有极个别子域的 L_{cf}^* 超过了 9 km,此计算结果与以往的研究结果相符合(Räisänen et al.,2007)。为了表征 6 个研究域的整体情况,本节对这些 L_{cf}^* 做了算数平均。表 5.1 给出 6 个研究域 2007—2009 年春夏秋冬 4 个季节的

取样个数和按照取样个数平均的 L_{cf}^*。与此同时,本节将每个子域的 L_{cf}^* 按照其云量的不同归类至 20 档,每档云量的变化为 0.05,从 $\hat{C} \in [0,0.05)$ 递增到 $\hat{C} \in [0.95,1.0)$,同时也就除去了 $\hat{C}=1$ 不满足式(5.6)的情况。统计发现在不同的研究域这种情况发生的比例为 $10\% \sim 15\%$,剔除 $\hat{C}=1$ 之后的样本个数仍能满足本节的需要。图 5.3 给出了 L_{cf}^* 分档后在 4 个季节和 6 个研究域的平均值随子域的云量的变化。

表 5.1　L_{cf}^* 在 6 个研究域 4 个季节的平均值及子域个数

	总东亚地区	西北地区	北方地区	南方地区	青藏高原	东部海域
春	0.97 km/48608	1.00 km/11572	0.98 km/8443	0.83 km/7801	1.00 km/8285	1.04 km/12507
夏	1.11 km/53815	1.35 km/12846	1.00 km/9166	0.95 km/8448	1.14 km/9259	1.11 km/14096
秋	1.03 km/40474	1.12 km/9240	0.98 km/7331	0.82 km/6595	1.03 km/6671	1.22 km/10637
冬	0.95 km/44002	0.99 km/9785	1.10 km/7917	0.69 km/7196	0.91 km /7451	1.13 km/11653

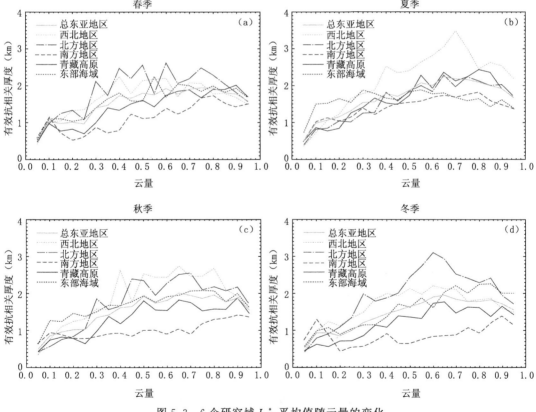

图 5.3　6 个研究域 L_{cf}^* 平均值随云量的变化
(a)春季;(b)夏季;(c)秋季;(d)冬季

　　结果表明,4 个季节中 6 个研究域的 L_{cf}^* 基本都处于 0~3 km 的范围,随着子域的云量的递增,L_{cf}^* 呈现出波动增大而后回落的趋势,极值出现在云量位于 0.6~0.8 的子域,6 个研究域 L_{cf}^* 极值的平均值在春夏秋冬 4 个季节分别为 2.12 km、2.33 km、2.04 km 和

2.15 km。不同研究域之间的差异体现出,对 4 个季节,当云量在 0.2~0.9 时,处于较高纬度的 North 和 Nw 的 L_{cf}^* 都高于处于较低纬度的 South 的相应值,当云量在 0.4~0.9 时,也高于以低纬地区为主的 E. O 研究域的相应值,差值位于 0~3 km;而当云量小于 0.2 时,North 和 Nw 的 L_{cf}^* 等于或略小于 South 和 E. O 的相应值,差值小于 0.5 km。包含有青藏高原特殊地形的 Tibet 研究域的 L_{cf}^* 在夏季略大于 E. O 和 South,在其他 3 个季节位于 E. O 和 South 之间。

从 L_{cf}^* 的季节性变化来看,位于东亚地区西部的 Nw、Tibet 和 South 三个研究域的 L_{cf}^* 对于大部分云量范围都呈现出夏季最大,春、秋次之,冬季最小的特点。夏季 L_{cf}^* 的峰值在 Nw、Tibet 和 South 分别出现在云量为 0.72 的子域附近,值为 3.42 km,云量为 0.83 的子域附近,值为 2.41 km 和云量为 0.81 的子域附近,值为 1.85 km;而在冬季这些峰值均出现在云量为 0.6 的子域附近,值分别减小为 2.22 km、1.75 km 和 1.38 km。位于东亚地区较东部地区的 E. O 和 North 研究域的 L_{cf}^* 则呈现出冬季最大,春秋次之,夏季最小的特点。夏季 L_{cf}^* 的峰值在 E. O 和 North 分别出现在云量为 0.55 的子域附近,值为 1.82 km 和云量为 0.66 的子域附近,值为 2.28 km;而在冬季这些峰值分别出现在云量为 0.62 和 0.86 的子域附近,值增加到 2.28 km 和 3.15 km。Tibet 研究域的 L_{cf}^* 在夏冬季的变化较为明显,冬季峰值出现在云量为 0.66 的子域附近,值为 1.78 km,而夏季的峰值出现在云量为 0.78 的子域附近,值显著增加到 2.45 km。

以上特点表明,因 North 和 Nw 主要由内陆组成,相较于包含有海洋的 South 和以海洋下垫面为主的 E. O,水汽条件弱,控制气团性质更为单一,因此 North 和 Nw 研究域中云层之间相关比 South 和 E. O 更高。各个研究域 L_{cf}^* 的季节变化则呈现出 Nw 和 South 在夏季、North 在冬季云层的相关性分别比相应地区的其他季节高,而 Tibet 冬夏两季 L_{cf}^* 的明显变化可能与青藏高原这一大地型有着密切的关系,冬季青藏高原的动力和热力作用导致在整个亚洲冬季风背景下高原局部地区具有相对多云且湿度偏大的特点,这使得成云条件更为复杂,因此,云层的变化较复杂,云的相关性较低;而到了夏季,高原作为大的热源,该地区多为对流性云,彼此相关性比较高,因此,夏季的 L_{cf}^* 值明显增大,这一趋势在云量位于 0.6~0.8 的子域表现更为明显。

随后,本节分别将计算得到的 6 个研究域的所有子域的 L_{cf}^* 和其云量的垂直廓线输入到 SCG 中,检测 SCG 在生成的子域的模拟总云量与观测总云量最接近时,垂直方向上各层的云量模拟是否足够精确。图 5.4 分别给出了 4 个季节从观测数据计算得到的 6 个研究域各层云量平均值的垂直分布;误差棒给出的是模拟值与观测值的差,其峰值在 4 个季节均小于 0.02。这表明与单一子域的模拟结果类似,在保证了子域模拟总云量和观测总云量最接近的前提下,垂直方向各层平均云量的模拟值与相应的观测值也非常一致;同时也说明在本节中横向选取 10000 层作为次网格参数来模拟云量是合适的,因此计算得到的表征云的垂直结构的特征量 L_{cf}^* 能够保证模拟的子域云量垂直廓线和总云量都与相应的观测值保持一致。

在目前全球已经耦合了 SCG 的气候模式中,为了节约计算时间,通常将 L_{cf}^* 简单设定为 2 km,即在全球均匀分布,没有地理和季节变化。为了评估这样的设定所导致的模式对格点云量模拟的误差,本节将选取 $L_{cf}^* = 2$ km 时,SCG 模拟的气柱总云量(C_{mod})与相应的观测

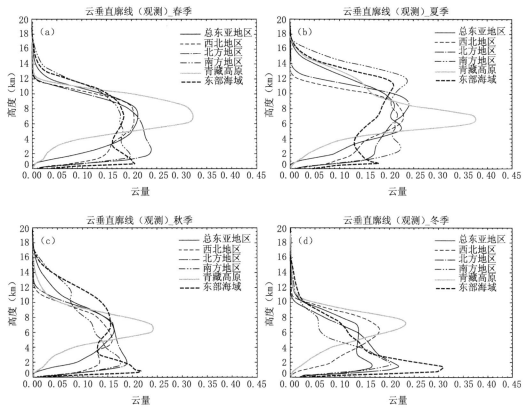

图 5.4　6 个研究域各层观测平均云量

[(a)春季;(b)夏季;(c)秋季;(d)冬季。其中,误差棒为模拟值与观测值的差]

值(C_{obs})之间的差别定义为 D:

$$D = C_{mod} - C_{obs} \qquad (5.10)$$

并加以分析。

图 5.5 给出 D 值在不同季节和研究域的平均值,其中灰色线给出未平均之前的 D 值作为参考。结果显示选取 $L_{cf}^* = 2$ km 模拟得到的各子域云量与观测值的差异很大,D 值有 82% 小于 0.1,12% 的位于 0.1~0.2,6% 大于 0.2,峰值超过了 0.4;而区域平均后的模拟与观测之间的差异比较小,对于不同的研究域的模拟存在着 0.05~0.15 的差异,表 5.2 给出 6 个研究域在 4 个季节模拟与观测差异平均值的峰值及峰值所处子域的观测云量,可以看出这一峰值存在着时间和空间差异。说明简单设定 L_{cf}^* 为 2 km,对于云量的模拟在某些地区和不同季节仍然会存在一定的误差,因此在不同地区、不同季节精确参数化 L_{cf}^* 是很有必要的。

5.2.2.2　云辐射强迫对抗相关厚度取值的敏感性试验

在计算和分析了 L_{cf}^* 的地理分布和季节变化后,下面本节将讨论不同的 L_{cf}^* 分布对气候模式模拟的云辐射强迫的影响。

云的辐射强迫(Cloud Radiative Forcing,简称 CRF)定义为某一给定大气的净辐射通量与假定云不存在时同一大气的净辐射通量(向下通量减去向上通量,且假定向下为正)的差值,这一定义适用于大气顶和地面(石广玉,2007)。这里分别将其应用于短波和长波辐射。

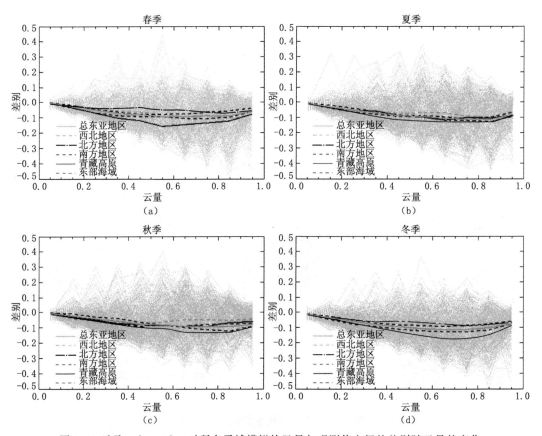

图5.5 选取 $L_{cf}^{*}=2$ km 时所有子域模拟的云量与观测值之间的差别随云量的变化

(a)春季;(b)夏季;(c)秋季;(d)冬季

表5.2 模拟云量与相应观测值差别的平均值在6个区域4个季节的峰值及峰值所处子域的观测云量

	总东亚地区		西北地区		北方地区		南方地区		青藏高原		东部海域	
	差	云量	差	云量	差	云量	差	云量	差	云量	差	云量
春	−0.11	0.68	−0.12	0.85	−0.06	0.85	−0.12	0.72	−0.16	0.56	−0.08	0.54
夏	−0.12	0.85	−0.11	0.86	−0.12	0.65	−0.11	0.85	−0.13	0.84	−0.13	0.87
秋	−0.10	0.83	−0.08	0.44	−0.09	0.46	−0.10	0.44	−0.13	0.86	−0.13	0.86
冬	−0.12	0.76	−0.08	0.76	−0.08	0.82	−0.13	0.76	−0.17	0.76	−0.08	0.74

本节将 SCG 与全球气候模式 CAM3/NCAR 耦合起来,利用该耦合模式来做敏感性试验。在模式中分别设置 $L_{cf}^{*}=1$ km、2 km、3 km,从1999年9月积分至2000年12月。利用上述模式,设定 $L_{cf}^{*}=2$ km,把在该条件下计算得到的云的辐射强迫作为参考值,计算并分析在其他两种情况下云的辐射强迫与该参考值的差别。经分析,本节将模式积分的前4个月作为模式调整时间,取4个月后的结果进行分析不会带来大的误差,因此本节取后12个月的结果进行讨论。图5.6给出模式2000年冬季(1月)的长波云辐射强迫。图5.6a是 $L_{cf}^{*}=2$ km 的结果,而图5.6b,c分别表示设定 $L_{cf}^{*}=1$ km 和 3 km 时的长波 CRF 结果与

$L_{cf}^* =2$ km 的长波 CRF 结果差别。由图 5.6b 和 c 可见,全球不同地区的长波云辐射强迫对抗相关厚度存在不同的敏感性,特别是几个主要的季风区海域。图 5.6b 给出当 $L_{cf}^* =1$ km 时非洲中部东面海域和南美东面海域的长波 CRF 与 $L_{cf}^* =2$ km 时的长波 CRF 存在负的偏差,最大达到了 -40 W·m^{-2};而图 5.6a 给出 $L_{cf}^* =2$ km 时这两个地区的长波 CRF 值在 $50\sim90$ W·m^{-2};相应的,长波 CRF 在东南亚季风区有正的偏差,最大超过了 40 W·m^{-2},而图 5.6a 中 $L_{cf}^* =2$ km 时该区域长波 CRF 在 $80\sim100$ W·m^{-2} 的范围;另一个敏感性比较大的地方位于中东太平洋地区,负差值中心的绝对值超过了 50 W·m^{-2}。图 5.6c 给出当 $L_{cf}^* =3$ km 时长波 CRF 与 $L_{cf}^* =2$ km 时的长波 CRF 存在的偏差,中东太平洋地区同样是负差值中心,差值的绝对值也超过了 50 W·m^{-2},非洲中西部和包括青藏高原在内的南亚地区以及太平洋偏西部海域为较强的负差值区域,差值的绝对值都超过 20 W·m^{-2},东南亚海域有较强的正偏差区域,差值最大的绝对值同样超过了 50 W·m^{-2}。

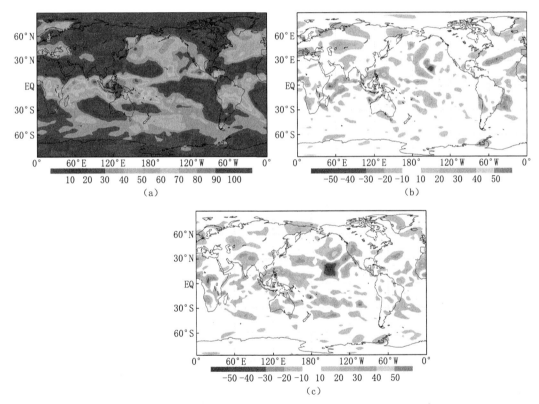

图 5.6　2000 年 1 月模式模拟的长波云辐射强迫(单位:W·m^{-2})

[(a) $L_{cf}^* =2$ km;(b) $L_{cf}^* =1$ km 与 $L_{cf}^* =2$ km

的差值;(c) $L_{cf}^* =3$ km 与 $L_{cf}^* =2$ km 的差值]

　　下面再来看图 5.7 表示的夏季(7月)的情况。同样可以得出,全球几个主要季风区的长波 CRF 仍然是对抗相关厚度敏感性比较大的区域,与 1 月相比,处在高纬地区的西伯利亚,加拿大以及南极洲部分地区的敏感性明显增加。因此,改变抗相关厚度 L_{cf}^* 会给气候模式计算的长波 CRF 带来很大的差别。

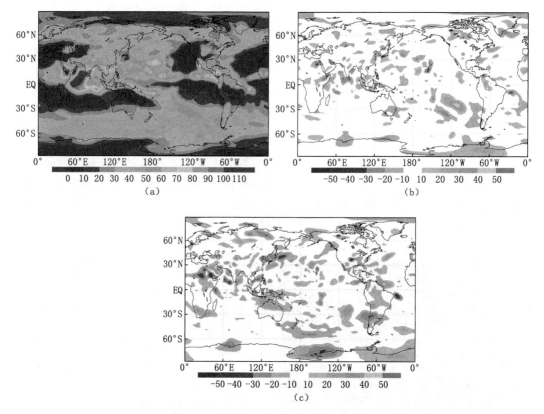

图 5.7　同图 5.6,但时间为 2000 年 7 月

图 5.8 给出的是模式模拟的 2000 年 1 月短波云辐射强迫。图 5.8a 是 $L_{cf}^{*}=2\ \mathrm{km}$ 的情况,而图 5.8b 和 c 分别是设定 $L_{cf}^{*}=1\ \mathrm{km}$ 和 $L_{cf}^{*}=3\ \mathrm{km}$ 时模式模拟的短波 CRF 结果与 $L_{cf}^{*}=2\ \mathrm{km}$ 时模式计算的短波 CRF 结果的差别。图 5.9 给出的是夏季 7 月的相应结果。与长波 CRF 结果相比,抗相关厚度 L_{cf}^{*} 的改变导致云垂直结构的改变对短波云辐射强迫的影响明显增大。由图 5.8 得到:全球几个主要季风区和中东太平洋地区对抗相关厚度的改变的敏感性最大。其中由图 5.8b 看出,东南亚季风区负差值最大超过了 50 $\mathrm{W}\cdot\mathrm{m}^{-2}$,中东太平洋地区正差值也超过了 50 $\mathrm{W}\cdot\mathrm{m}^{-2}$。通过比较图 5.8b 和 c 发现,在 $L_{cf}^{*}=3\ \mathrm{km}$ 时的相应差值比 $L_{cf}^{*}=1\ \mathrm{km}$ 时的差值还大。与 $L_{cf}^{*}=2\ \mathrm{km}$ 时的参考值相比,这些差别分别达到了 $50\%\sim70\%$ 不等。夏季 7 月份的情况在这些地区同样显示出明显的差别,$L_{cf}^{*}=1\ \mathrm{km}$ 与 $L_{cf}^{*}=2\ \mathrm{km}$ 时模式计算得到的短波 CRF 差值中心主要位于东亚季风区、澳大利亚中部和北美洲北部,而 $L_{cf}^{*}=3\ \mathrm{km}$ 与 $L_{cf}^{*}=2\ \mathrm{km}$ 的相应差值中心还增加了非洲东北部,俄罗斯中西部和中亚地区等地区,正偏差和负偏差的绝对值的最大值都超过了 50 $\mathrm{W}\cdot\mathrm{m}^{-2}$。

通过以上对比,可以看出,选取不同的 L_{cf}^{*} 值,对气候模式中模拟的云辐射强迫的强度和分布都有很大的影响,特别是对全球几个主要的季风区和中东太平洋等地区的影响程度非常大,这说明在气候模式中给出正确的抗相关厚度是非常必要的。这里需要说明的是,由于在上述敏感性数值试验中,三种情况 L_{cf}^{*} 值都假定不存在地理和季节变化,即在全球是均

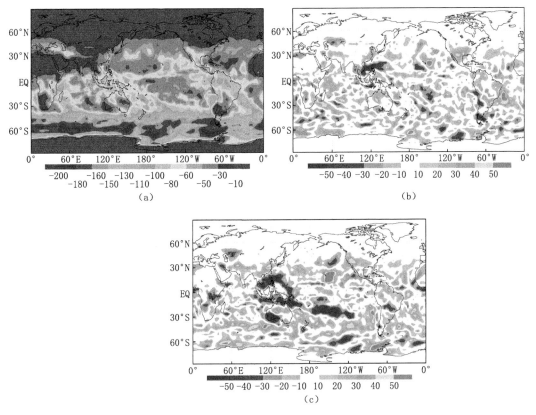

图 5.8　同图 5.6,但为短波云辐射强迫的模拟结果

匀分布的,这与上节从卫星资料分析的结果是不符合的。这里数值试验的主要目的是说明 L_{cf}^* 取值对云辐射强迫的计算会产生重要的影响,在气候模式中给出精确的抗相关厚度的地理和季节分布是非常必要的。

5.2.2.3　基于气候模式网格的抗相关厚度气候态查找表

对东亚地区的分析显示出抗相关厚度具有明显的时空变化,并且其取值对气候模式模拟的云辐射强迫有显著的影响。因此,本节将上文所述方法应用到气候模式的网格中,给出基于气候模式网格的抗相关厚度气候态查找表。这部分工作的最终目的是:对于每个气候模式的网格气柱,本节给出不同月份的抗相关厚度,在今后气候模式通过预报或诊断给出该网格每层的云量后,基于该相关厚度,计算出更为精确的气柱总云量,减少辐射计算过程中的不确定性。具体步骤如下:

(1)本节首先选定国家气候中心气候模式 BCC_AGCM 2.0 所采用的 T42 水平分辨率(近似于 2.8°×2.8°)进行区域划分。

(2)在 2007—2010 年的 4 年中 CloudSat 会对每个网格进行多次扫描。本节将每次的扫描剖面中的云信息作为单位(即上节中的子域)作为气候模式的网格气柱,通过卫星观测计算出该子域的云量廊线和总云量。

(3)将云量廊线输入至 SCG 中,从小至大设定抗相关厚度,当 SCG 模拟出的总云量与观测的总云量最接近时,获得此时的 L_{cf}^*。

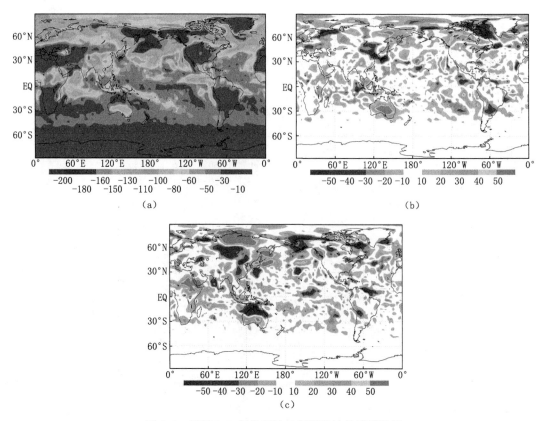

图 5.9　同图 5.7,但为短波云辐射强迫的模拟结果

(4)计算出每个气候模式网格点上多年各月(1 月的平均值是由 2007 年、2008 年、2009 年、2010 年的 1 月中该格点上所有子域的 L_{cf}^* 平均获得,其他月类似)平均的 L_{cf}^*,给出 L_{cf}^* 的时空变化。

如上节所述,在反演抗相关厚度时会剔除少量云量为 100% 的子域,虽然这些子域的个数仅占子域总数的 10% 左右,但是需要验证对其的剔除是否会导致云量的统计产生偏差,因此本节分析了剩余子域的云量基于 T42 网格的全球分布,并由图 5.10 给出。结果显示,剔

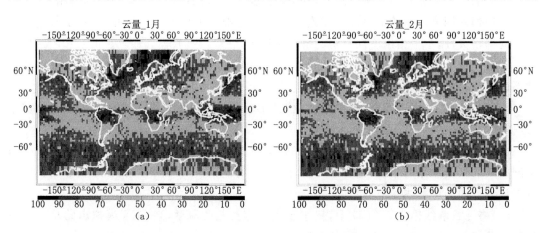

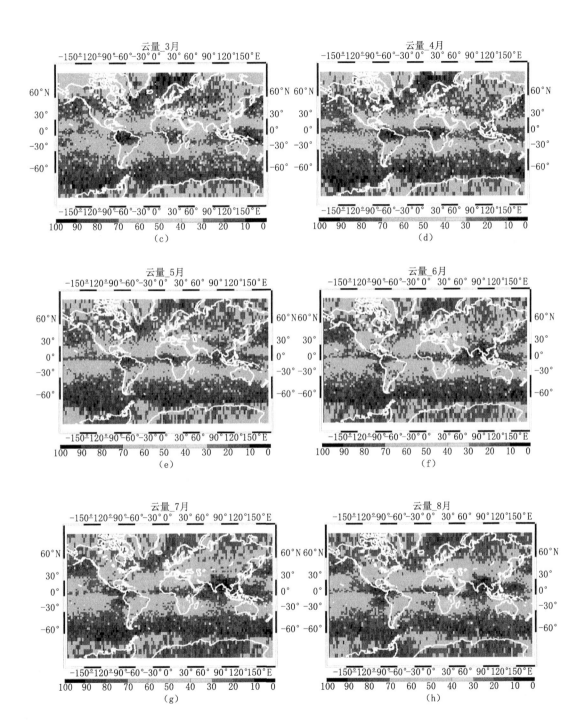

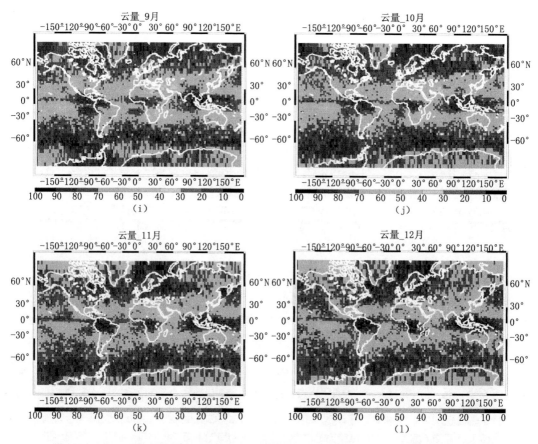

图 5.10　基于 T42 网格的云量(单位:%)在全球各月的分布(a~l 依次为 1 月至 12 月)

除了不满足条件的子域后得到的全球云量的分布与以往的研究结果仍是一致的。例如云量的高值区主要分布在位于热带地区的南美北部、非洲中部、澳大利亚北部的马六甲海峡及南半球高纬海洋上空。由于受季风的影响,南亚地区 6 月至 9 月云量有明显的增加。

　　而后本节分析了 L_{cf}^* 基于 T42 网格的全球分布,并由图 5.11 给出。与上节结果一致,L_{cf}^* 具有明显的时空变化。全球而言,海洋云的 L_{cf}^* 明显大于陆地云的 L_{cf}^*,说明海洋上空的云更趋向于最大重叠,而陆地上空的云更趋向于随机重叠。较为特殊的是 1 月、2 月和 12 月南极大陆上空的 L_{cf}^* 有明显增大。与图 5.10 相比较来看,低纬地区太阳短波辐射的加热作用强,旺盛的对流会产生大量的对流云。因此云层的几何位置变化复杂,彼此之间的相关性小,使得低纬地区的 L_{cf}^* 较小。位于较高纬度的南半球海洋和格陵兰岛东部海域均具有较大的云量,并且两个地区的 L_{cf}^* 大值/小值都出现在各自的冬季/夏季,这是因为海洋上空水汽充足,在太阳辐射加热作用较弱的冬季,云层更多的是大范围气团活动产生的层云,因此云层在不同高度上相对位置的变化较小,具有较大的 L_{cf}^*;而夏季受热增多导致对流加强,云几何位置的变化更为复杂,不同高度上云之间的重叠关系更倾向于随机重叠。另一个明显的特点是南美洲北部西岸的海洋区域的云量与 L_{cf}^* 正相关。

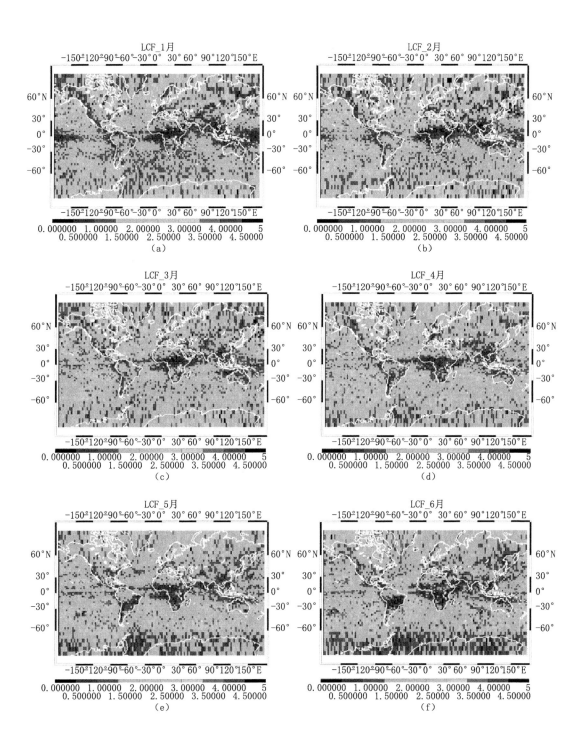

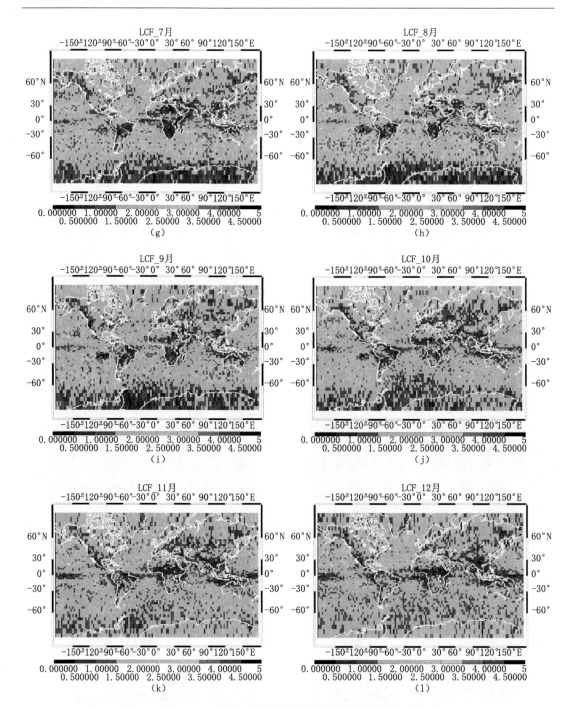

图 5.11　基于 T42 网格的抗相关厚度在全球各月的分布(单位:km)

(a~l 依次为 1 月至 12 月)

图 5.12 给出的是云量和 L_{cf}^* 在 12 个月份的纬向分布。南北半球低纬地区的云量的大值/小值均出现在各自的夏季/冬季。而高纬地区的云量的大值/小值区出现在各自的冬季/夏季,这是因为低纬地区主要为对流云,其云量的大小受太阳短波辐射的影响大,因此夏季云量大,冬季云量小。而高纬地区的云主要由锋面系统产生,相比于夏季,冬季的天气系统

主要以来自极地的冷空气为主,从而形成大范围的层云,导致高纬度地区云量在冬季的增加。而 L_{cf}^* 的纬向分布表明,低纬地区的对流云具有较低的 L_{cf}^*,但是夏季增多的云量反而会导致 L_{cf}^* 的增加。而高纬地区冬季明显增大的 L_{cf}^* 是由于此季节增多的云多为大范围的层云,其重叠关系更倾向于最大重叠。

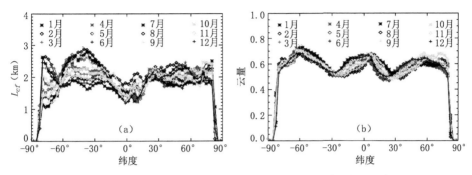

图 5.12 L_{cf}^*(a)和云量(b)在 12 个月份的纬向分布(书后见彩图)

图 5.13 给出的是 L_{cf}^* 的概率分布,由于不同月份之间的差异很小,所以此处只给出 1 月、4 月、7 月和 10 月这 4 个典型月为例来说明。结果表明不同的纬度带有 70%～85% 的 L_{cf}^* 位于 0～3 km,此外,有 10% 左右的 L_{cf}^* 位于 5～6 km 和 9 km 以上。说明在 L_{cf}^* 的精细参数化中,概率分布的处理可以较为简单。

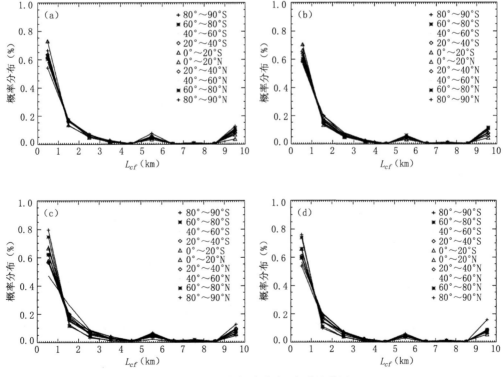

图 5.13 L_{cf}^* 的概率分布(书后见彩图)

(a)1 月;(b)4 月;(c)7 月;(d)10 月

　　图 5.14 给出的是不同纬度带上 L_{cf}^* 与云量的关系在 4 个典型月的分布。结果与上节的结果相一致:各个纬度带中云量位于 $0.3\sim0.8$ 的子域具有最大的 L_{cf}^*,而云量位于 $0\sim0.3$ 和大于 0.8 的子域的 L_{cf}^* 较小。然而不同纬度带之间的差异较大,并且随着云量的增加,L_{cf}^* 的波动幅度也较大,因此 L_{cf}^* 并不能够简单参数化为云量的函数,需要考虑其时空变化。

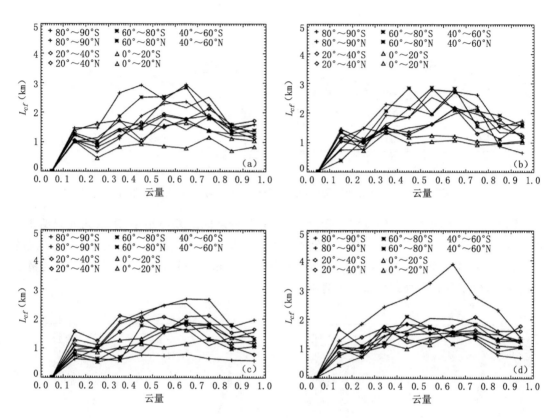

图 5.14　云量与 L_{cf}^* 之间的关系(书后见彩图)

(a)1 月;(b)4 月;(c)7 月;(d)10 月

5.3　利用 NICAM 全球云分辨模式对云重叠结构的研究

　　虽然利用卫星数据和地面雷达数据分析的初步结果表明,全球平均 L_{cf}^* 值大约为 2 km,它能够给出比较接近于实际的全球总云量(Barker et al.,2005;Barker,2008),是目前最合理的近似值,但是实际上 L_{cf}^* 是随时间、地区和云类型的不同而有明显变化的。理论上,只要给出随时间和地区而变的 L_{cf}^*,利用 GenO 模拟的总云量就能足够真实。因此,在 GenO 重叠假定下,云的重叠问题就变成:如何给出恰当的 L_{cf}^* 值使重叠情况更加真实。Barker 等(2005)分别计算了云分辨模式模拟的一个对流云和层云个例的 L_{cf}^*,在其对流云和层云个例中 L_{cf}^* 分别为 2.3 km 和 0.9 km;Barker(2008)利用一个月的 CloudSat 和 CALIPSO 卫星数据给出了 L_{cf}^* 随云量、日出日落等的统计分析,并研究了其对辐射的影响,给出了纬向平均的 L_{cf}^* 分布。虽然以上研究给出了 L_{cf}^* 的一些很有意义的变化特征,但是没有给出一般的参数化形式,对于气候模拟中不断变化的云场来说,这显然是不够的。因此对 L_{cf}^* 进行更深入的参数化研究是很有必要的。

云的参数化发展可以通过两个主要途径。一个途径是由观测手段获取空间更密集和时间更连续的云系统的第一手资料,通过对资料的处理和分析寻找参数化的方法。国际上一些科研项目就在云的加密观测方面取得了比较突出的成果,如美国 NASA 从 2006 年 7 月开始用 CloudSat 和 CALIPSO 极轨卫星联合观测(Stephens *et al*.,2008),首次在全球范围给出了云的垂直剖面结构;大气辐射观测计划(ARM)则从地面观测入手,利用地面遥感和现场观测等多种手段对全球不同站点进行气象场和云的连续观测(Ackerman *et al*.,2003)。观测资料直接来源于研究对象,是对实际状况的最直接、最准确的描述,也是云的参数化最理想的数据来源;但是观测资料也存在一定的缺陷,例如:CloudSat 和 CALIPSO 极轨卫星观测虽然在较长时间段上能够基本覆盖全球,但是在某一特定区域上无法给出时间连续的观测;ARM 虽然在固定的站点区域对大气和云的观测足够详细和连续,但是这种观测也只能在分散的样点上进行,在空间上很难做到足够密集;除了上述时空连续性上的缺陷,观测资料的综合性往往也不够理想,不同观测手段往往只专长于探测某种要素,而缺失其他要素(例如,CloudSat 对云的探测比较精细,但却不能给出相应的环流场数据),难以建立云和其他要素之间联系。

获取云参数化方法的另外一个途径是通过水平分辨率达到几千米或者更小的云分辨模式(也称云系统分辨模式,简称 CRM)。全球能量和水循环试验(GEWEX)早在1992 年就将云分辨模式的发展作为其长期的、主要的云系统研究手段之一,气象场观测资料首先被用来发展和验证云分辨模式,云分辨模式随之用做大尺度云参数化的"试验场"(Browning *et al*.,1993),为气候和数值预报模式提供优化的参数化方法。Xu 等(2002)比较了几种云分辨模式对中纬度积云对流的模拟情况,结果表明几种云分辨模式模拟的对流强度、温度和比湿变化、云水路径和云量分布等与 ARM 站点观测结果都很接近,云分辨模式比较合理地模拟了积云对流过程;而 GCM 在单个网格的简化模式,即单柱模式(SCM)的模拟情况要差得多,因此云分辨模式的结果非常适用于发展 SCM 的参数化方案。Randall 等(2003)也指出,云分辨模式可以用来提高我们对云物理机制的认识、提供包含各种大气参数的综合的四维数据集、发展和测试适用于大尺度模式的云参数化方案。

为了了解云的垂直重叠参数 L_{cf}^* 的时空变化规律及其和其他气象因素之间的联系,一套空间分辨率足够精细、同时又包含相应的大气环流场等气象场信息的数据集是非常有必要的。如上所述,从观测手段上目前获得这样的数据还比较困难,只能通过云分辨模式提供近似的模拟数据。本节利用一个云分辨模式的模拟结果,初步分析了 L_{cf}^* 的时空变化,并在热带地区建立有效抗相关厚度 L_{cf}^* 与大气环流场之间的联系,以便在大尺度气候模式中对云的垂直重叠进行有时空差异的参数化。

5.3.1 NICAM 云分辨模式简介及数据分析方法

日本海洋研究开发机构(Japan Agency for Marine-earth Science and Technology)和东京大学共同发展了一个二十面体非静力大气环流模式,将其命名为 NICAM(Nonhydrostatic ICosahedral Atmospheric Model),用以进行云分辨尺度的天气和气候模拟(Tomita *et* al.,2004；Satoh et al.,2008,2014)。该模式一个独特之处在于采用了不同于经纬度网格的二十面体网格设计(图 5.15),避免了经纬度网格对极点处理问题,同时也采用一些技术手段使二十面体网格更加平滑(Heikes et al.,1995；Tomita et al.,2001)。NICAM 模式水平分辨率可随网格细分水平(称为 g-level)的不同而达到不同的精度要求,目前水平分辨率最高达到 3.5 km；垂直方向按高度坐标分为 40 层,最高高度为 40 km,分辨率在近地面最高,向上逐渐降低。NICAM 模式采用了一个显式的云物理方案(Grabowski,1998),云的物理过程均由控制方程直接模拟实现,而不必如大尺度模式那样采用积云参数化方案等近似处理。Grabowski(1998)云微物理方案较其他方案更加简化,而且能够很好地表现对流和大尺度环境之间的相互作用。模式干过程和湿过程控制方程分别在 Tomita 等(2004)以及 Satoh 等(2008)中作了详细介绍。

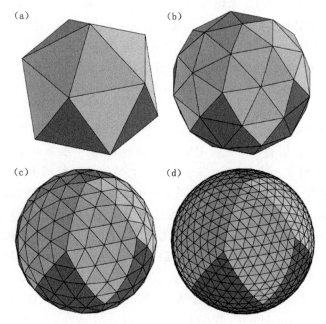

图 5.15　NICAM 模式二十面体水平网格示意图,a～d 分别为 g-level=0,1,2,3

虽然 NICAM 模拟结果和真实情况还有一定的差距,比如和卫星观测相比模拟的小尺度深对流系统偏少(Inoue et al.,2008),但是从整体来看,该结果对一些重要天气过程和云系统的模拟是比较成功的,如很好地模拟了云砧从深对流中心向外的扩展和多个对流云组成的云团(Inoue et al.,2008),对高云的垂直和水平分布模拟与 CALIPSO 和 CloudSat 卫星观测结果具有很好地一致性(Inoue et al.,2010)。在将模式分辨率降至 7 km(模式其他部分完全相同)以节省积分时间来进行更长时间的模拟时,该模式对热带季节内震荡(MJO)的模拟与卫星、再分析资料等结果非常接近(Miura et al.,2007；Masunaga et al.,2008；Noda et al.,2010)。MJO 是热带地区伴随云和降水系统移动的一种重要的气候现象,也是 GCM 较难模拟的现象之一,对 MJO 的准确模拟说明模式的动力过程较为理想。由此可见,利用 NICAM 模式结果分析云的结构及其与动力过程等其他因素的关系可以给我们提供有价值的信息。

　　本节采用了与 Miura 等(2007)和 Inoue 等(2008,2010)等相同的两组模拟结果,一组为 7 km 分辨率(g-level＝10)的全球模拟结果,模拟时段从 2006 年 12 月 15 日开始,共 30 d,按 6 h 平均输出,变量的数据维度为 5120×2580×40(经度×纬度×高度);另一组为模式 3.5 km 分辨率(g-level＝11)的全球模拟结果,模拟时段从 2006 年 12 月 25 日开始,积分 7 d,按日平均值进行输出,每个变量的数据维度为 10240×5120×40(经度×纬度×高度)。

首先将上述模拟数据进行如下预处理和分析:

(1)获取三维云像点数据:从原始结果中的云水(qc)、云冰(qi)、雨滴(qr)和雪粒子(qs)廓线结果判断云的位置,得到不区别相态信息的云的三维位置分布数据(云像点)。当总的水凝物混合比(qc＋qi＋qr＋qs)超过 0.01 g·kg^{-1},该网格点即被认为是有云,否则为晴空,这和 Grabowski(1998)做法相同;

(2)由原始数据得到大尺度网格平均数据:首先按照 2.8°×2.8°分辨率的大气环流模式水平网格将全球分为 128×64(经度×纬度)个格点。对每个垂直层由各格点内的 NICAM 云像点数得到该格点在每个垂直层上的云量(云像点数占总像点数的比例),由此得到大尺度网格的垂直云量廓线。如果一个次网格柱的垂直层上一层或多层有云,该次网格柱即为有云次网格柱,在一个大尺度网格内次网格柱数占总次网格柱数的比例即定义为该大尺度网格的总云量。图 5.16 以 3.5 km 分辨率模拟结果的第 4 天为例给出了 NICAM 原始云像点和处理后的大尺度网格总云量的对比。

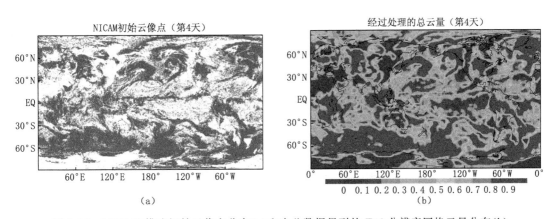

图 5.16　NICAM 模式初始云像点分布(a)和由此数据得到的 T42 分辨率网格云量分布(b)

(3)计算有效抗相关厚度(L_{cf}^{*}):以步骤(2)的大尺度云量廓线作为输入量、总云量为参考量,在前文介绍的 Räisänen 等(2004)云生成器中用不同的抗相关厚度重新生成次网格云分布,以产生的总云量等于步骤(2)计算的总云量时的抗相关厚度作为该网格的 L_{cf}^{*}。以一个网格为例,图 5.17a 给出了该网格按云顶高度排列的云像点分布,其总云量为 0.83,图 5.17b 是云生成器生成的总云量随 L_{cf} 的变化,当 $L_{cf}＝3.3$ km 时,生成总云量等于原总云量,因此,该网格的有效抗相关厚度为 3.3 km。图 5.18 分别是原始的和 $L_{cf}＝3.3$ km 时由云生成器得到的云量廓线、大气顶向下积分总云量、每层不被上层云遮蔽的云量对比,可以看出,使用有效抗相关厚度时,Räisänen 等(2004)云生成器不仅能够给出准确的云量廓线和总云量,而且对云在层与层之间的位置关系也能比较好地再现。在全球每个大尺度网格内进行上述计算即可得到每个网格的 L_{cf}^{*}。

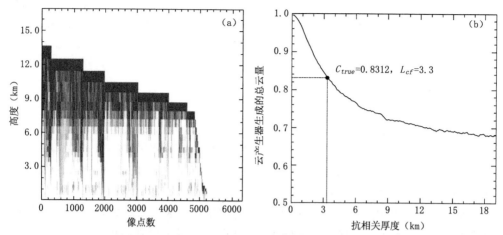

图 5.17　按云顶高度排列的一个 T42 网格内的 NICAM 云像点垂直分布(a)和利用
云生成器再现次网格云时的生成总云量随抗相关厚度 L_{cf} 的变化(b)

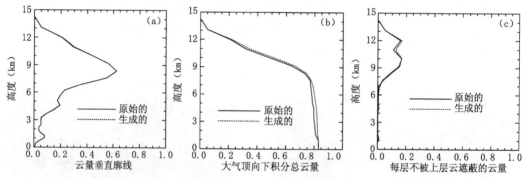

图 5.18　由初始 NICAM 数据(实线)和云生成器在有效抗相关厚度时生成的(虚线)
云量垂直廓线(a)、从上向下积分的总云量(b)和每层不被上层云遮蔽的云量对比(c)

5.3.2　NICAM 的云重叠特征分析

本节利用 NICAM 模式 7 km 分辨率模拟结果计算了云垂直重叠的有效抗相关厚度
(L_{cf}^{*}),分析了 L_{cf}^{*} 的时空变化特征,并初步研究了利用月平均 L_{cf}^{*} 对模拟总云量的改进
情况。

按照上节介绍的数据处理和分析步骤计算得到 7 km 分辨率的 L_{cf}^{*}。图 5.19 给出了该
模拟时段的月平均 L_{cf}^{*} 的全球分布,图中显示 L_{cf}^{*} 具有明显的地区差异:首先,热带地区有
三个主要的 L_{cf}^{*} 大值区,分别是非洲中部和南部、赤道西太平洋和南美洲中北部,这些区域
是模拟时段内热带大气对流活动最强烈的区域,往往伴随深厚的对流云系统,云层上下关联
性较强,因此 L_{cf}^{*} 较大;其次,热带其他区域受较冷洋面或沃克环流的下沉支控制,以垂直组
织性较弱的层云为主,因此, L_{cf}^{*} 较小;再次,南半球中纬度地区多被海洋覆盖,高度较低的海
洋层积云占主要地位,形成环纬圈的低云带,这种云的上下相关性较小,因此形成了环绕整
个南半球中纬度地区 L_{cf}^{*} 低值区;另外,北半球中纬度大陆地区和南极洲也有较高的 L_{cf}^{*}。
Barker(2008)分析了极轨卫星 CloudSat 和 CALIPSO 观测的云垂直剖面数据中的云重叠特

征,计算了不同轨道截取长度下的 L_{cf}^*(图 5.20),其结果所显示的 L_{cf}^* 纬度分布特征具有很好的一致性:热带地区、北半球中纬度地区和南半球高纬度地区 L_{cf}^* 值较大,而南半球中纬度地区 L_{cf}^* 值较小。由此也可以看出,NICAM 模式一定程度上模拟出了真实的全球云结构特征。极轨卫星观测结果是对轨道经过区域的一个剖面取样,不能对全球范围同时进行观测,因此,仅用一个月观测资料难以给出有代表性的 L_{cf}^* 全球分布,而使用全球云分辨模式则可以方便地给出全球范围的图像,这是用模式研究相对于极轨卫星观测的一个优势。

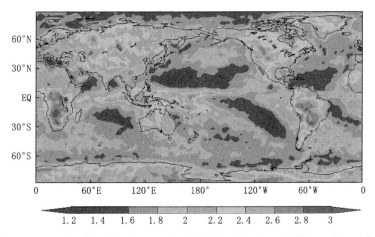

图 5.19 由 NICAM 7 km 分辨率模拟数据计算的有效抗相关厚度的月平均全球分布(单位:km)

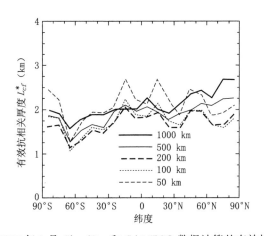

图 5.20 由 2007 年 1 月 CloudSat 和 CALIPSO 数据计算的有效抗相关厚度的
月平均纬向平均分布(Barker,2008)
(不同曲线代表不同的卫星轨道截取长度)

L_{cf}^* 除了具有上述明显的地区差异,也随一天中不同时间而有所变化,这是因为大气温度、水汽、大气稳定度等随着太阳辐射的变化而变化,这些是云的产生、发展和形态形成的重要条件。图 5.21 是利用上述 NICAM 7 km 分辨率模拟结果得到的四个时次各自月平均 L_{cf}^* 分布,图中可以看出,最明显的日变化出现在热带地区,三个主要的对流中心在一天中的变化最为剧烈,白天太阳辐射较强、对流旺盛,对流中心倾向于得到更深厚的云层和更大的 L_{cf}^*,夜晚则相反。

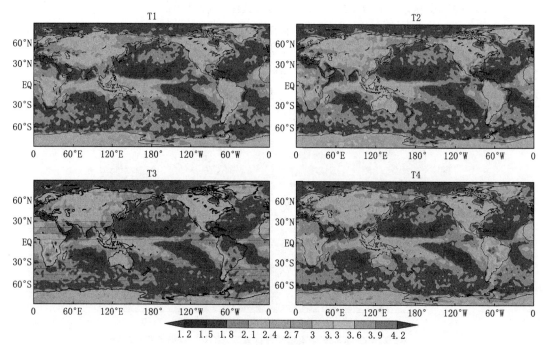

图 5.21　由 NICAM 7 km 分辨率模拟数据计算的一天中不同时次 L_{cf}^* 的
月平均全球分布（单位：km）

5.3.3　利用月平均 L_{cf}^* 对云量模拟的改进

用 L_{cf}^* 表示云的重叠结构能够更准确地给出总云量，但是因为目前对全球范围的 L_{cf}^* 还缺乏足够的了解，模式中一般采用全球均值（2 km 左右）。如上所述，L_{cf}^* 具有非常明显的时空变化，用简单的全球均值必然会给得到的云量时空分布带来较大误差。如果能按照 L_{cf}^* 实际的时空变化来指定云的重叠形式，云量的模拟误差有望得到很大改进。

为了了解云重叠假定对模拟的总云量空间分布的影响，进行了三组试验，都以 NICAM 原始云量廓线为输入，但分别用不同的重叠设置来再现模拟时段的总云量。第一组采用最大随机重叠假定（MRO），另外两组都采用一般重叠（GenO）假定，但分别用全球统一的 $L_{cf}=$ 2 km 和图 5.19 的月平均 L_{cf}^* 全球分布数据。图 5.22 给出了三组试验计算的总云量相对 NICAM 原始总云量的误差（云全覆盖时总云量为 1）。

从图 5.22 中可以看出，多数气候模式采用的 MRO 重叠假定得到的总云量误差最明显，突出表现为计算的热带三个强对流区云量严重偏小、而大洋东侧云量严重偏大，这是因为模式中强对流区云层多连续出现，MRO 以最大重叠处理，而大洋东侧云层多分散，MRO 以随机重叠处理，这两种重叠处理容易使 MRO 得到的总云量偏向于两个极端方向。另外，MRO 对云重叠的这两种处理对模式垂直分层的精细程度较为敏感，NICAM 模式在低层分层较密，这也加大了 MRO 的总云量误差。

与 MRO 相比，以抗相关厚度表示的 GenO 重叠对总云量的模拟误差减小很多，即使全球都用 $L_{cf}=2$ km，得到的总云量误差也大为减小。GenO 下总云量误差主要是抗相关厚度大值区（如热带强对流区、北半球中纬度大陆和南极区域）的正偏差和抗相关厚度小值区（如

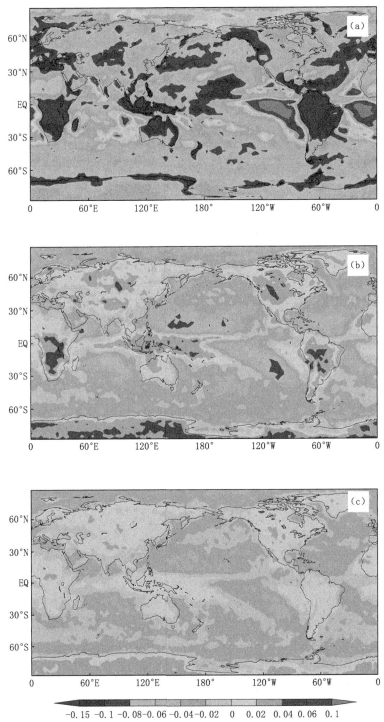

图 5.22　由不同重叠形式计算的总云量相对 NICAM 原始总云量的偏差

（a）MRO 假定；（b）GenO 假定，全球 $L_{cf}=2$ km；（c）GenO 假定，取全球月平均 L_{cf}^* 数据

副热带高压和中纬度洋面区域）的负偏差，这是因为采用了全球平均 L_{cf} 值的缘故，和模式

197

的垂直分辨率、云层的相邻或分隔没有关系,这和 MRO 有着根本的区别,完全可以通过更好地给定 L_{cf} 来减小。

用实际的月平均 L_{cf}^* 全球分布数据即是减小总云量的区域偏差的一种方法,虽然不能使计算的每个时刻的总云量都是准确的,但是从气候平均的角度仍有着重要意义。从图 5.22c 可以看出,考虑了 L_{cf}^* 的地区差异以后,几乎所有地区的总云量误差都大为减小。因此,可以预期,在气候模式中如能给出一组基于观测事实的气候平均的 L_{cf}^* 数据,就有望使模拟的总云量区域偏差大大减小,从而提高模式对辐射平衡和其他气候场的模拟准度。

5.3.4 热带地区 L_{cf}^* 与对流强度的相关性

5.3.3 节从气候意义上证明:使用气候平均的 L_{cf}^* 数据对减小云量误差是现实有效的。本节则从云的重叠特征和其他气象要素之间的关系角度来改进总云量的模拟。云的重叠并不是一种孤立现象,它和大气环流等其他因素有着一定的关联,可以说,与云动力过程相关的因素都能够影响云的重叠特征。如果能描述清楚云的重叠和其他气象要素的联系,发展有效的参数化方法,将会使气候模式对云重叠的描述更直接、更真实。本节利用 NICAM 模式 3.5 km 分辨率共 7 d 的模拟数据,从分析 L_{cf}^* 和大气垂直速度的相关性入手,在这一研究方向进行了一些探索。

热带地区大气运动的最主要特征是对流活动比较活跃。热带大气温度水平梯度小,水汽充沛,地表等效位温一般大于上层大气,经常处于潜热不稳定状态,凝结潜热的释放是热带大气扰动发展的主要能量来源(叶笃正 等,1988)。热带大气中凝结潜热的释放多和积云对流有关,在热带地区几乎任何地点全年都会有积云对流,尤其是有组织的积云对流发展,这些造成热带地区云的形态特征和中高纬度地区有很明显的不同,云的宏观结构特征和对流活动有较为明显的关系。

大气垂直对流活动是积云对流形成的主要原因,也是其主要特征之一。500 hPa(约为对流层中部)垂直速度 ω 大小很大程度上反映了热带对流活动的强弱,因此,本节以这一高度的 ω 作为垂直运动参量。因为当云量廓线中最大值接近 1 或者 0 时,云的重叠假定对总云量的影响较小,这会增加更多的无意义信息,干扰结果分析,因此以下分析中还对垂直层中最大云量 >0.9 和 <0.1 格点进行了剔除。图 5.23 左列给出了 NICAM 3.5 km 分辨率模式模拟的逐日 500 hPa 垂直速度分布,图中缺测处为剔除了的格点。从图 5.23 中可以看出,热带地区主要受上升运动控制,上升运动无论所占据面积还是速度绝对值大小都远超过下沉运动。上升运动最强烈的区域为热带西太平洋以及和其相连的太平洋赤道辐合带、南太平洋辐合带,还有非洲中南部、南美洲中部的热带雨林地区,这些特征是和实际情况相符的。

图 5.23 右列给出了由 5.3.1 节的预处理步骤(3)得到的有效抗相关厚度(L_{cf}^*)在热带地区的逐日分布。对比抗相关厚度和 500 hPa 垂直速度不难看出,L_{cf}^* 的大值常出现在 500 hPa 上升区范围,最大值一般出现在赤道东太平洋暖池及赤道中太平洋辐合带区域,这也是 500 hPa 上升运动最强烈的区域。上升运动强一般伴随着垂直方向较为深厚、而水平延展性又比较小的积云,这种云在垂直相隔较远的两个层结上的仍然有很大的重叠程度,因此其 L_{cf}^* 也较大。图 5.24 是七天模拟中的 L_{cf}^* 和 500 hPa 垂直速度的分布型相关系数,可以看出,两者在模拟时段都变现出稳定的相关关系(相关系数在 0.6 左右)。

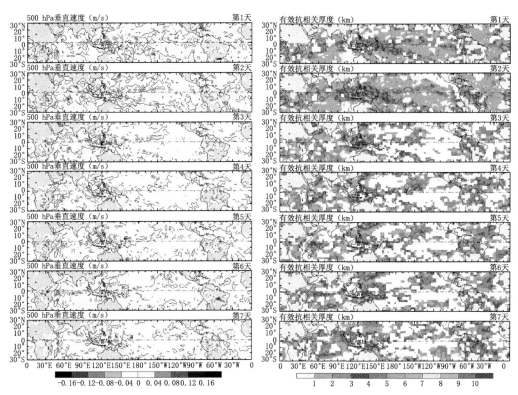

图 5.23 热带地区（30°S～30°N）500 hPa 垂直速度（左列，正值表示上升运动，
单位：m・s⁻¹）和有效抗相关厚度分布（右列，单位：km）

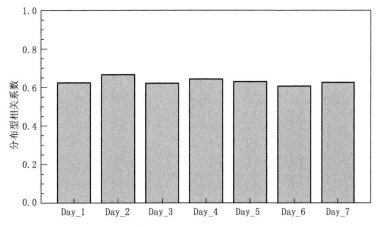

图 5.24 七天模拟中的 L_{cf}^* 和 500 hPa 垂直速度的分布型相关系数

为了解热带地区 500 hPa 垂直速度和 L_{cf}^* 的关系，分别对上升区和下沉区的两者关系进一步单独分析。图 5.25 给出了热带地区 L_{cf}^* 和 500 hPa 上升区 ω 的线性拟合（图中实线）及拟合公式，同时给出了该拟合的均值 95%信度区间（蓝色虚线）和样本分布的 95%预测区间（红色虚线）。黄色区域表示用于拟合的样本分布的中值（灰色虚线）和四分位距（interquartile range）。

从图 5.25 的结果来看,在垂直速度接近 0 时,L_{cf}^* 都大多集中在 2 km 附近,与全球平均水平接近;随着 500 hPa 垂直速度的增大,L_{cf}^* 也有明显增大的趋势,用线性关系来表示两者的联系是比较有代表性的。然而我们也应该注意到,图 5.25 的离散程度比较大(从 95% 样本预测区间可以看出),这是因为云的重叠是有很多因素决定的相当复杂的现象,用一个气象变量来给出很精确的表达形式显然比较困难;但是图 5.25 表明用一个简单的线性关系来描述平均状况仍有一定的可行性。

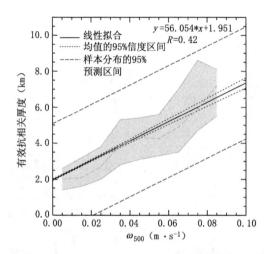

图 5.25　热带地区(30°S～30°N)500 hPa 上升区域垂直速度与有效抗
相关厚度 L_{cf}^* 之间的线性关系(书后见彩图)

[黑色实线为线性拟合线,并给出了拟合公式,蓝色虚线和红色虚线分别为均值的 95%
信度区间和样本分布的 95% 预测区间,黄色区域表示用于拟合的样本
分布的中值(灰色虚线)和四分位距(interquartile range)]

而下沉区和上升区有明显的不同,L_{cf}^* 没有明显的随下沉速度变化的趋势,无论下沉速度强弱,L_{cf}^* 的拟合值都在 2 km 左右(图略)。因此,用拟合线表达下沉速度和 L_{cf}^* 的关系是没有必要的,相反,用均值 2 km 已经足够代表下沉区的一般情况。

综上所述,在热带地区,在本组模拟数据中,可以用以下关系确定抗相关厚度:

$$L_{cf} = \begin{cases} 56.054 \times \omega_{500} + 1.951, & \omega_{500} \geqslant 0.0, \\ 2.0, & \omega_{500} < 0.0. \end{cases} \quad (30°S\sim30°N) \qquad (5.11)$$

式中 ω_{500} 为 500 hPa 高度的垂直速度,单位为 m·s^{-1},以向上方向为正。

将表达式(5.11)应用于 Räisänen 等(2004)云生成器再现了 7 d 模拟时段内的热带地区总云量分布。图 5.26(a～c)和(d～f)分别是利用传统的 MRO、$L_{cf}=2$ km、表达式(5.11)计算的总云量和大气顶短波辐射通量相对 NICAM 参考结果的误差,从图中可以看出,传统的 MRO 误差最大,而 $L_{cf}=2$ km 计算得到的热带对流较强区域的总云量(短波辐射通量)比实际偏多(偏少);采用表达式(5.11)后,对流较强区域的总云量和短波辐射通量的误差都有了很大程度的减小。但是对流区总云量和辐射通量仍然有较大的偏差,这和表达式(5.11)不能完美描述 L_{cf}^* 和垂直速度的关系有关。需要指出的是,限于数据长度较短,也缺乏足够的观测资料进行验证,以上结果还不够完善,未来还需包含更多的资料和进行更缜密的分析予以改进。

以上结果表明,仅考虑大气垂直运动速度一种气象变量对 L_{cf}^* 的影响即可一定程度上

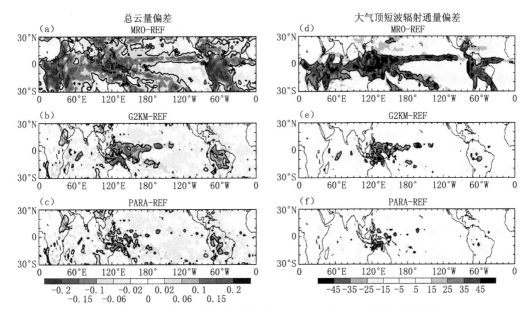

图 5.26　热带地区不同 L_{cf} 计算得到的总云量(a～c)和大气顶短波辐射通量(d～f)

相对 NICAM 参考结果的偏差

[(a,d)传统的 MRO;(b,e)L_{cf}＝2 km;(c,f)L_{cf} 由公式(5.11)计算得到]

减小热带总云量的模拟偏差。但云的重叠不仅和垂直运动有关,还与更多别的因素有关,如果能通过更多的观测或云分辨模式模拟研究来找出 L_{cf}^* 和其控制因素的关联,必将提高大尺度模式对总云量的模拟准确度。

参考文献

荆现文,张华,郭品文,2009.气候模式中云的次网格结构对全球辐射影响的研究[J].气象学报,**67**(6):1058-1068.

荆现文,2012.气候模式中一种新的云-辐射处理方法的研究及应用[D].北京:中国气象科学研究院.

彭杰,2013.云的垂直重叠和热带地区气溶胶间接效应[D].北京:中国气象科学研究院.

石广玉,2007.大气辐射学[M].北京:科学出版社:302-318.

叶笃正,李崇银,王必魁,1988.动力气象学[M].北京:科学出版社:340.

张华,荆现文,2010.气候模式中云的垂直重叠假定对模拟的地-气辐射的影响研究[J].大气科学,**34**(03):520-532.

张华,荆现文,2016.气候模式中云的垂直重叠及其辐射传输问题研究进展[J].气象学报,**74**(1):103-113.

Ackerman T P,Stokes G M,2003. The Atmospheric Radiation Measurement Program[J]. *Physics Today*,**56**(1):38-44.

Barker H W,Stephens G L,Fu Q,1999. The sensitivity of domain-averaged solar fluxes to assumptions about cloud geometry[J]. *Quarterly Journal of the Royal Meteorological Society*,**125**(558):2127-2152.

Barker H W,Stephens G L,Partain P T,*et al*.,2003. Assessing 1D Atmospheric Solar Radiative Transfer Models:Interpretation and Handling of Unresolved Clouds[J]. *Journal of Climate*,**16**(16):2676-2699.

Barker H W,Räisänen P,2005. Radiative sensitivities for cloud structural properties that are unresolved by conventional GCMs[J]. *Quarterly Journal of the Royal Meteorological Society*,**131**(612):3103-3122.

Barker H W,2008. Overlap of fractional cloud for radiation calculations in GCMs: A global analysis using CloudSat and CALIPSO data[J]. *Journal of Geophysical Research*: Atmospheres, **113**: D00A01. doi: 10. 1029/2007JD009677.

Bergman J W,Rasch P J,2002. Parameterizing Vertically Coherent Cloud Distributions[J]. *Journal of the Atmospheric Sciences*,**59**(14):2165-2182.

Browning K A,Betts A K,Jonas P R,1993. The GEWEX Cloud System Study (GCSS)[J]. *Bulletin of the American Meteorological Society*,**74**(3):387-399.

Ding S G,Zhao C S,Shi G Y,et al. ,2005. Analysis of global total cloud amount variation over the past 20 years[J]. *Quarterly Journal of Applied Meteorology*,**16**(5):670-669.

Geleyn J,Hollingsworth A,1979. An economical analytical method for the computation of the interaction between scattering add line absorption of radiation[J]. *Contrib. Atmos. Physics*,**52**:1-16.

Grabowski W W,1998. Toward Cloud Resolving Modeling of Large-Scale Tropical Circulations: A Simple Cloud Microphysics Parameterization[J]. *Journal of the Atmospheric Sciences*,**55**(21):3283-3298.

Heikes R,Randall D A,1995. Numerical Integration of the Shallow-Water Equations on a Twisted Icosahedral Grid. Part I:Basic Design and Results of Tests[J]. *Monthly Weather Review*,**123**(6):1862-1880.

Hogan R J,Illingworth A J,2000. Deriving cloud overlap statistics from radar[J]. *Quarterly Journal of the Royal Meteorological Society*,**126**(569):2903-2909.

Houghton J T,Ding Y,Griggs D J,et al. ,2001a. Climate Change:The Scientific Basis[R]. New York:Cambridge University Press:1-421.

Houghton J T,Ding Y,Griggs D J,et al. ,2001b. Climate Change:The Scientific Basis[R]. New York:Cambridge University Press:148-149.

Inoue T,Satoh M,Miura H,et al. ,2008. Characteristics of Cloud Size of Deep Convection Simulated by a Global Cloud Resolving Model over the Western Tropical Pacific[J]. *Journal of the Meteorological Society of Japan*,**86**(25):1-15.

Inoue T,Satoh M,Hagihara Y,et al. ,2010. Comparison of high-level clouds represented in a global cloud system-resolving model with CALIPSO/CloudSat and geostationary satellite observations[J]. *Journal of Geophysical Research*:Atmospheres,**115**:D00H22.

Li J,2002. Accounting for Unresolved Clouds in a 1D Infrared Radiative Transfer Model. Part I:Solution for Radiative Transfer,Including Cloud Scattering and Overlap[J]. *Journal of the Atmospheric Sciences*,**59**(23):3302-3320.

Liang X Z,Wang W C,1997. Cloud overlap effects on general circulation model climate simulations[J]. *Journal of Geophysical Research*:Atmospheres,**102**(D10):11039-11047.

Liou K N,1992. Radiation and Cloud Processes in the Atmosphere[M]. New York:Oxford University press: 172-248.

Manabe S,Strickler R F,1964. Thermal Equilibrium of the Atmosphere with a Convective Adjustment[J]. *Journal of the Atmospheric Sciences*,**21**(21):361-385.

Masunaga H,Satoh M,Miura H,2008. A joint satellite and global cloud-resolving model analysis of a Madden-Julian Oscillation event: Model diagnosis[J]. *Journal of Geophysical Research*: Atmospheres, **113** (D17):D17210.

Miura H,Satoh M,Nasuno T,et al. ,2007. A Madden-Julian oscillation event realistically simulated by a global cloud-resolving model[J]. *Science*,**318**(5857):1763-1765.

Morcrette J J,Fouquart Y,1986. The Overlapping of Cloud Layers in Shortwave Radiation Parameterizations [J]. *Journal of Atmospheric Sciences*,**43**(4):321-328.

Morcrette J J,Jakob C,1999. The Response of the ECMWF Model to Changes in the Cloud Overlap Assumption[J]. *Monthly Weather Review*,**128**(6):1707.

Morcrette J J,Barker H W,Cole J N S,*et al*.,2008. Impact of a New Radiation Package,McRad,in the ECMWF Integrated Forecasting System[J]. *Monthly Weather Review*,**136**(12):4773-4798.

Noda A T,Oouchi K,Satoh M,*et al*.,2010. Importance of the subgrid-scale turbulent moist process:Cloud distribution in global cloud-resolving simulations[J]. *Atmospheric Research*,**96**(2-3):208-217.

Pincus R,Hemler R,Klein S A,2006. Using Stochastically Generated Subcolumns to Represent Cloud Structure[J]. *Monthly Weather Review*,**134**(12):3644-3656.

Räisänen P,Barker H W,Khairoutdinov M F,*et al*.,2004. Stochastic generation of subgrid-scale cloudy columns for large-scale models[J]. *Quarterly Journal of the Royal Meteorological Society*,**130**(601):2047-2067.

Räisänen P,Barker H W,Cole J N S,2005. The Monte Carlo Independent Column Approximation's Conditional Random Noise:Impact on Simulated Climate[J]. *Journal of Climate*,**18**(22):4715-4730.

Räisänen P,Järvenoja S,Järvinen H,*et al*.,2007. Tests of Monte Carlo Independent Column Approximation in the ECHAM5 Atmospheric GCM[J]. *Journal of Climate*,**20**(19):4995-5011.

Ramanathan V,Cess R D,Harrison E F,*et al*.,1989. Cloud-Radiative Forcing and Climate:Results from the Earth Radiation Budget Experiment[J]. *Science*,**243**(4887):57-63.

Randall D,Khairoutdinov M,Arakawa A,*et al*.,2003. Breaking the Cloud Parameterization Deadlock[J]. *Bulletin of the American Meteorological Society*,**84**(11):1547-1564.

Satoh M,Matsuno T,Tomita H,*et al*.,2008. Nonhydrostatic icosahedral atmospheric model (NICAM) for global cloud resolving simulations[J]. *Journal of Computational Physics*,**227**(7):3486-3514.

Satoh M,Tomita H,Yashiro H,*et al*.,2014. The non-hydrostatic icosahedral atmospheric model:Description and development[J]. *Progress in Earth and Planetary Science*,**1**(1):18,doi:10. 1186/s40645-014-0018-1.

Stephens G L,Vane D G,Tanelli S,*et al*.,2008. CloudSat mission:Performance and early science after the first year of operation[J]. *Journal of Geophysical Research*:Atmospheres,**113**(D8):2036-2044.

Sun B,Groisman P Y,2000. Cloudiness variations over the former Soviet Union[J]. *International Journal of Climatology*,**20**(10):1097-1111.

Tian L,Curry J A,1989. Cloud overlap statistics[J]. *Journal of Geophysical Research*:Atmospheres,**94**(D7):9925-9935.

Tomita H,Satoh M,2004. A new dynamical framework of nonhydrostatic global model using the icosahedral grid[J]. *Fluid Dynamics Research*,**34**(6):357-400.

Wang H Q,Zhao G X,1994. Cloud and radiation[J]. *Sci. Atmos. Sin.*,**18**(Suppl):910-932.

Wetherald R T,Manabe S,1988. Cloud Feedback Processes in a General Circulation Model[J]. *Journal of Atmospheric Sciences*,**45**(8):1397-1416.

Xu K M,Cederwall R T,Donner L J,*et al*.,2002. An intercomparison of cloud-resolving models with the ARM summer 1997 intensive observation period data[J]. *Quarterly Journal of the Royal Meteorological Society*,**128**(580):593-624.

第6章 气候模式次网格云-辐射计算方案

鉴于云辐射过程在气候模拟中所起的重要作用,Barker 等(2002)和 Pincus 等(2003)基于独立气柱近似(ICA)提出了一种快速和灵活的、可以用于任意云重叠形式和云非均匀分布的辐射计算方案,称为蒙特卡洛独立气柱近似(McICA,Monte Carlo Independent Column Approximation)。

在已知次网格云结构的情况下(例如高分辨率的云分辨模式结果、卫星遥感观测结果等),利用 ICA 计算可以非常精确地得到区域平均辐射通量,但是这种计算相当耗时。McICA 辐射积分方法则在保证区域平均辐射通量与 ICA 计算结果精度相当的同时,大大降低了计算成本,然而其代价是引入了一定的随机误差,因此,在使用 McICA 方案时对所用的气候模式做一定的误差敏感性分析是必要的。

大尺度模式利用 McICA 方案进行辐射积分时需要给定次网格的云信息。为此,Räisänen 等(2004b)提出了一种次网格随机云生成器(SCG),将大尺度的云信息根据一定的规则进行次网格化。云生成器和 McICA 光谱积分方法相结合的云-辐射处理方案称为 McICA 云-辐射方案,应用前景非常广阔,可替代传统的云-辐射计算模块,作为气候模式中云-辐射计算的通用框架。

本章 6.1 节首先对 McICA 云-辐射方案的计算方法进行了介绍。6.2～6.3 节将 McICA 云-辐射方案植入全球气候模式中,探讨了该方案的随机误差特征及其对所模拟的气候场的影响、云水含量水平分布的改变对地气系统辐射收支的影响,以及在 McICA 框架下四种不同垂直重叠假设下计算的地气辐射场的差别。此外,6.4 节在 BCC_AGCM2.0 中采用两种不同的云重叠参数(即抗相关厚度),研究了云重叠参数的改进对全球和东亚地区模拟总云量的影响。

6.1 McICA 云-辐射方案介绍

6.1.1 McICA 辐射计算方法的基本思想

蒙特卡洛独立气柱近似(McICA)是在独立气柱近似(ICA)基础上发展起来的一种区域平均辐射通量的计算方法。ICA 方法中,大尺度网格被划分为若干相互独立的次级网格,在每个次级网格柱上精确地计算全波段的辐射通量,因为辐射的水平传输相对次要而忽略辐射在次网格柱间的水平传输(Ronnholm et al.,1980;Cahalan,1989),区域平均的辐射通量由各次级柱的通量平均得到。假设次网格云是足够准确的,那么 ICA 的辐射计算可以达到相当高的精度(Cahalan et al.,1994;Chambers et al.,1997;Zuidema et al.,1998;Evans,1993)。但是,由于辐射计算是气候模式中耗时最多的部分,而 ICA 又在增加了多倍的次网格数量上进行全波段的辐射计算,因而计算成本是限制 ICA 在气候模式中应用的最大障碍。Barker(2002)针对这一问题,提出一种新的基于蒙特卡洛思想的新的云辐射计算方法,即 McICA。之后 Pincus 等(2003)对这一方法进行了进一步的介绍。作为一种包含随机取样的方法,McICA 引入了一定的统计误差,但是其数学期望值却精确等于 ICA 辐射计算,而且计算时间相对气候模式传统的方案并没有大幅度增加,因此只要控制误差的大小,McICA 就具有广阔的应用前景。McICA 的基本思想介绍如下。

在一个延伸几十到几百千米的区域 R 内,如果其内云光学性质的三维结构完全已知,那么某一层的区域平均的宽带辐射通量是对波长 λ 和水平位置的积分:

$$\langle F \rangle = \int S(\lambda) \left\{ \iint_R F_{3D}(x,y,\lambda) \mathrm{d}x\,\mathrm{d}y \right\} \mathrm{d}\lambda \tag{6.1}$$

式中,$S(\lambda)$ 是每个波段 $\mathrm{d}\lambda$ 的权重,依据入射谱通量而定;F_{3D} 表示三维辐射传输方程计算的辐射通量。对大尺度计算而言,水平辐射传输是可以忽略的,上式可以近似为独立柱(ICA)计算:

$$\langle F \rangle = \int S(\lambda) \left\{ \iint_R F_{1D}(x,y,\lambda) \mathrm{d}x\,\mathrm{d}y \right\} \mathrm{d}\lambda \tag{6.2}$$

式中,F_{1D} 表示用一维辐射传输方程计算的辐射通量。

因为晴空辐射通量非常均匀,我们可以把天空分为晴空和有云部分,并对晴空进行单独的计算。进而,我们可以将方程(6.2)写为在有云大气中对各可能云状态(cloud states)的概率分布函数的积分:

$$\langle F^{ICA} \rangle = (1-A_C) \int S(\lambda) F_{1D}^{clr}(\lambda) \mathrm{d}\lambda + A_C \int S(\lambda) \left\{ \int p(s) F_{1D}(s,\lambda) \mathrm{d}s \right\} \mathrm{d}\lambda \tag{6.3}$$

式中,A_C 代表垂直云量。最后,方程(6.3)的谱积分近似为具有可能不相等权重 w 的离散和:

$$\begin{aligned} \langle F^{ICA} \rangle &= (1-A_C) \sum_k^K w(\lambda_k) S(\lambda_k) F_{1D}^{clr}(\lambda_k) + A_C \sum_k^K w(\lambda_k) S(\lambda_k) \sum_j^J p(s_j) F_{1D}(s_j,\lambda_k) \\ &= (1-A_C) \langle F^{clr} \rangle + A_C \langle F^{cld} \rangle \end{aligned} \tag{6.4}$$

方程(6.4)是一般的方程,适用于任何解辐射传输。这些谱波段可以认为是一些带或者是 k-分布中的准单色的波段。

方程(6.4)还是精确的 ICA 计算,正如前面提到过的,ICA 计算耗时非常多,这是源于它的第二项,即有云部分辐射通量的计算。典型的 k-分布方案中 k 一般为 $50 \sim 100$ 的量级,所以当仅有 10 个可能的云状态时也将导致每个模式柱内 $500 \sim 1000$ 次的计算,对于业务气候模式而言这是不可行的。

因此引入随机取样,将上述完整 ICA 的二维积分(波长是一维,云状态是另一维)转化为一维积分。对每个波长辐射通量仅随机选择一种云状态进行计算,而不完全计算每种云状态对每个波长辐射通量的贡献:

$$\langle F^{cld} \rangle \approx \sum_k^K w(\lambda_k) S(\lambda_k) F_{1D}(s_{rnd},\lambda_k) \tag{6.5}$$

所以每个波段 k 的辐射通量变为在某种概率函数为 $p(s)$ 的云状态上的积分。因为是在 ICA 基础上引入了随机取样过程(蒙特卡洛过程),所以这种方法称为蒙特卡洛独立柱近似,即 McICA。

6.1.2 减小 McICA 辐射计算误差的方法

如果直接使用上述 McICA 方法,那么辐射通量的随机噪音会很大,影响模拟的稳定性。Räisänen 等(2004a)以及 Räisänen 等(2005)介绍了两种减小 McICA 辐射误差的方法,并通过数值试验证明应用这两种方法可以使辐射通量的随机误差降低很多。

首先,在随机选取气柱进行辐射计算时,仅对有云次级柱进行随机取样和 McICA 辐射计算,而无云次级柱只进行一次常规的晴空宽带辐射计算。这其实就是方程(6.4)右端的第二项和第一项。

其次,在计算各个单色辐射通量时,对那些对云辐射强迫贡献较大的波段进行多次取样。上述 McICA 对次级柱随机选择任意单色波段进行辐射通量计算,而不是全波段计算,这样很自然会产生随机误差。如果对计算云辐射强迫贡献较大的波段增加取样,只要提高取样数量,就能有效减小计算误差:

$$\hat{F} = (1 - \hat{C})F_{clr} + \hat{C}\sum_{k=1}^{K}\left[\frac{1}{N_k}\sum_{k=1}^{N_k}f(s_{cld,n,k},k)\right] = (1 - \hat{C})F_{clr} + \hat{C}\hat{F}_{cld} \quad (6.6)$$

式中,N_k 即为波谱积分点 k 处的取样数,一般大于 1。在 Räisänen 等(2004a)的计算中,仅对个别贡献较大的波段增加取样就能使地面辐照度噪音减少一半,而计算量仅增加 30%,如果对所有积分波段同时增加取样以达到此目的,则计算量要增加 400%。Räisänen 等(2005)的试验表明,改进以后的 McICA,其随机取样造成的辐射通量误差足以被大尺度模式容纳而不对其模拟结果带来明显影响。

6.2 McICA 随机误差对气候模拟的影响评估

本节将 McICA 云-辐射方案植入国家气候中心气候模式 BCC_AGCM 2.0 中,对 McICA 引入的随机误差进行了检验和评估,以了解这种外加扰动对所模拟的气候场的影响。如果这种影响没有使模拟结果产生严重的偏差、模拟结果仍然保持没有扰动时的特征,则意味着这种新的云-辐射方案可以在本气候模式中进行常规应用。这是开展其他后续研究的基础。

这里所用的辐射模式为 BCC_RAD 大气辐射传输模式(Zhang,2002;Zhang *et al.*,2006a,2006b;张华,2016),采用其中的 17 带方案,利用 HITRAN 2000 光谱数据计算了 22 种气压、3 种大气温度条件下的 k-分布参数;这 22 种气压分别为 0.01,0.0158,0.0215,0.0251,0.0464,0.1,0.158,0.215,0.398,0.464,1.0,2.15,4.64,10.0,21.5,46.4,100.0,220.0,340.0,460.0,700.0 hPa 和 1013.0 hPa,三种温度分别为 200,260 K 和 320 K。在气候模式中,对于任意气压和温度情况的 k-分布以线性插值方法得到。

由于辐射模式的更新,这里对辐射计算中所用的冰云光学性质(消光系数、单次散射比、非对称因子等)也进行了重新计算,根据 Fu(1996)的冰云粒子形状和谱分布数据、结合 Yang 等(2005)的相函数数据和 Baum 等(2005)的不同形状冰云的混合方法计算得到新的冰云光学性质(Zhang *et al.*,2015);冰云有效半径用 Wyser(1998)的温度和云水路径双参数方法代替原气候模式中的温度单一参数方法。

6.2.1　McICA 误差的优化和离线诊断分析

6.2.1.1　McICA 误差的光谱取样优化

以每个光谱点仅取一个次网格云柱的 McICA 方法为其基本形式,记为 CLDS(意为对 Clouds 取样),在本节辐射模式中,CLDS 一次全波段计算共需取样 67 个次网格气柱。在进行光谱取样优化时,出于计算效率的考虑,在 CLDS 基础上总取样数增加一倍(共 134 次)是比较适中的,将此种 McICA 形式记为 SPEC1(意为对 Spectrum 取样)。为了解光谱取样次数进一步增加对 McICA 误差的影响,在 SPEC1 基础上再增加一倍取样(共 201 次)用来对比分析,将此种 McICA 形式记为 SPEC2。

新增取样数并不是均匀分配于各个波段,而是使相对重要的波段上的取样数更多。采用 Räisänen 等(2004a)的方法来逐一确定新增加取样的波段位置,其做法为:在 CLDS 基础上,每确定一个取样位置,都要保证:相比在别的位置增加取样,在此位置增加取样能使 McICA 标准差达到最小。与 Räisänen 等(2004a)不同的是,这里没有以云的辐射强迫(即云对大气顶和地面辐射通量的影响)为标准差判定对象,而是以质量加权的整层气柱的辐射加热率作为标准差判定的对象,这是因为云的辐射强迫反映的是云对大气顶或地面的单个表面辐射收支的作用,而加热率反映的是每个模式层的净辐射收支,质量加权的整层气柱辐射加热率代表了气柱总体辐射收支,以此作为 McICA 随机误差判定标准能够保证气柱总体辐射收支的误差得到有效控制,使大气热力结构的随机扰动降到最小。云的加热作用对于激发 MJO 等大气动力过程是很重要的(查晶 等,2011)。考虑到热带大气对流最旺盛、云的垂直结构最复杂,选取了模式中一个典型的热带大气廓线及其云量、云水信息,进行以上误差优化计算,其中短波计算时太阳高度角余弦固定为 0.7(根据计算,太阳高度角变化对这里结果的影响很小)。

图 6.1 给出了大气质量加权的长波和短波加热率的 McICA 标准差随光谱取样数增加时的变化,虚线表示增加一倍取样的位置。可以看出,无论短波还是长波,增加两倍光谱取样使加热率的标准偏差降低了约 50%;但是绝大部分是由最初增加的一倍取样数贡献的,随

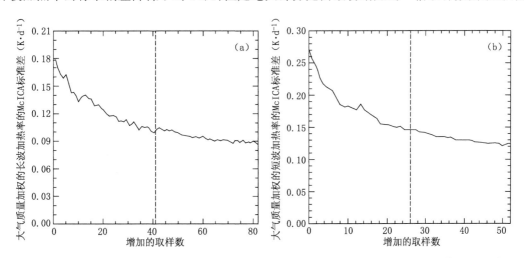

图 6.1　增加光谱取样数对 McICA 随机误差的优化。McICA 误差以大气质量加权的长波(a)和短波(b)加热率的标准差表示。总增加取样数为积分点数的两倍,虚线为取样数增加一倍的位置

着取样数继续增加,每新增一个取样数对 McICA 误差的改进越来越小。

利用以上三种形式的 McICA 分别进行 10000 次计算,表 6.1 给出了加热率、通量和计算时间的统计结果。可以看出,对于 SPEC1,在计算时间增加约 35% 的情况下,长波和短波加热率标准差都减小了约 45%,同时长波辐射通量标准差也大大减小;然而对短波辐射通量的标准差的控制的相对较弱,仅减小了约 20%,这可能与短波辐射积分点较少有关。当取样数增加两倍时,除了以上已经有效优化的量得到进一步改进以外,短波辐射通量误差也有较大改进,但是计算时间增加了将近 3/4。综合来看,SPEC1 有效降低了误差,又没有过多增加计算时间,是在气候模式中控制 McICA 误差的最可行方法。

表 6.1　一个典型热带大气条件下的 McICA 误差比较

	CLDS	SPEC1	SPEC2
QRL(K·d^{-1})	0.194	0.108(−44.3%)	0.095(−51.0%)
QRS(K·d^{-1})	0.309	0.169(−45.3%)	0.134(−56.6%)
FSNT(W·m^{-2})	61.89	50.85(−17.8%)	38.26(−38.2%)
FLNT(W·m^{-2})	4.19	2.39(−43.0%)	2.01(−52.0%)
FSNS(W·m^{-2})	68.88	53.37(−22.5%)	40.48(−41.2%)
FLNS(W·m^{-2})	9.42	5.29(−43.8%)	4.53(−51.9%)
CPU TIME(s)	110.4	148.7(+34.7%)	190.3(+72.4%)

注:括号外数字为 CLDS,SPEC1 和 SPEC2 的 10000 次计算的标准差,括号内数字为 SPEC1 和 SPEC2 相对于 CLDS 的偏差百分比。表中英文简写代表的变量:QRL,长波加热率;QRS,短波加热率;FSNT,模式顶净短波辐射通量;FLNT,模式顶净长波辐射通量;FSNS,地面净短波辐射通量;FLNS,地面净长波辐射通量;CPU TIME,总计算时间。

6.2.1.2　McICA 误差在 BCC_AGCM 2.0 中的离线分析

进一步将以上得到的 CLDS、SPEC1 和 SPEC2 形式的 McICA 应用于 BCC_AGCM 2.0 中,进行离线的误差诊断,定量分析 McICA 误差在模式中的大小和分布。图 6.2 给出了离线误差诊断的流程图。以 BCC_AGCM 2.0 模式的云量、云水/冰含量作为云生成器的输入量,得到每个时步的次网格云结构,在此基础上连续进行 $T=20$ 次 McICA 辐射计算用以诊断该时步每个格点的 McICA 误差,以这 20 次计算结果的标准差表示 McICA 误差的大小。

图 6.2　McICA 随机误差的离线诊断计算流程图

表 6.2 是利用以上三种形式的 McICA 得到的各种辐射量的全球年平均标准差和均值,同时给出了精确的 ICA 计算结果作为参考。可以看出,从 CLDS 到 SPEC1,取样误差逐步减小,其中短波和长波加热率误差减小超过 1/3;从 SPEC1 到 SPEC2,短波辐射通量误差减小最显著,而加热率和长波辐射通量误差减小较少,这与表 3.2 的情形相似。与 Räisänen 等(2004a)、Pincus 等(2005)、Räisänen 等(2008)利用其他模式的研究结果相比,表 6.2 中的误差水平与之相当或者更低,其中加热率误差比以上所有研究都小得多,这对于所模拟的热力过程的稳定性是重要的。从均值来看,几种误差水平的 McICA 得到了与 ICA 结果几乎完

全相同的辐射通量和加热率,说明这几种形式的 McICA 相对 ICA 计算都是统计无偏的,多次计算的均值趋向于 ICA 结果。

表 6.2　三种形式 McICA 的离线误差诊断:全球年平均误差及变量值的比较

	CLDS	SPEC1	SPEC2	ICA
FSNT(W·m^{-2})	19.47(237.84)	15.04(237.84)	11.21(237.84)	237.84
FSNS(W·m^{-2})	20.76(165.11)	15.56(165.11)	11.59(165.11)	165.11
FLNT(W·m^{-2})	3.08(238.14)	1.92(238.14)	1.51(238.14)	238.14
FLNS(W·m^{-2})	3.59(61.99)	2.14(61.99)	1.76(61.99)	61.99
QRL(K·d^{-1})	0.21(−1.53)	0.13(−1.53)	0.10(−1.53)	−1.53
QRS(K·d^{-1})	0.09(0.63)	0.05(0.63)	0.04(0.63)	0.63

注:括号外数字为 CLDS、SPEC1 和 SPEC220 次计算的标准差的全球年平均,括号内数值为 20 次计算的均值的全球年平均值。表中英文简写代表的变量同表 6.1。

图 6.3 给出了大气顶和地表净长、短波辐射通量误差的纬向平均分布。大气顶和地表

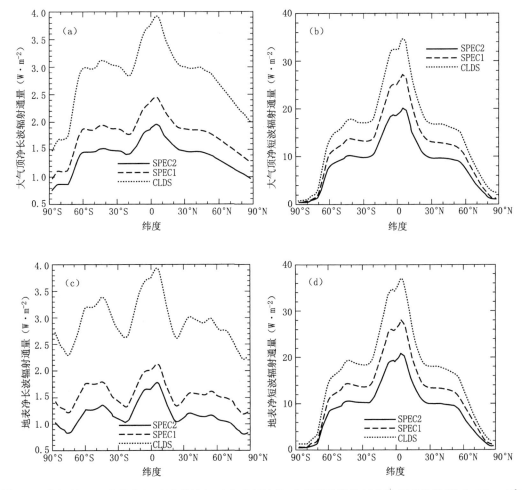

图 6.3　大气顶(a,b)和地表(c,d)净长波(a,c)和净短波(b,d)辐射通量的 McICA 误差诊断(单位:W·m^{-2})

(虚线、短划线和实线分别为 CLDS、SPEC1 和 SPEC2 的纬向平均标准差)

长、短波辐射通量误差都在赤道附近最大,主要是因为这里对流旺盛,云层普遍比较深厚、次网格云的结构比较复杂,因此,云的次网格取样对辐射通量的影响也较大。短波辐射通量的 McICA 误差比长波辐射通量大得多,这一方面是因为云对大气顶长波辐射通量的影响主要是通过云顶高度和温度,而对短波辐射通量的影响与各个高度的云的光学性质都有关系;另一方面还与本节辐射模式积分点数在短波段较少、长波段较多有关。图 6.4 给出了长、短波加热率误差的垂直分布,可以看出,加热率误差在近地面层最大,以长波贡献为主,这是因为云对短波有更强的透过性,对红外加热率的影响一般大于其对短波加热率的影响;无论短波还是长波,从 CLDS 到 SPEC1,加热率误差都减小几乎 1/2,而从 SPEC1 到 SPEC2,其改进则小得多。

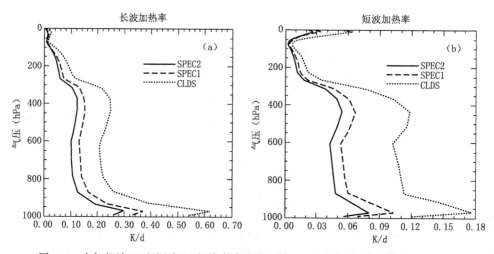

图 6.4　大气长波(a)和短波(b)加热率廓线的 McICA 随机误差诊断(单位:K·d^{-1})

(虚线、短划线和实线分别为 CLDS、SPEC1 和 SPEC2 的全球平均标准差)

在以往研究中,大尺度气候模式对这样的 McICA 误差水平有很好的容纳力(Räisänen *et al.*,2005;Pincus *et al.*,2005;Räisänen *et al.*,2007;Barker *et al.*,2008)。但是,McICA 误差对所模拟气候的影响依赖于特定的气候模式,因此要将 McICA 常规地应用于气候模式中,仍需进行谨慎的检验和评估。

6.2.2　McICA 误差对模拟的气候场的影响

由于从 SPEC1 到 SPEC2 的误差消减并不明显,因此本部分将仅讨论 CLDS 和 SPEC1 两种误差水平的 McICA 对所模拟气候场的影响。在完全相同的初始条件下,分别对两者进行 10 次随机模拟,得到两组随机样本。积分时长为 6 年,取后 5 年结果进行分析;海温采用观测的同期月平均资料。在相同条件下进行了一次精确的 ICA 模拟,作为标准来衡量 McICA 误差的影响。

6.2.2.1　对全球年平均气候场的影响

表 6.3 给出了两组 McICA 模拟样本平均的全球年平均气候场以及相对样本均值的最大正、负偏差的范围,还给出了 ICA 的结果和 McICA 相对其的偏差。从表中可以看出,两组 McICA 模拟相对标准的 ICA 模拟的偏差都很小,相对偏差都在 0.01% 的量级。虽然从统计上来看 CLDS 的多个量相对 ICA 的偏差都超过 0.05 或者 0.01 的显著性水平,但是与

模式中其他参数化过程带来的不确定性相比是很微小的;SPEC1 比 CLDS 更接近 ICA 结果,且除了降水、云水含量等的偏差统计显著外,其他量均是统计不显著的,由此可见,较小的随机误差对所模拟气候的准确度是有利的。

对于随机误差的气候影响,一个重要的问题是:随机误差的引入是否会使所模拟的气候场向某一方向发生偏移。从表 6.3 来看,最显著的变化特征发生在与云和水循环相关的气候场上。两组 McICA 模拟的高、中、低云量相对 ICA 模拟都是减小的,CLDS 减小得最多且都超过了 0.05 的统计显著水平。两组模拟的降水量和云水含量的偏差也都达到统计显著的水平,其中云液水含量和降水量有一定增加,而云中冰水含量则有所减少,这可能意味着云中水分的垂直分布将更多地集中在中低对流层。这可能与加热率误差在近地表最大、向上递减有关。近地层的加热率误差可能促进地表温度的升高和地表水分的蒸发,增大近地层大气的水汽输入,因此云中含水量有略微增加;而在冰云出现的较高层大气,低层云水的微量增加还不足以通过动力过程传输至高层,高层本身的加热率误差又可能使这里温度升高,冰云更难形成和维持,因此高层云水有所减少。当然,这是从全球平均来说的,具体局地云水的变化要复杂得多。但是水循环因素的这种偏移是很弱的,反映在辐射场的改变上(云的辐射强迫、大气顶和地面净辐射通量等)也很弱,可以说,从全球来看这种偏移可以忽略不计。

表 6.3　McICA 和 ICA 模拟的全球年平均场比较

	CLDS		SPEC1		ICA
	平均值($^+/_-$)	偏差	平均值($^+/_-$)	偏差	
FSNT(W·m^{-2})	234.57($^{+0.12}/_{-0.13}$)	0.05	234.51($^{+0.11}/_{-0.12}$)	−0.01	234.52
FSNS(W·m^{-2})	162.96($^{+0.15}/_{-0.16}$)	0.04	162.89($^{+0.12}/_{-0.12}$)	−0.03	162.92
FLNT(W·m^{-2})	236.93($^{+0.08}/_{-0.12}$)	0.08 **	236.88($^{+0.09}/_{-0.13}$)	0.03	236.85
FLNS(W·m^{-2})	63.05($^{+0.07}/_{-0.10}$)	0.05 *	63.02($^{+0.08}/_{-0.07}$)	0.02	63.00
SWCF(W·m^{-2})	−52.09($^{+0.16}/_{-0.13}$)	0.01	−52.13($^{+0.07}/_{-0.16}$)	−0.03	−52.10
LWCF(W·m^{-2})	28.55($^{+0.06}/_{-0.06}$)	0.04 *	28.58($^{+0.05}/_{-0.04}$)	−0.01	28.59
CLDTOT	59.99($^{+0.11}/_{-0.07}$)	−0.03	60.02($^{+0.07}/_{-0.07}$)	0.00	60.02
CLDLOW	39.61($^{+0.10}/_{-0.07}$)	−0.04 *	39.63($^{+0.07}/_{-0.06}$)	−0.01	39.65
CLDMED	17.34($^{+0.04}/_{-0.03}$)	−0.02 *	17.35($^{+0.04}/_{-0.03}$)	−0.01	17.36
CLDHGH	38.70($^{+0.06}/_{-0.08}$)	−0.06 **	38.73($^{+0.09}/_{-0.07}$)	−0.03	38.76
TS(K)	287.87($^{+0.06}/_{-0.04}$)	0.01	287.87($^{+0.02}/_{-0.01}$)	0.01	287.86
PRECT(mm·d^{-1})	2.728($^{+0.002}/_{-0.002}$)	−0.001 *	2.727($^{+0.005}/_{-0.003}$)	−0.002 *	2.729
TGCLDIWP(g·m^{-2})	18.64($^{+0.03}/_{-0.06}$)	−0.06 **	18.68($^{+0.06}/_{-0.03}$)	−0.02 *	18.70
TGCLDLWP(g·m^{-2})	139.02($^{+0.47}/_{-0.35}$)	0.25 **	139.05($^{+0.25}/_{-0.25}$)	0.28 **	138.77
TMQ(kg·m^{-2})	23.52($^{+0.04}/_{-0.04}$)	0.00	23.53($^{+0.03}/_{-0.04}$)	0.01	23.52

*:超过 0.05 的显著性水平;**:超过 0.01 的显著性水平。

注:括号外数字分别为 CLDS、SPEC1 和 ICA 模拟的全球年平均值以及 CLDS、SPEC1 与 ICA 全球年平均值之差,括号内数字为 CLDS 和 SPEC1 样本相对于 ICA 的最大、最小偏差。SWCF:短波云辐射强迫;LWCF:长波云辐射强迫;CLDTOT:总云量;CLDLOW:低云量;CLDMED:中云量;CLDHGH:高云量;TS:地表温度;PRECT:总降水量;TGCLDIWP:冰云路径;TGCLDLWP:水云路径;TMQ:可降水量;其他同表 6.1。

6.2.2.2 对气候场水平分布的影响

图 6.5 和图 6.6 分别给出冬季和夏季长、短波云辐射强迫和总降水量的纬向平均分布

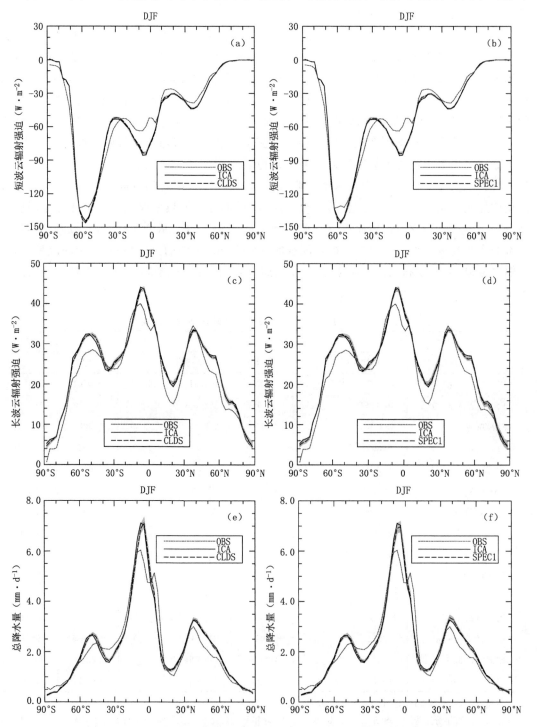

图 6.5 McICA 样本平均和 ICA 模拟的冬季短波云辐射强迫(a,b)、长波云辐射强迫(c,d)和
总降水量(e,f)的纬向平均分布
(灰色阴影表示相应 McICA 样本的正负标准差范围)

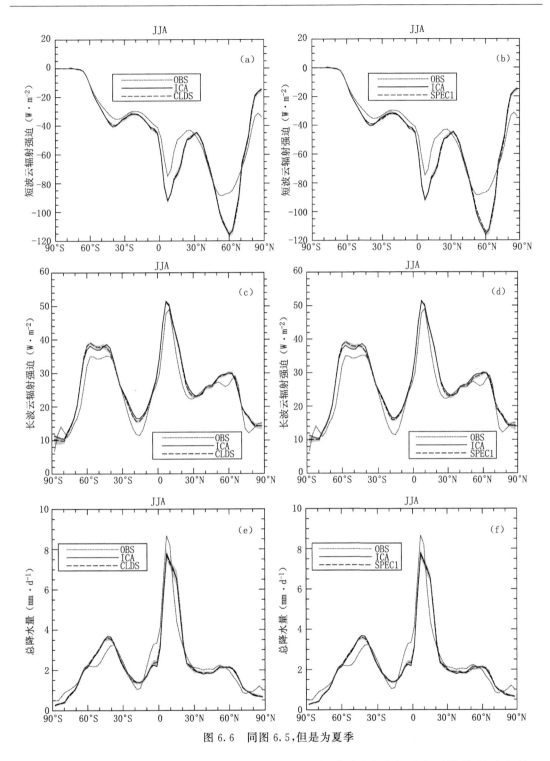

图 6.6　同图 6.5,但是为夏季

的比较,黑色短划线代表 CLDS 和 SPEC1 的样本平均,灰色阴影表示在平均值基础上的正负标准差范围;黑色实线表示 ICA 结果,虚线表示观测值,其中辐射强迫观测值为 CERES_EBAF 数据(http://ceres.larc.nasa.gov/order_data.php),降水观测值为 XIE-ARKIN 数据(Xie *et al*.,1997)。从灰色阴影来看,无论长、短波云辐射强迫还是总降水量,两组 McI-

CA 的冬季和夏季模拟结果的随机波动都很小,可以认为是比较稳定的。McICA 随机误差对模拟结果的扰动幅度远远小于模拟值和观测结果的差值,因此模式模拟性能的提高主要还是取决于其本身物理过程、动力框架等因素,而可以忽略随机误差的影响。

McICA 和 ICA 云辐射强迫曲线(图 6.5a~d,图 6.6a~d)在大部分纬度上都几乎重合,表明 McICA 是 ICA 的很好近似。但是在某些纬度上,McICA 辐射强迫与 ICA 结果仍有微小但比较明显的偏差,如冬季长波辐射强迫在 40°~50°S 附近偏大,在南极附近则偏小。这与云量的改变是相联系的,图 6.7 和图 6.8 分别给出了冬季和夏季 McICA 低云量、高云量相对 ICA 结果的偏差分布,实线为正偏差,虚线为负偏差,浅色和深色阴影分别表示正、负偏差超过 0.01 显著性水平的区域。

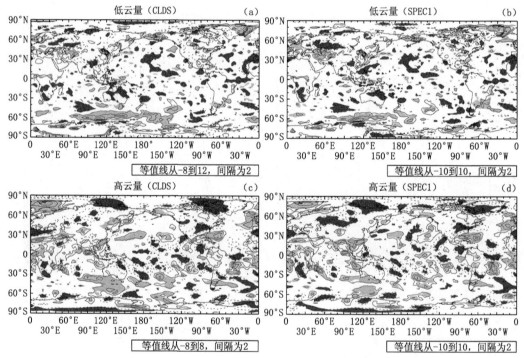

图 6.7 McICA 样本平均的冬季低云量(a,b)、高云量(c,d)与 ICA 结果的差值(等值线)

[浅色(深色)阴影表示正(负)差值超过 0.01 显著性水平的区域。等值线间隔为 1%,略去 0 等值线]

从图 6.7 可以看出,冬季长波辐射强迫偏大的 40°~50°S 区域高云量基本上以增多为主,而长波辐射强迫偏小的南极地区高云量基本上是减少的;夏季情形与此类似。短波辐射强迫的偏差主要和低云的模拟偏差有关,例如冬季 60°S 附近 McICA 短波辐射强迫偏大(图 6.5a,b)主要因为这里 McICA 低云量有正偏差(图 6.7a,b);夏季 50°~60°S 的 McICA 长波辐射强迫偏大(图 6.6c,d),主要是因为这里 McICA 高云量偏多(图 6.8a,b)。虽然 McICA 云量和云辐射强迫表现出一定的统计显著的模拟偏差,但是与模拟和观测的差别以及对模式其他设置或参数化方案的敏感性相比(Kristjánsson *et al.*,2000;Hack *et al.*,2006;Li *et al.*,2008),这种偏差是比较小的。因此在进行模拟和观测的对比分析以及模式参数化方案的敏感性试验时,McICA 随机误差的影响可以忽略不计。

图 6.5e~f、图 6.6e~f 是冬季和夏季总降水量的纬向平均分布,整体来看,两组 McICA

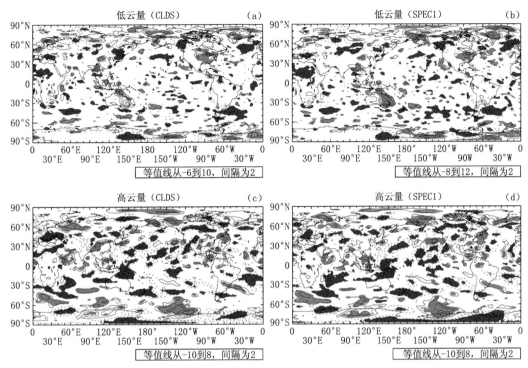

图 6.8　同图 6.7,但是为夏季

模拟样本的随机扰动幅度(灰色阴影)以及其与 ICA 结果的偏差都较小,远小于模拟和观测结果的偏差。从灰色阴影来看,McICA 扰动最明显的区域是在冬季的 $0°\sim10°S$ 和夏季的 $10°\sim20°N$;原因在于,这里是热带辐合降雨带,对流性降水占主导作用,降水的形成容易受到大气热力、动力变化的影响,而 McICA 在大气垂直加热率上的随机误差造成大气热力结构的扰动,这种扰动又对大气动力场产生影响,最终使模拟的降水发生变化。即使如此,因为降水的模拟相对观测仍然有较大偏差,上述 McICA 随机误差对热带辐合带降水的影响是相对较小的,其模拟结果仍能体现精确 ICA 模拟情形,即模式其他参数化方案所应表现的基本物理事实没有因随机误差的引入而发生根本改变。

　　图 6.9 和图 6.10 给出了 McICA 和 ICA 热带地区($30°S\sim30°N$)冬、夏季总降水量差值的分布(阴影)以及相应 ICA 总降水量分布(等值线)。从差值(阴影)来看,McICA 模拟的降水量分布相对 ICA 发生了一些变化,如冬季赤道 $90°\sim150°E$ 附近降水增多,$10°S$ 附近的西太平洋降水有一定减少,再如夏季东亚季风区 $10°\sim20°N$ 中国南海降水增多,孟加拉湾以南和菲律宾以东降水减少。这些降水量局地偏差的变化范围约为 $\pm4.5mm\cdot d^{-1}$。CLDS 和 SPEC1 随机误差对降水量分布的影响相似,可见随机误差的影响有一定的系统性。虽然从全球平均(表 6.1)和纬向平均(图 6.5e~f,图 6.6e~f)来看,McICA 误差对降水量的影响很小,但是以上分析显示,在局地范围降水量的偏差可以达到~$4.5mm\cdot d^{-1}$,这可能会对较小空间尺度上的模拟结果分析产生一定影响。需要指出的是,全球气候模式对降水量分布的模拟是一个薄弱环节,McICA 随机误差的影响相对模式与观测资料的偏差是比较小的(图略),而且积云参数化方案等其他方案的选择对降水的影响很容易超过 McICA 随机误差的影响(张丽霞 等,2011)。

　　对比图 6.7、图 6.8 中 CLDS 和 SPEC1 的低云量(或高云量)偏差分布,以及图 6.9、图

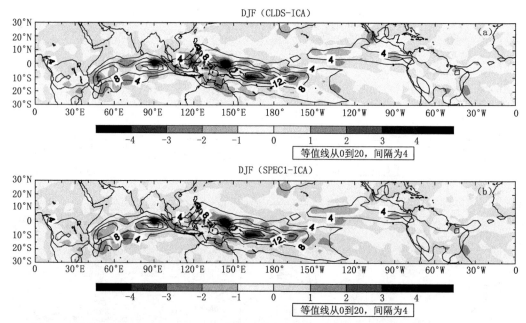

图 6.9　热带地区 CLDS(a)、SPEC1(b)样本平均的冬季总降水量与 ICA 结果的差值(阴影)和
ICA 降水量在热带地区的分布(等值线)。单位为 mm・d^{-1},等值线间隔为 2.0

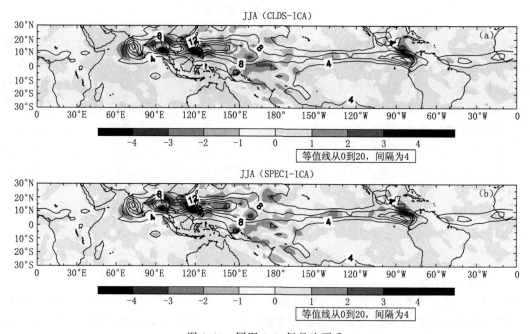

图 6.10　同图 6.9,但是为夏季

6.10 中的降水量偏差分布,可以发现两者非常相似,有其较固定的偏差分布型。虽然两组
样本都是随机进行的,且误差扰动的水平不同,但是模拟的气候场分布并没有随机改变,而
是朝着某种确定的分布型变化,也就是说,McICA 的随机误差对气候模拟的改变有一定的
系统性。然而,如前面分析的那样,与气候场本身的基数和其他气候不确定性相比,这种系
统性的改变较小,不至于改变所模拟气候的总体特征。

6.2.2.3　对大气温度和纬向风垂直分布的影响

图 6.11 给出了两组 McICA 实验和 ICA 的冬、夏季纬向平均温度廓线差值的分布,阴影表示差值超过了 0.01 的统计显著性水平。从图 6.11a～b 中可以看出,冬季温度场的差别在中低纬度对流层虽然有统计显著的区域,但是差值都比较小,可以忽略不计;差值最大的区域是在南半球高纬度地区的地面到平流层高空和北极地区 300 hPa 以上大气,这里的温度相对 ICA 结果都有所增高。从图 6.11c～d 可以看出,夏季中低纬度对流层的 McICA 温度差别也比较小,仍然可以忽略不计,高纬度地区的偏差仍比中低纬度地区明显;与冬季不同的是,夏季南半球高纬度地区以温度偏低为主,其中 200 hPa 以上大气的温度负偏差最大,达到约—4 K。高纬度地区是气候敏感性较强的地区,对于扰动的响应往往比其他地区剧烈,云的反馈、冰面反照率反馈、动力反馈等都可能对高纬度地区气候产生比中低纬度地区更大的影响(Holland et al.,2003;Cai,2005),这可能是 McICA 误差在高纬度地区影响较大的原因。在热带平流层,冬季温度略偏低,夏季则有最高 0.8 K 左右的偏暖,平流层温度的偏差一方面可能与平流层本身的加热率误差造成,另一方面也可能是对流层能量的扰动上传至平流层的结果(Angell,1986;Holton et al.,1996;Stohl et al.,2003)。

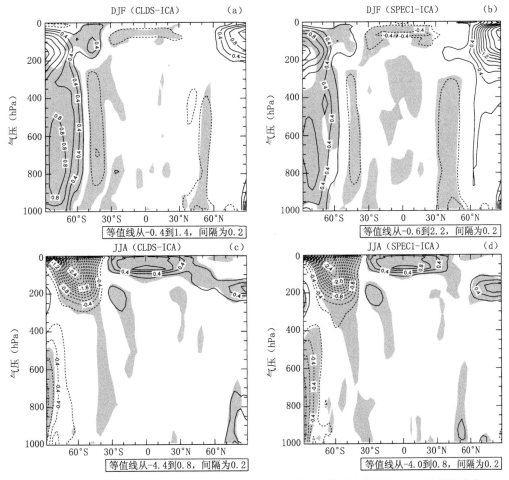

图 6.11　McICA 样本平均的冬季(a,b)和夏季(c,d)纬向平均大气温度与 ICA 结果的差值

(灰色阴影表示差值超过 0.01 的显著性水平;单位为 K,等值线间隔为 0.2,略去 0 等值线)

温度场的改变对大气环流产生一定的影响。图 6.12 给出了两组 McICA 和 ICA 冬、夏季平均纬向风差异的纬度-高度分布,同时也给出 ICA 的模拟结果。从图 6.12 中可以看出,

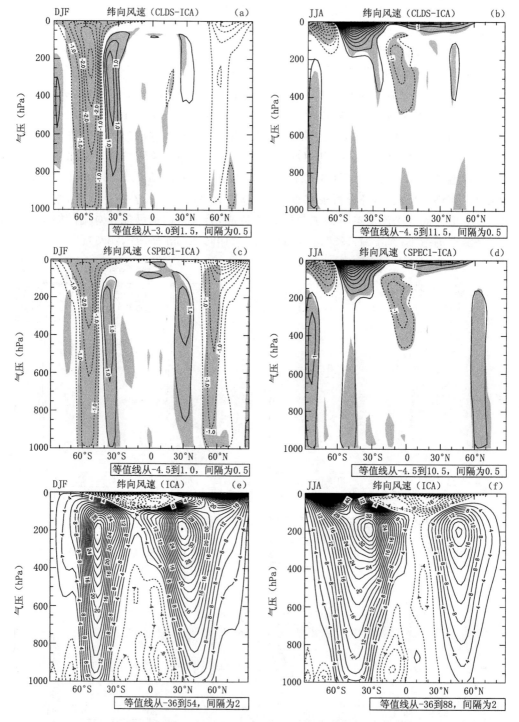

图 6.12　McICA 样本平均的冬季(a,c)和夏季(b,d)纬向平均纬向风速与 ICA 结果的差值

以及 ICA 冬季(e)和夏季(f)模拟结果的分布

(灰色阴影表示差值超过 0.01 的显著性水平,单位为 m·s⁻¹,向东方向为正)

冬季纬向风的变化主要在中、高纬度地区,低纬度变化较小,南北纬 30°附近西风增大、南北纬 60°附近西风减小;夏季对流层纬向风变化较小,而南半球平流层变化较大。纬向风的变化主要是因为 McICA 误差使高纬度地区南北温度梯度发生了变化,如图 6.11 所示,进而经过一定热能-动能转换机制作用于风场,这种南北温度梯度对纬向风的影响作用在 Bordi 等(2009)中也做过研究。但是 McICA 引起的纬向风误差和纬向风的固有量级相比是比较小的,其他参数化方法的选择带来的风场变化很容易超过 McICA 随机误差的影响(Chun *et al.*,2004;Liu *et al.*,2009)。

6.2.2.4 对典型区域气候特征的影响

为进一步了解随机误差的引入对特定区域气候特征的影响,特选取两个典型区域进行分析,如图 6.13 所示,分别为 A:中高纬亚欧大陆(60°~120°E,45°~75°N);B:西太平洋暖池(110°~160°E,15°S~15°N)。

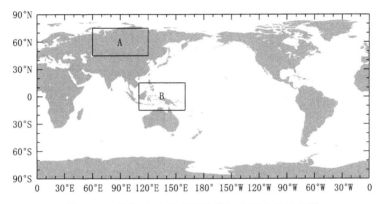

图 6.13 方框 A 和 B 分别为选取的两个典型区域

中高纬度陆地地表温度是一个敏感的气候变量,对气候变化的响应比较明显(IPCC,2007),因此,也很可能受到随机误差的影响。图 6.14 给出了区域 A 内的冬、夏季地表平均温度的概率密度分布图,大致体现了地表温度在区域 A 内的分布状况。可以看出,两组随机实验的地表温度的统计特征与参考值 ICA 结果基本一致,冬季都以 252 K 左右的温度出现概率最大、夏季都以 285 K 左右的温度出现概率最大,而冬、夏季高温部分出现概率都最小,可见 McICA 随机误差对本区域的温度概率分布没有明显影响。与 ERA-40 再分析数据(Uppala *et al.*,2005)相比(图中点划线),随机误差的影响都远小于模拟和观测之间的偏差。可见,随机误差的引入对中高纬度大陆区域地表温度的影响是比较小的。

西太平洋暖池区域的环流和热力状况受太阳短波辐射影响较大,云的辐射强迫和云-气候反馈在其中起了重要作用(李志强 等,2011)。图 6.15 给出了区域 B 的短波云辐射强迫的概率密度分布,无论冬季还是夏季,两组 McICA 实验表现出了与 ICA 参考值很好的一致性,说明云的结构特征没有发生明显变化,随机误差的引入对暖池区域的云和辐射场的统计特征的影响也是比较小的。但是模拟结果和观测之间还有比较明显的差别,观测到的云短波辐射强迫冬、夏季出现概率最多都是在 $-100\ \mathrm{W\cdot m^{-2}}$ 左右,而模拟的概率最多的是在冬季的 $-60\ \mathrm{W\cdot m^{-2}}$ 左右和夏季的 $-30\sim-60\ \mathrm{W\cdot m^{-2}}$,模式对热带地区云的结构和辐射强迫的模拟还有待提高,这主要和模式的对流方案和云方案有关,之前对 BCC_AGCM 2.0 的

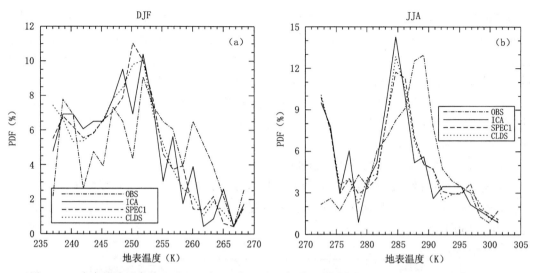

图 6.14 中高纬欧亚大陆(60°~120°E,45°~75°N)冬季(a)和夏季(b)地表温度的概率密度分布
(点划线是 ERA-40 再分析资料结果)

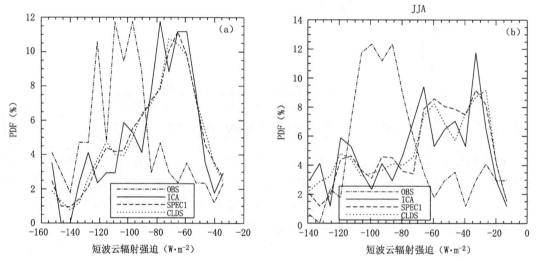

图 6.15 西太平洋暖池(110°~160°E,15°S~15°N)冬季(a)和夏季(b)短波云辐射强迫的概率密度分布
(点划线是 CERES_EBAF 观测结果)

评估结果也说明了这一点(郭准 等,2011)。如上所述,由于 McICA 随机误差的影响较小,提高云结构和辐射强迫模拟能力的过程中可以忽略 McICA 随机误差的干扰。

6.3　辐射收支对次网格云结构参数化的敏感性

本节利用 SCG 和 McICA 相结合的云-辐射计算方案分别研究了次网格云的水平分布和垂直重叠结构对气候辐射场的影响。以下试验的积分中,SCG 产生云的次网格结构和McICA 辐射计算是由气候模式单向驱动的,其计算结果不反馈给模式的其他物理过程。这样,以下几组试验在同一时刻所使用的网格云量、云水廓线完全相同,因此,辐射场仅依赖所使用的次网格云的水平和重叠结构而改变,能够最直接地反映出辐射场对云的水平分布和重叠结构的敏感性。

6.3.1　云凝结量水平分布的影响

对于云水的水平分布对地气辐射场的影响,我们固定某种垂直重叠方式(这里采用 GenO)进行两组试验,第一组假设云水和云冰含量是水平均匀分布的,记为 HCLD(homogeneous cloud);第二组假设云滴数密度的水平分布是非均匀的,采用方差为 0.5、均值为大尺度网格平均值的分布,记为 IHCLD(inhomogeneous cloud),作为敏感性研究,这采用了理想的水平分布类型。我们这里仅改变了云滴数密度水平分布,云滴半径采用了常数值。有研究表明云滴半径的谱分布水平不均匀也会对辐射场有明显的影响(Barker et al.,2004),其影响程度可能与数密度分布的影响程度相当,但为了简化问题,不对此进行讨论。分别对冬季(12月至次年 2 月)和夏季模拟结果(6—8 月)进行分析。

云的地理和高度分布情况是探讨水平分布变化对辐射影响的基础,因此,这里首先展示作为驱动场的云场。图 6.16 和图 6.17 分别给出了研究时段内 CAM3 云量的水平和垂直分布,这是本节试验和 6.4 节的试验所使用的最重要的驱动场。

从图 6.16a、b 可以看出,总云量水平分布比较明显的特点,一是赤道辐合带(ITCZ)(如赤道西太平洋、非洲中部、中南美洲地区)云量较多,另一是南北半球的中高纬度地区,如 60°N 附近及以北地区和 60°S 附近及以南的地区,云量较多且呈环绕纬圈的带状分布。冬夏两季对比来看,上述三个云量较多的赤道对流区冬季偏南而夏季偏北,显然这里云量的分布是随着太阳赤纬的移动而移动的;冬季北半球中高纬度云带覆盖范围广于夏季,同样夏季南半球中高纬度云带的范围广于冬季且云量更大。从图 6.16c~f 分层来看云的分布,发现低云(图 6.16c、d)主要分布于两个半球的中高纬度地区,而低纬度地区很少;高云(图 6.16e、f)恰恰相反,主要分布于低纬度地区的对流旺盛区,而中高纬度地区很少。于是我们不难得到这样的结果:总云量分布的两个特点中,赤道地区的云量贡献主要来自高云,而中高纬度地区云量的贡献主要来自低云。由于高云和低云具有不同的光学性质,对辐射场的作用很不相同,所以了解高云、低云的全球水平分布将有利于我们进一步研究云的次网格水平分布和垂直重叠对辐射场的影响。

图 6.17 是纬向平均云量的高度-纬度分布,图中更直观地看出以上分析的不同高度云量在不同纬度的分布特征。值得指出的是,夏季南极上空有高云量的增大,这一现象也在 ISCCP 的卫星观测中发现(http://isccp.giss.nasa.gov/climanal3.html),冬季北半球也有类似现象,但没有南极上空明显。

云对长、短波辐射的吸收和散射作用与云凝结量的关系不是简单的线性关系(Wielicki et al.,1986;Boer et al.,1997),因此,对于同一个大尺度网格内的位置分布也相同的云来说,HCLD 和 IHCLD 因为采用了不同的云凝结量水平分布,其光学性质是不相同的。地面接收的短波辐射通量(Downwelling Shortwave Radiation,简称 DSR)代表地表得到的太阳辐射能量,大气顶射出长波辐射通量(Out Going Longwave radiation,简称 OLR)代表地气系统的长波能量耗散,我们用这两个量来考察云的水平分布对地气系统辐射场的影响。

图 6.18 给出了 IHCLD 和 HCLD 冬季和夏季的 DSR 差异(IHCLD−HCLD)的全球分布和纬向平均分布。可以看出,假设云内凝结量是非均匀分布时,相对于均匀分布的云地面

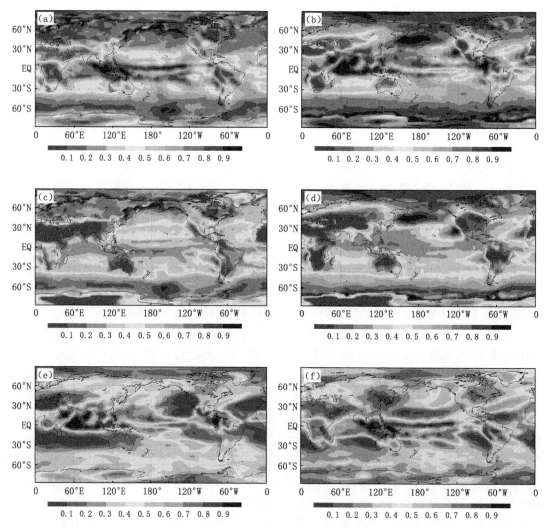

图 6.16　冬季、夏季大尺度云量的全球分布

（a、b：总云量；c、d：低云量；e、f：高云量；左侧为冬季，右侧为夏季）

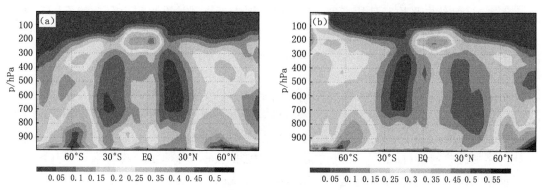

图 6.17　冬季、夏季大尺度云量的纬度-高度分布

（a：冬季；b：夏季）

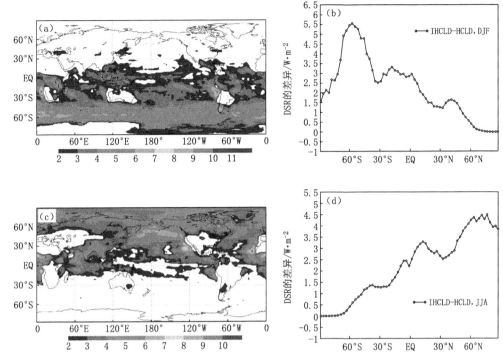

图 6.18　IHCLD 和 HCLD 之间 DSR 差异(IHCLD－HCLD)的全球分布和纬向平均分布
(a、b:冬季;c、d:夏季)

得到了更多的短波辐射照射。云水的非均匀分布使得一些次网格柱的云水聚集,云的光学厚度增加,同时使另一些次网格柱的云水疏散,云的光学厚度减小,其总的效果是减小了大尺度网格内云的总光学厚度,从而使短波透射率增大,于是更多的短波辐射到达地面,这与张凤(2005)的研究结果是一致的。

　　冬季的 60°S 附近和夏季的 60°N 附近,由于云量维持一个稳定的环纬圈带,使得地面短波辐射通量差异也呈比较均匀的环纬圈分布;而在低纬度地区由于云量集中于三个对流旺盛的区域,短波辐射通量差异也呈分割的块状分布。从纬向平均值来看,高纬度地区 DSR 对于云内凝结含量分布的变化最为敏感,在本节的云水分布情况下,这里的纬向平均差异达到 5.5 W·m^{-2}。赤道附近的纬向平均地面短波辐射差异为次大,达到 3 W·m^{-2} 左右。从前面的讨论我们知道,高纬度地区云量以低云为主,而低纬度地区云量以高云为主,于是我们可以得到这样的结论:相对于高云,低云内的云凝结量水平分布对短波辐射传输更为重要,这可能与低云和高云的云量大小、位置分布及相态差异有关。可见,虽然热带地区大气顶获得的太阳辐射通量远大于高纬度地区,但是短波辐射却在高纬度低云区对云水的水平分布更为敏感。因此,在确定云内凝结量水平分布时,其在低云处的短波辐射性质更应引起注意。同时我们注意到,冬季的 30°～60°N 以及夏季 60°S 以南,有一个小的短波辐射差异峰值,约 1.5 W·m^{-2}。

　　总之,设定云水、云冰含量的水平分布为非均匀时,总是能使冬半球地面得到更多的太阳辐射,而对夏半球影响则小得多。非均匀云与均匀云的 DSR 全球平均差异约 2 W·m^{-2} (表 6.4)。

表 6.4　冬季和夏季 IHCLD 和 HCLD 辐射场的全球平均比较　　（单位：W·m⁻²）

	DJF			JJA		
	IHCLD	HCLD	IHCLD−HCLD	IHCLD	HCLD	IHCLD−HCLD
OLR	235.74	234.53	*1.21*	240.67	240.16	*0.51*
DSR	196.60	194.42	*2.18*	182.04	180.11	*1.93*
SWCF	−60.00	−61.82	*1.82*	−55.77	−57.18	*1.41*
SWCFS	−63.34	−65.36	*2.02*	−58.37	−59.88	*1.51*
LWCF	25.77	26.26	*−0.49*	26.49	26.03	*−0.46*
LWCFS	29.56	30.08	*−0.52*	27.60	27.81	*−0.21*

注：OLR，大气顶射出长波辐射通量；DSR，地面接收的短波辐射通量；SWCF，大气顶短波云辐射强迫；SWCFS，地面短波云辐射强迫；LWCF，大气顶长波云辐射强迫；LWCFS，地面长波云辐射强迫。斜体数字表示各量与 GenO 相应量之差。

接下来进一步分析云水水平分布变化对大气顶的辐射收支的影响。图 6.19 给出了冬季和夏季大气顶射出长波辐射通量（OLR）差异（IHCLD−HCLD）的全球分布和纬向平均分布。可以看出，假设云内凝结量水平非均匀分布时，大气顶有更多的长波辐射向外空发射，地气系统损失更多的能量。

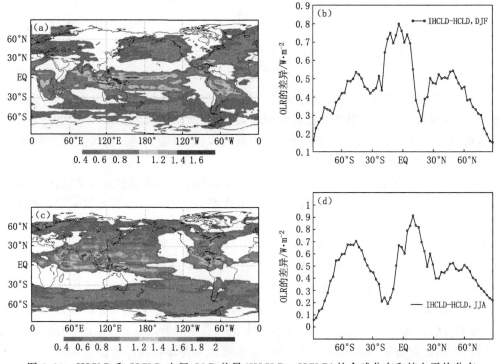

图 6.19　IHCLD 和 HCLD 之间 OLR 差异（IHCLD−HCLD）的全球分布和纬向平均分布

（a、b：冬季；c、d：夏季）

OLR 差异的水平分布与短波不同，最大值不出现在高纬度的低云带，而是出现在低纬度的对流旺盛地区，极大差异约 1.6 W·m⁻²，这是因为 OLR 主要与云顶高度有关，云顶通过比环境温度低的温度向外空发射长波辐射。赤道地区是高云量最大的地区，也是 OLR 受云内凝结量水平分布的影响最明显的区域，局地最大差值约 2 W·m⁻²；高纬度地区主要以低云为主,云顶高度较低,因此,OLR 受云内凝结量水平分布的影响也较小,局地最大差值约 1 W·m^{-2}。纬向平均来看,在本文假定的云内凝结量的分布条件下,赤道地区和南北半球中纬度地区分别出现一个 OLR 的最大偏差和两个次大偏差,其中赤道地区的最大偏差约 0.8 W·m^{-2},中纬度地区的次大偏差约 0.5 W·m^{-2}。图中可以看出,OLR 差异随季节变化也是很明显的,首先是随赤道地区高云区的南北位置移动,其次是差异量的季节变化(南半球中纬度地区这一特征最为明显)。相比上节 DSR 的差异,OLR 的差异要小得多。

　　总之,设定云水、云冰含量的水平分布为非均匀时,总是在云量较大的低纬度对流区和中纬度地区有更多的 OLR 能量损失,全球平均 OLR 差异具有明显的季节变化,冬季为 1.21 W·m^{-2},而夏季只有约 0.5 W·m^{-2}(表 6.4)。

　　云的辐射强迫(Cloud Radiative Forcing,简称 CRF)定义为某一给定大气的净辐射通量与假定云不存在时同一大气的净辐射通量(向下通量减去向上通量,且假定向下为正)在大气顶和地面的差别(石广玉,2007)。我们将其分别应用于短波和长波辐射,云的短波和长波辐射强迫分别记为 CRF$_S$ 和 CRF$_L$。一般来说,CRF$_S$ 为负,表示云的存在使更少的短波辐射进入地气系统,因而对地气系统有冷却效应;CRF$_L$ 为正,表示云的存在使更少的长波辐射逸出地气系统,因而对地气系统有增暖效应。我们从年平均差值场来看云内凝结量的水平分布对云辐射强迫的影响。

　　短波辐射强迫。从图 6.20a 中可以看出,当云内凝结量分布不均匀时,不论地面还是大气顶,CRF$_S$ 都是增大的,即有更多的短波辐射进入大气,表明云的短波冷却作用有所减小。地面和大气顶的辐射强迫之差反映了大气因为云的存在而额外吸收的辐射能量,一定程度上反映了整层气柱的能量变化趋势(石广玉,2007)。图 6.20 中长划线为地面和大气顶辐射强迫之差,可以看出,IHCLD 和 HCLD 的 CRF$_S$ 之差为负,因此整个气柱吸收的短波能量有所减小,但减小的程度很小,纬向平均只有 0.1 W·m^{-2} 左右。偏差的分布在各个纬度上较为均一,也就是说 CRF$_S$ 差异基本上不会造成短波辐射能量在各纬度上分配的变化,而只是在量值上有所改变。

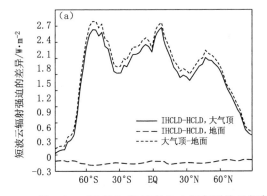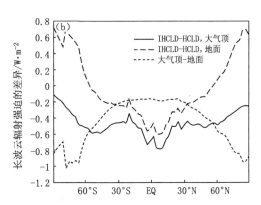

图 6.20　IHCLD 和 HCLD 之间年平均云辐射强迫差异(IHCLD－HCLD)的纬向平均分布
(a:短波云辐射强迫;b:长波云辐射强迫。实线为大气顶辐射强迫之差;
虚线为地面辐射强迫之差;长划线为前两条线之差)

　　长波辐射强迫。从图 6.20b 中可以看出,IHCLD 与 HCLD 相比,不论地面还是大气顶,CRF$_L$ 都是减小了的,但是 CRF$_L$ 差值在地面和大气顶的纬度分布却很不一样。在大气顶(实线),CRF_L 在赤道附近减少最多、中纬度地区次多,而两极最小;在地面(虚线),长波辐射强迫在赤道附近的减小程度很小,而在 $60°N$ 和 $60°S$ 以南的高纬度地区最大。这种差异主要与云层高度的分布有关,如前所述,低纬度地区高云多低云少,而高纬度地区则低云多高云少;大气顶 CRF_L 主要受高云的影响,因此,其在低纬度地区对云水的水平分布较为敏感;而地面 CRF_L 主要受低云的影响,因此,其在高纬度地区对云水的水平分布较为敏感。仍然从大气顶和地面辐射强迫之差(长划线)来看大气柱吸收能量的改变,发现 $45°N$ 和 $45°S$ 之间的低纬度地区大气顶和地面 CRF_L 差值为负,整个气柱将少吸收(或多向外发射)最大约 $0.5\ W \cdot m^{-2}$ 能量;其他较高纬度地区差值为正,整个气柱将多吸收(或少向外发射)最多约 $0.7\ W \cdot m^{-2}$ 的能量。这与长波加热率差异使极地附近增温的结果是一致的。可见,云内凝结量水平分布的改变将导致辐射能量在不同纬度大气之间的分布,这样低纬度地区变冷、高纬度地区变暖,从而对大气热力、动力过程产生系统性的影响。

除了地面和大气顶的界面辐射通量外,大气内部的辐射收支同样具有重要意义。大气因为吸收太阳短波辐射而得到能量,所以通常经由这种过程而加热;大气又因为向太空发射红外辐射而损失能量,所以通常经由这种过程而冷却(Liou,2004)。为使表述方便,这里我们以负加热率来表示大气的长波冷却效应。大气长波、短波辐射加热率的计算可以统一写为:

$$\frac{\partial T}{\partial t} = -\frac{1}{\rho C_p}\frac{dF(z)}{dz} \tag{6.7}$$

图 6.21 中是 IHCLD 和 HCLD 实验的冬、夏季短波辐射加热率(图 6.21a、b)和长波辐射加热率(图 6.21c、d)差值场的纬度-高度分布。首先,对于短波辐射加热率,IHCLD 比 HCLD 基本上是减小的,减小的区域在冬季主要是 $60°S$ 以南和 $30°S$ 附近的近地面层,以及 $30°\sim60°S$ 的云顶层(400 hPa 附近)。夏季与之相似,只是随着太阳赤纬北移,加热率变化相应移至北半球相近纬度。可以看出,短波辐射加热率的变化主要在云顶层和近地面层,而中间各层的加热率变化很小;同时,短波加热率变化主要发生在夏半球,冬半球受云凝结量的水平分布对短波辐射加热率影响很小。大气中短波吸收气体主要集中在平流层,对流层大气对短波辐射的吸收很少,短波辐射的加热作用本身很小,因此云的水平分布变化对对流层短波加热率的改变并不大,最大差异出现在夏半球高纬度地区的近地面层,约 $-0.015\ K \cdot d^{-1}$。

其次,对于长波辐射加热率,IHCLD 比 HCLD 最显著的差别是在 $60°S$ 以南和 $60°N$ 以北的高纬度地区的近地面层,这里长波加热率差值最大可以达到 $0.1\ K \cdot d^{-1}$,相比短波辐射加热率差值要大得多,这是因为地面长波辐射是对流层大气增温的主要能量来源,而且云是长波辐射的良好吸收体,云凝结量水平分布变化可以明显改变其长波吸收性质,从而改变大气的加热状况。近地面层加热率的增大表明 IHCLD 使这里大气有增温可能。另外,在云顶层长波加热率有轻微增大,而其下部有轻微减小,但是幅度都很小,仅有 $-0.02\ K \cdot d^{-1}$。由于长波辐射为热红外辐射,与太阳赤纬关系不大,因此,长波辐射加热率差异的季节差异相对不明显。

从图 6.21 还可以看出,短波加热率减小的地方,基本上都有长波加热率的增大,而后者基本上都比前者大得多。总加热率代表大气总的加热趋势,其差值分布(图略)与长波加热率非常类似,因此总体来看,IHCLD 比 HCLD 高纬度地区近地面层有增暖的趋势,而在中、低纬度地区大气加热状况变化很小。

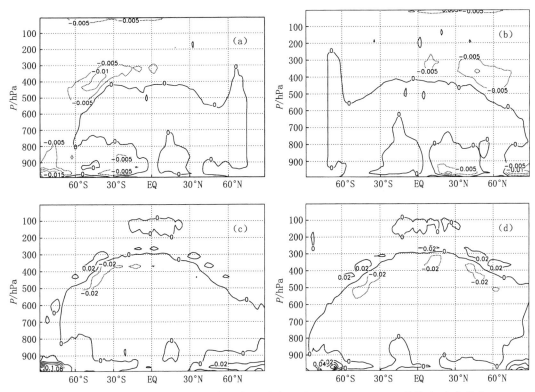

图 6.21　IHCLD 和 HCLD 间大气辐射加热率差异(IHCLD－HCLD)的纬度-高度分布

(a、b:短波辐射加热率;c、d:长波辐射加热率;左侧为冬季,右侧为夏季)

6.3.2　云的垂直重叠结构对地气辐射收支的影响

分别对 5.1 节所述四种云垂直重叠结构进行四组模式积分,同样主要针对冬季和夏季结果进行分析。GenO 是最接近实际、也是未来最有可能采用的重叠结构(Barker *et al.*,2005),因此我们以它作为参照重叠,其他重叠结构的结果与之相比较来得到地气辐射场对云的重叠结构的敏感性,以使结果有较高的参考价值。

采用不同的云垂直重叠假定的最直接结果首先是导致辐射计算中的总云量差异,有云和晴空面积比例的变化会对地-气辐射收支产生重要影响。

图 6.22a 和 b 给出了冬、夏两季不同重叠结构间的总云量差异的纬向平均,本节全云量为 1。可以看出,不论冬季还是夏季,MRO 和 MO 总云量都偏少,而 RO 则偏多。MRO 与GenO 最为接近,各个纬度上偏差在 0.01 左右。MO 总云量则有较大偏差,基本都偏少0.02 以上,在赤道附近偏少达到 0.06。RO 的云量普遍偏多 0.02～0.04。赤道地区和南北中高纬地区偏差绝对值较大,副热带地区较小,它们分别对应纬向平均云量最多和最少的地区。值得一提的是 MRO 和 MO 夏季南极附近都有很大偏差,这与此时南极高云量的增多有关(图略),但是后面我们会看到它对辐射计算的影响是很小的。

由于不同高度云层的辐射效应有很大差异(赵高祥 等,1994),而总云量只能从整个气柱反映云的信息,因此我们还希望知道不同高度上的云量随重叠结构的改变如何。图6.22c、d 和图 6.22e、f 分别给出冬夏两季低云量(700 hPa 高度以下的云)和高云量(400 hPa

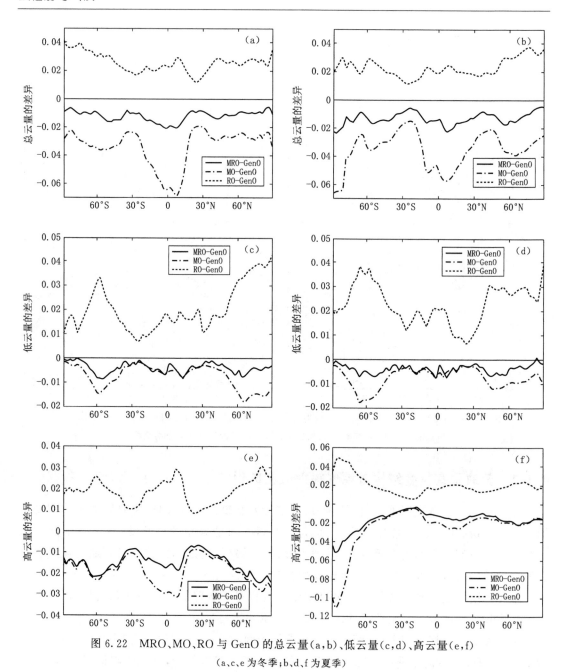

图 6.22　MRO、MO、RO 与 GenO 的总云量(a,b)、低云量(c,d)、高云量(e,f)

(a、c、e 为冬季；b、d、f 为夏季)

高度以上的云)差异的纬向平均。

　　低云量。在 30°S～30°N 之间，MRO 和 MO 对于低云重叠的表现上非常接近，都维持一个很小的偏差(−0.005 左右)；而在 60°S 和 60°N 附近的高纬度地区(这里是全球低云最密集的区域)，MO 出现较大负偏差(0.01～0.02)。而 RO 在中高纬度和赤道地区都明显偏大，分别达到 0.04 和 0.02。偏差的大小随季节有一定的变化，对于 MO 和 RO，以冬季的 60°N 附近和夏季的 60°S 附近偏差最大；对于 MRO，季节和纬度间差异都较小。低云能够强烈反射太阳短波辐射和吸收地面长波辐射，采取什么样的重叠结构对于地面辐射收支有重要的影响。

高云量。赤道对流区和中高纬度地区高云量对云垂直重叠结构的选取比较敏感,不同重叠间的差别较大。冬季,以上地区的高云量偏差基本在 0.02~0.03;同时可以看出,MRO 和 MO 在中高纬度地区较为接近,而在赤道附近(由于对流旺盛,这也是全球高云量最多的地区)MO 高云量比 MRO 少很多,可见在高云量大的地区,云垂直重叠结构的选择对得到恰当的高云量是重要的。夏季,如前所述,南极附近高云量明显增多,不同重叠结构得到的高云量差别在这里达到最大,MO 的偏差可以达到 0.1,MRO 和 RO 的偏差也分别达到 −0.04 和 0.04。但是如此明显的高云量差异并没有表现在辐射场差异上(图 6.23),这里的高云对辐射影响可能是不重要的。

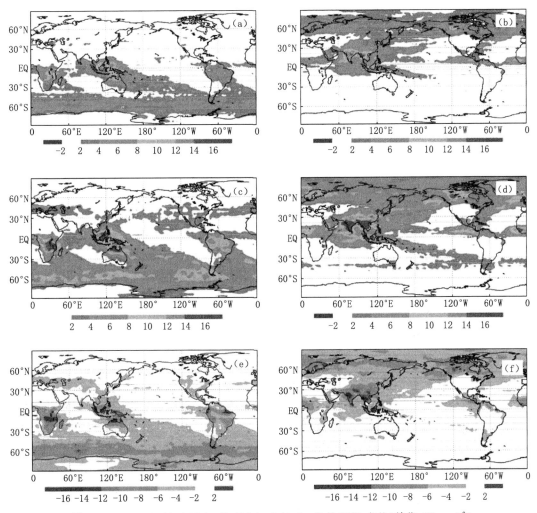

图 6.23　MRO(a,b)、MO(c,d)、RO(e,f)与 GenO 的 DSR 之差(单位:W・m^{-2})
(a、c、e 为冬季;b、d、f 为夏季)

图 6.23 和图 6.24 分别给出了 DSR 和 OLR 差值的全球分布。

从图 6.23 可以看出,冬季差值主要集中在赤道地区以及南半球,夏季差值主要集中在赤道地区和北半球,这是因为短波辐射是随太阳赤纬而南北移动的。对于同一季节,不同云垂直重叠结构的 DSR 差异的地区分布是基本一致的,这是因为我们四组试验所用的网格云

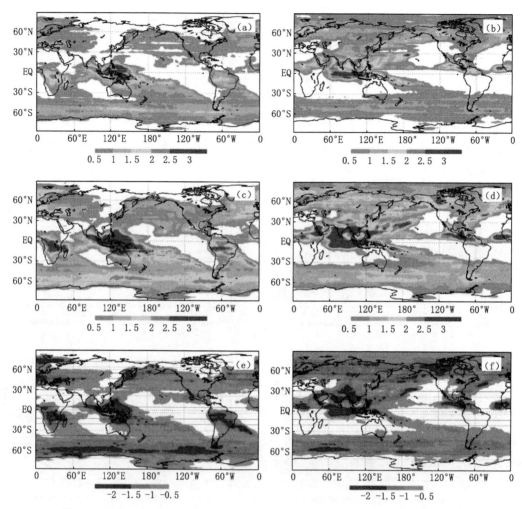

图 6.24　MRO(a,b)、MO(c,d)、RO(e,f)与 GenO 的 OLR 之差(单位:W·m^{-2})

(a、c、e 为冬季;b、d、f 为夏季)

量廓线完全一致,辐射场差异的分布与云的分布密切相关。

　　DSR 偏差极大值在热带辐合区(ITCZ),这是因为这里云量较多、云层深厚,采用不同的云重叠结构对于总云量的影响最大,因而短波辐射对于云的重叠假设最为敏感。ITCZ 随季节移动,由冬季的西太平洋群岛、非洲大陆南部和南美洲中部分别移动到夏季的印度季风降水区、非洲大陆中西部和中美洲地区,DSR 偏差极大值也随之移动。另一个 DSR 具有明显偏差的地区是高纬度地区的低云带,如冬季 60°S 附近和夏季的 60°N 以北地区,这里维持有大量的中、低云系,因而 DSR 对云的重叠结构也较为敏感,虽然量值上一般低于 ITCZ 处,但因为是连续大面积出现,其对地球能量收支和分布的影响也是不能忽视的。另外,我们可以看出,云的垂直重叠结构对于短波辐射收支在冬半球中高纬度地区是相对不重要的,因为这里接收的太阳短波辐射本身较少。

　　从图 6.23 可以看出,MRO 和 MO 类似,它们都使地面接收到更多的短波辐射能量。无论冬季夏季,MRO 在 ITCZ 的最大 DSR 偏差在 16 W·m^{-2} 以上,相当于参照重叠 GenO 在该区域 DSR 的 8%～12%(图略);在高纬度低云带的 DSR 偏差也普遍达到 4～8 W·m^{-2},

相当于 GenO 在该区域 DSR 的 $2\%\sim4\%$(图略)。MO 的 DSR 偏差比 MRO 情况更为偏大一些,全球平均偏大约 $1.5\ \mathrm{W\cdot m^{-2}}$(表 6.5)。RO 使 DSR 比参照重叠偏小,在 ITCZ 达到 $-16\ \mathrm{W\cdot m^{-2}}$ 以上,在高纬度低云区达到 $-4\sim-8\ \mathrm{W\cdot m^{-2}}$。这是在预期之中的,因为 MRO 和 MO 都使总云量减少,因而有更多的短波辐射得以穿透大气层到达地面,而 RO 使总云量增多,阻止了一部分向下的短波辐射。以上分析表明,热带深厚对流区的短波辐射通量对云重叠结构的选择最为敏感,而辐射对这里热对流的形成和发展以及降水又至关重要,因此我们应该更多地注意热带对流区云的重叠结构。全球平均来看,重叠假设造成的 DSR 偏差绝对值在 $1\sim3.5\ \mathrm{W\cdot m^{2}}$(表 6.5)。

表 6.5　冬季和夏季四种重叠的云和辐射场的全球平均比较

(辐射量单位:$\mathrm{W\cdot m^{-2}}$)

	DJF				JJA			
	MRO	MO	RO	GenO	MRO	MO	RO	GenO
CTOT	0.628	0.605	0.664	0.641	0.602	0.580	0.636	0.615
	−0.013	−0.036	0.023		−0.013	−0.035	0.021	
CLOW	0.367	0.364	0.392	0.371	0.334	0.332	0.356	0.339
	−0.004	−0.007	0.021		−0.004	−0.006	0.018	
CHGH	0.373	0.368	0.404	0.386	0.374	0.368	0.404	0.388
	−0.014	−0.018	0.017		−0.014	−0.019	0.017	
OLR	234.76	235.09	233.72	234.01	241.18	241.51	239.66	240.42
	0.75	1.08	−0.29		0.76	1.09	−0.76	
DSR	196.49	197.95	193.25	194.44	183.81	185.11	179.65	181.90
	2.05	3.51	−1.19		1.91	3.21	−2.25	
SWCF	−59.86	−58.67	−62.54	−61.63	−54.45	−53.39	−57.93	−56.09
	1.77	2.96	−0.91		1.65	2.70	−1.83	
SWCFS	−63.45	−62.15	−66.31	−65.30	−57.07	−55.93	−60.72	−58.78
	1.85	3.15	−1.01		1.70	2.85	−1.95	
LWCF	25.35	25.02	26.39	26.10	25.52	25.19	27.04	26.27
	−0.75	−1.08	0.29		−0.75	−1.09	0.76	
LWCFS	29.67	29.08	30.97	30.26	27.12	26.60	28.80	27.67
	−0.59	−1.18	0.71		−0.55	−1.07	1.12	

注:CTOT,总云量;CLOW,低云量;CHGH,高云量;OLR、DSR、SWCF、SWCFS、LWCF 和 LWCFS 同表 6.4。斜体数字表示各量与 GenO 相应量之差。

从图 6.24 的 OLR 差值的全球分布来看,云的垂直重叠结构对 OLR 的影响都集中在相同的区域,即云场所限定的区域。

由于地球长波辐射是全球性的,所以不同云重叠结构的 OLR 差异的分布范围也较广泛。OLR 与顶层云的关系最为密切,顶层云量减少则一方面地面长波辐射受到云层的吸收较少,另一方面随着温度低于环境温度的高云量减少,大气本身的长波发射增加,因而 OLR 增加;反之,顶层云增多则 OLR 减小。从图 6.22e 和 f 中不同云重叠结构的高云量差别的纬向分布与图 6.24 中相应的 OLR 差别的分布可以看出这样的关系。

从图 6.24 中的季节差异来看,不同云重叠结构造成的 OLR 差异在热带辐合带最大,且随之移动,可见深厚云层辐射性质对云重叠结构的敏感性最大,这与 DSR 情况是相似的;在中高纬度地区,OLR 差别因季节而异,同一地区(如 60°S、60°N 附近)OLR 在当地夏季比当地冬季受到重叠结构的影响更大,北极地区表现得最为明显,因此可以说夏季是对重叠假设的敏感季节。南极地区无论冬季、夏季,OLR 偏差都是可以忽略的,图 6.22f 中南极地区不同云重叠结构的大的高云量偏差对 OLR 没有明显影响。

下面定量地来看 OLR 对云垂直重叠结构的敏感性。相比 DSR,重叠结构对 OLR 的影响程度要小得多,不同重叠结构间的 OLR 差别极值只有 $3 \sim 4$ W·m^{-2},相当于参照重叠 GenO 该处 OLR 的 2% 左右(图略),但因为 OLR 偏差分布范围广泛,全球平均也可达到 1 W·m^{-2} 左右(表 6.5)。

图 6.25 是不同的云重叠结构的短波加热率差异的纬度-高度分布。可以看出,无论冬季还是夏季,不同的云重叠结构在低纬度地区短波加热率差别都很小。云重叠结构对短波

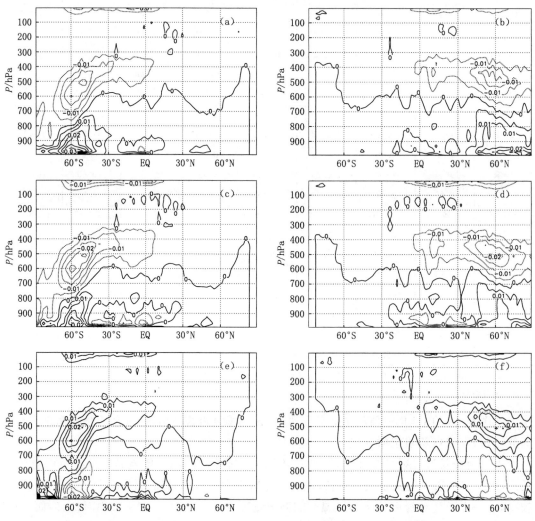

图 6.25　MRO(a,b)、MO(c,d)、RO(e,f)与 GenO 的短波加热率之差(单位:K·d^{-1})

(a,c,e 为冬季;b,d,f 为夏季。等值线间隔为 0.005)

辐射加热率的影响主要在冬季的 60°S 和夏季的 60°N 附近,采用不同重叠结构可以改变了这里的加热率廓线,其中 MRO 和 MO 在 700hPa 左右以下加热率有所增大,在 700hPa 以上加热率有所减小;RO 则刚好相反。这可能与该区域低云量的改变有关。以液态粒子为主的低云有强烈的反射短波辐射的作用,对到达地面的短波辐射通量有很大影响(刘玉芝 等,2007),低云减少(图 6.22b、c 中的 MRO、MO)则使透射到达地面的短波辐射增多,因而加热率随之增加,而向上反射的短波辐射减少因而上部加热率减小;反之亦然(图 6.22b、c 中的 RO)。

图 6.26 给出了大气顶和地面的年平均短波辐射强迫(CRF$_S$)和长波辐射强迫(CRF$_L$)。无论地面还是大气顶,MRO 和 MO 都使 CRF$_S$ 有正偏差,因而云的短波冷却作用较小。RO 则使 CRF$_S$ 有负偏差,因而云的短波冷却作用较大。各种云重叠结构的 CRF$_S$ 差别最大是在赤道地区和南北纬 40°~60° 的中纬度地区,在副热带地区和两极地区差别较小。MRO 的最大纬向平均正偏差约 2~3 W·m^{-2},MO 为 5 W·m^{-2} 左右,RO 约为 −3 W·m^2。地面和大气顶的辐射强迫之差反映了大气因为云的存在而额外吸收的辐射能量,一定程度上反映了整层气柱的能量变化趋势(石广玉,2007)。我们看到,三种重叠结构在地面和大气顶的 CRF$_S$ 差别很小,说明云重叠结构的改变对整层大气的短波辐射吸收的影响很小,可能对于整个地球系统的短波能量收支影响较小。

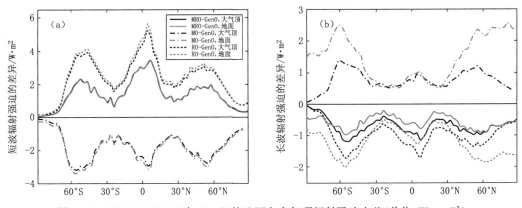

图 6.26　MRO、MO、RO 与 GenO 的地面和大气顶辐射强迫之差(单位:W·m^{-2})

(a)短波,(b)长波

无论地面还是大气顶,MRO 和 MO 都使 CRF$_L$ 有负偏差,因而云的长波增暖作用较小。RO 使 CRF$_L$ 有正偏差,因而云的长波增暖作用较大。MRO 和 MO 的负偏差在赤道地区和南北纬 40°~60° 的中纬度地区达到最大,分别为 1 W·m^{-2} 和 2 W·m^{-2} 左右。RO 对 CRF$_L$ 的作用在 60°S 附近和 60°N 以北的地区最明显,在地面和大气顶分别有最大值 1.5 W·m^{-2} 和 2.5 W·m^{-2} 左右。

云的重叠结构对 CRF$_L$ 影响的一个特点是大气顶和地面的差别较大。MRO 在 60°S~60°N 地面与大气顶 CRF$_L$ 之差为负,整层气柱能量减少,而在更高纬度区域,大气顶与地面 CRF$_L$ 之差为正,整层气柱能量增加。类似,MO 在 30°S~30°N 大气顶与地面 CRF$_L$ 之差为负,向极地方向大气顶与地面 CRF$_L$ 之差为正,气柱能量有低纬度增多、高纬度减少的趋势。RO 在 30°S~30°N 地面与大气顶 CRF$_L$ 差别很小,而向极地,大气顶和地面 CRF$_L$ 差值可以达到 1.5～2 W·m⁻²，整层气柱减少更多能量。总之，重叠假设的改变可能系统性地影响地气系统能量在不同纬度地区的分配，从而影响所模拟气候系统的演变。

图 6.27 是不同的云重叠结构的长波加热率差异的纬度-高度分布。通常大气是发射长波辐射而冷却的，冷却程度常用长波冷却率表示，但是本书用负的长波加热率表示其冷却作用，以使表述上与短波情况一致。单层云的试验表明(Fu *et al*.，1997)，与晴空长波加热率相比，云顶处长波加热率减小、云底处长波加热率增大。我们可以预期，云量减少时云的作用将减小，表现为云顶加热率的增大和云底加热率的减小。从图 6.27 中可以看出，长波加热率的改变也主要在中高纬度低云带处。对于 MRO 和 MO，上述预期得到很好验证，由于云量比 GenO 少，在中高纬度的低云带处基本上高层长波加热率增大、低层加热率减小。RO 的云量比 GenO 大，预期将有高层加热率减小、低层加热率增大，这在冬季的 60°N 以北和夏季的 60°S 以南得到验证；但在冬季的 60°S 以南和夏季的 60°N 以北，加热率的减小从高层一直延伸到低层，这是因为多层云比单层云具有更复杂的辐射特性。云的重叠结构可能

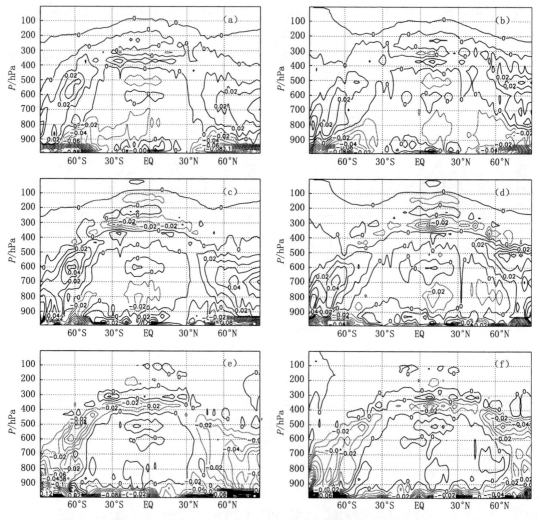

图 6.27　MRO(a，b)、MO(c，d)、RO(e，f)与 GenO 的长波加热率之差(单位：K·d⁻¹)

(a、c、e 为冬季；b、d、f 为夏季。等值线间隔 0.01)

对大气热力结构和大气环流产生很大影响。

对流层大气对长波能量的吸收远远大于其对短波辐射的吸收,长波辐射是大气能量收支的主要贡献者,因此,长波加热率对云的重叠结构更为敏感。从图 6.25 和图 6.27 也可以看出来,采用不同的云垂直重叠结构,长波加热率的极大差异($0.12 \sim 0.2$ K・d^{-1})比短波加热率的极大差异(约 0.02 K・d^{-1})几乎高一个量级。云的重叠结构在很大程度上通过长波辐射加热率对大气热力结构和大气环流产生影响。

6.4　基于卫星观测的云重叠参数改进

抗相关厚度 L_{cf} 作为描述云重叠参数的因子是影响全球气候模式云量模拟的重要因素。为了更准确地得到云的参数化方案,利用 4 年(2007—2010 年)的 CloudSat/CALIPSO 卫星观测资料计算得到 L_{cf}(下文用 L_{cf}^{*} 表示)。本节利用国家气候中心全球大气环流模式 BCC_AGCM2.0,比较基于观测的云重叠参数对全球以及东亚地区总云量模拟的影响。

6.4.1　基于卫星数据的云重叠参数的计算

本节采用 CloudSat/CALIPSO 卫星 2007—2010 年 2B-GEOPROF 和 2B-GEOPROF-LIDAR 的产品资料,在全球气候模式网格上计算 L_{cf}^{*}。2B-GEOPROF 数据中 CPR_Cloud_mask≥20、2B-GEOPROF-LIDAR 数据中的云量≥99%以及雷达反射率≥-30 dBZ 三者同时满足时,即判定为该处有云,否则为晴空。

图 6.28 为冬季(DJF)和夏季(JJA)L_{cf}^{*} 的全球分布。由于卫星在极地附近的观测存在较大的偏差,因此 L_{cf}^{*} 的有效空间范围为(82°S~82°N,180°W~180°E)。北半球夏季由于大气相对不稳定与对流的存在,云体相对较少(Li et al.,2015;Zhang et al.,2014),L_{cf}^{*} 相对较小。相反,在北半球冬季大气层稳定、云层厚、L_{cf}^{*} 相对较大。从图 6.29 全球不同季节 L_{cf}^{*} 的纬向平均中,可以更直观地看出:北半球冬季的 L_{cf}^{*} 较夏季大,最大值达到 4.2 km,出现在中高纬度地区,此时大气更加稳定,云的形成与大规模的抬升作用相关,通常可以延伸数百里并具有较大的厚度以及良好的垂直结构;南半球在 0°~30°S,冬季较夏季大,冬季达到 2.9 km 而夏季为 1.8 km,中纬度地区冬、夏两季的差别小,因为南半球中纬度多为洋面云层变化少,在高纬度地区则夏季较大,达到 4.8 km。

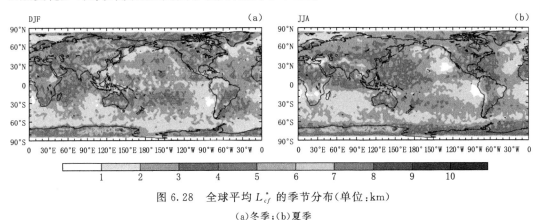

图 6.28　全球平均 L_{cf}^{*} 的季节分布(单位:km)

(a)冬季;(b)夏季

在亚洲大陆,从图6.28中可以很明显看出无论是冬季还是夏季都是 L_{cf}^* 的高值区,冬季可达 5～6 km,夏季则为 3～4 km。这与 Mace 等(2002)以及 Oreopoulos 等(2011)的地面雷达观测结果相一致。在印度洋赤道地区,L_{cf}^* 的值普遍大于2。这是由于在印度洋赤道地区经常发生深对流系统,导致云从很低的高度一直发展到对流层上方(Wang et al.,1998)。在南半球中纬度海洋地区,L_{cf}^* 进一步减小为 1～2 km。这里海温较低,较低的层状云占主导地位(Wood,2012)。这种云具有不规则的形状,在垂直方向上没有发展的动力。在南美洲西部太平洋地区,冬季和夏季都出现了 L_{cf}^* 的极小值,出现了小于 1 km 的情况。

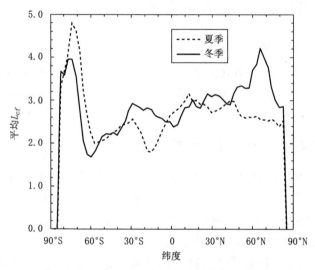

图 6.29　全球冬、夏两季 L_{cf}^* 的纬向平均(单位:km)

6.4.2　基于观测的云重叠参数对总云量模拟的影响

本节仅考虑重叠参数的改变对模拟的总云量造成的瞬时影响,而未考虑气候反馈。为诊断这种影响,在全球气候模式的每个时间步长内对总云量进行一次额外的计算:根据表6.6中的试验设计计算得到总云量差异来反映不同 L_{cf} 带来的影响。在模式积分中,模式仅用第一次计算得到的总云量结果进行下一步长的计算。因此,以上进行诊断计算的总云量不产生气候反馈。模式运行时间为 10 年。

表 6.6　诊断 L_{cf} 影响的数值试验设计

试验编号	参数设置	运行时间(年)
1(试验1)	$L_{cf}=2$ km	10
2(试验2)	L_{cf}^*	10

图 6.30 为冬、夏两季 CERES 的总云量以及本节试验模拟得到的总云量的全球平均分布图。从 CERES 卫星观测资料看,总云量在热带对流区域和中纬度海洋较多,而在副热带地区较少。模式基本上模拟出了这种分布特征。CERES 卫星资料冬、夏两季的全球平均总云量均为 0.61。本节试验 1、2 模拟的全球平均总云量(冬季分别为 0.68 和 0.67;夏季分别为 0.65 和 0.64)均大于卫星资料的值,试验 2 较试验 1 更准确。试验 2 相比与试验 1 冬、夏

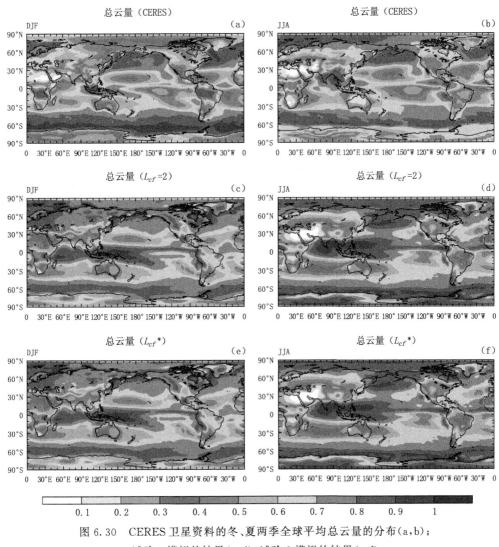

图 6.30　CERES 卫星资料的冬、夏两季全球平均总云量的分布(a,b);
试验 1 模拟的结果(c,d);试验 2 模拟的结果(e,f)

两季的全球平均总云量与 CERES 卫星资料的误差减少了 1.6%。

图 6.31 为试验 1、2 与 CERES 卫星资料冬、夏两季总云量差异的全球平均分布。从全球平均分布看,两组试验冬、夏两季与 CERES 卫星资料总云量差异分布较为一致。冬季,在赤道和中高纬度陆地地区存在明显的正偏差,在中纬度洋面存在明显的负偏差。夏季,在近赤道洋面存在明显的正偏差,在北半球中纬度陆地以及南半球中纬度洋面存在明显的负偏差。从数值上看,冬季的全球平均差值试验 2 比试验 1 小 5.7%(试验 1、2 平均差值分别为 0.070 和 0.066),夏季的全球平均差值试验 2 比试验 1 小 9.5%(试验 1、2 平均差值分别为 0.042 和 0.038)。

图 6.32 为试验 2 与试验 1 模拟得到的冬、夏两季总云量差异的全球平均分布。与 L_{cf} 取全球平均值 2 km 相比,L_{cf}^{*} 模拟得到的总云量在热带出现负偏差,而在中纬度洋面上呈现正偏差。这是因为 L_{cf}^{*} 在热带大于 2 km 在中纬度洋面上小于 2 km(图 6.28)。图 6.33

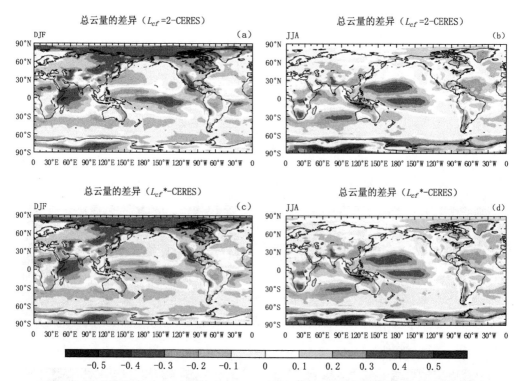

图 6.31　试验 1(a,b)、2(c,d)与 CERES 卫星资料冬、夏两季全球平均总云量差异分布

中试验 2 与试验 1 模拟得到的冬、夏两季总云量差异的全球纬向平均分布表明：冬季在南半球中高纬度存在正偏差，在热带地区存在负偏差；夏季在南半球中低纬度地区存在正偏差，北半球存在负偏差。相对于试验 1，试验 2 总云量在热带地区的减少以及在中纬度洋面的增加分别有助于减少模式在这些区域的总云量的正偏差和负偏差。采用 L_{cf}^* 使得模拟结果向正确的方向偏移。

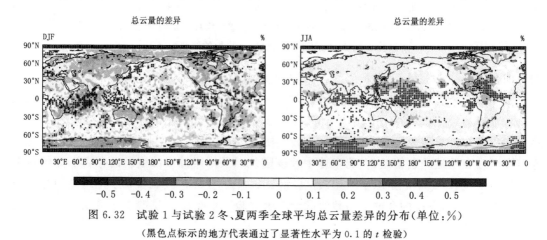

图 6.32　试验 1 与试验 2 冬、夏两季全球平均总云量差异的分布（单位：%）

（黑色点标示的地方代表通过了显著性水平为 0.1 的 t 检验）

　　图 6.34 为 CERES 卫星资料和试验 1、2 东亚地区总云量冬、夏两季的平均分布。从 CERES 卫星资料看，冬季蒙古高原、喜马拉雅山脉两地总云量较低，在东亚东部总云量较

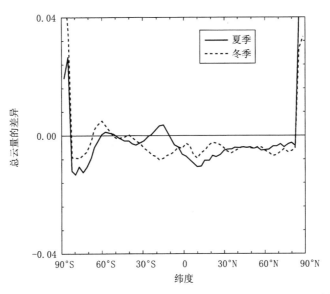

图 6.33 试验 1 与试验 2 冬、夏两季全球平均总云量差异的纬向平均分布

高;夏季东亚南部出现较高的总云量。从区域平均看,东亚地区冬夏两季的平均总云量分别为 0.55、0.67。试验 1、2 模拟的东亚平均总云量(冬季分别为 0.66 和 0.65;夏季分别为 0.70 和 0.69)均大于 CERES 卫星资料的值,试验 2 较试验 1 更准确。试验 2 与试验 1 相比冬、夏两季的东亚平均总云量与 CERES 的误差分别减少了 1.8% 和 1.4%。

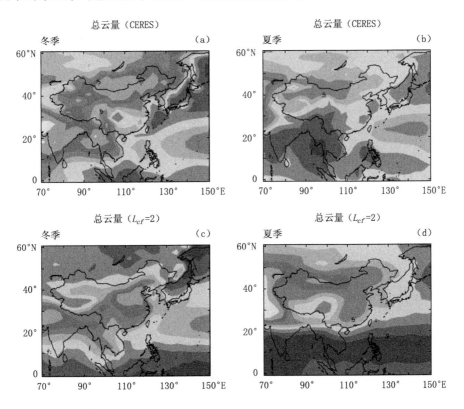

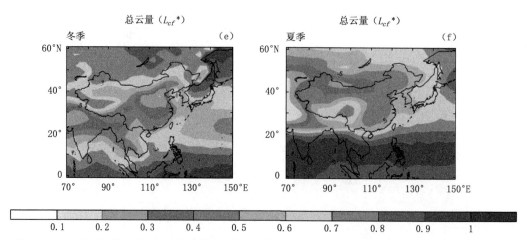

图 6.34 （a）和（b）为 CERES 卫星资料得到的冬、夏两季东亚平均总云量的分布；（c）和（d）为试验 1 模拟的冬、夏两季东亚平均总云量分布；（e）和（f）为试验 2 模拟的结果

图 6.35 给出了试验 1、2 与 CERES 卫星资料在东亚地区冬、夏两季总云量差异。从区域分布看，试验 1、2 冬、夏两季与 CERES 卫星资料在总云量差异分布上较为相似。冬季，在蒙古、中国东北部存在明显的正偏差；在东亚以东洋面上以及中国东部存在明显的负偏差。

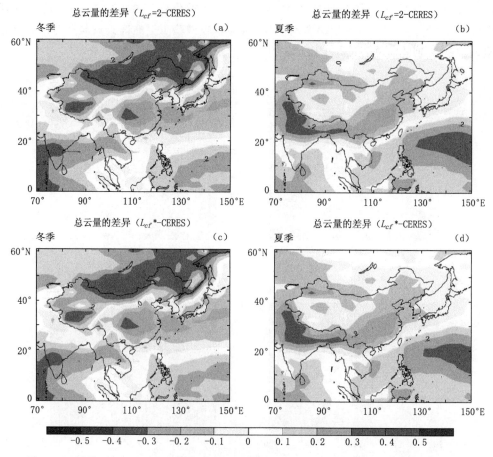

图 6.35 试验 1(a,b)、2(c,d) 与 CERES 卫星资料冬、夏两季东亚平均总云量的差异分布

夏季,在东亚以东洋面上存在明显的正偏差;在陆地上存在明显的负偏差。冬、夏两季云量的差异主要集中在陆地上。从数值上看,冬季的东亚平均差值试验 2 比试验 1 小 3.4%(试验 1、2 平均差值分别为 0.117 和 0.113),夏季的东亚平均差值试验 2 比试验 1 小 25.9%(试验 1、2 平均差值分别为 0.027 和 0.020)。可见,$L_{cf}{}^{*}$ 对模拟的东亚总云量有所改进,特别是对夏季总云量的模拟。

图 6.36 为试验 2 与试验 1 模拟得到的东亚冬、夏两季总云量差异。东亚地区大多呈现负偏差(图 6.37)。与 L_{cf} 取全球平均值相比,L_{cf}^{*} 模拟的东亚总云量,冬季在中高纬度大陆区域有所减少,在日本以东和低纬度海洋区域有所增大;夏季在西北太平洋有显著减小。这是因为,L_{cf}^{*} 冬季中高纬度大陆大于 2 km,在日本以东和低纬度海洋区域小于 2 km;夏季在西北太平洋大于 2 km。试验 2 中相对试验 1 的以上差异,可以抵消模式模拟中相应的正、负偏差(图 6.34)。可见 L_{cf}^{*} 使得模拟结果向正确的方向偏移。

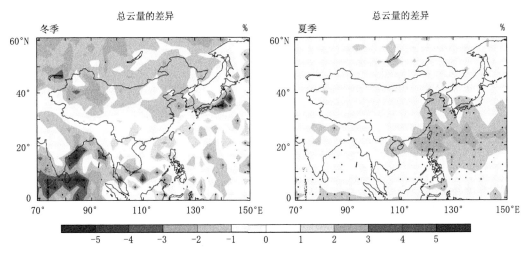

图 6.36　试验 1 与试验 2 冬、夏两季东亚平均总云量差异的分布(单位:%)

(黑色点标示的地方代表通过了显著性水平为 0.1 的 t 检验)

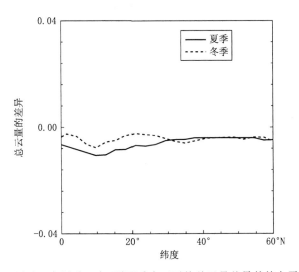

图 6.37　试验 1 与试验 2 冬、夏两季东亚平均总云量差异的纬向平均分布

参考文献

查晶,罗德海,2011. 层云加热对热带大气季节内振荡的影响[J]. 大气科学,**35**(4):657-666.

郭准,吴春强,周天军,等,2011. LASG/IAP 和 BCC 大气环流模式模拟的云辐射强迫之比较[J]. 大气科学,**35**(4):739-752.

荆现文,2009. 气候模式中云的次网格水平、垂直结构对地气系统辐射收支的影响[D]. 南京:南京信息工程大学.

荆现文,2012. 气候模式中一种新的云-辐射处理方法的研究及应用[D]. 北京:中国气象科学研究院.

李志强,俞永强,2011. 耦合模式热带太平洋云-气候反馈模拟误差评估[J]. 大气科学,**35**(3):457-472.

刘玉芝,石广玉,赵剑琦,2007. 一维辐射对流模式对云辐射强迫的数值模拟研究[J]. 大气科学,**31**(3):486-494.

石广玉,2007. 大气辐射学[M]. 北京:科学出版社,302-318.

王海波,张华,荆现文,等. 2018. 不同云重叠参数对全球和东亚地区模拟总云量的影响[J]. 气象学报,**76**(5):767-778.

卫晓东,2011. 大气气溶胶的光学特性及其在辐射传输模式中的应用[D]. 北京:中国气象科学研究院.

张凤,2005. AGCM 中云的不均匀性作用的初步研究[J]. 气候与环境研究,**10**(3):574-587.

张华,1999. 非均匀路径相关 k-分布方法的研究[D]. 北京:中国科学院大气物理研究所.

张华,2016. BCC_RAD 大气辐射传输模式[M]. 北京:气象出版社.

张丽霞,周天军,曾先锋,等,2011. 积云参数化方案对热带降水年循环模态模拟的影响[J]. 大气科学,**35**(4):777-790.

赵高祥,汪宏七,1994. 云和辐射——(II)环流模式中的云和云辐射参数化[J]. 大气科学,**18**(s1):933-958.

Angell J Y,1986. Annual and Seasonal Global Temperature Changes in the Troposphere and Low Stratosphere,1960-1985[J]. *Monthly Weather Review*,**114**(10):1922-1930.

Barker H W,2002. The Monte Carlo Independent Column Approximation:Application within Large-Scale Models[C]. Proceedings of the GCSS Workshop,20—24 May 2002,Kananaskis,Alberta,Canada(available at http://www. met. utah. edu/skrueger/gcss-2002/Extended-Abstracts. pdf).

Barker H W,Räisänen P,2004. Neglect by GCMs of subgrid-scale horizontal variations in cloud-droplet effective radius:A diagnostic radiative analysis[J]. *Quarterly Journal of the Royal Meteorological Society*,**130**(600):1905-1920.

Barker H W,Räisänen P,2005. Radiative sensitivities for cloud structural properties that are unresolved by conventional GCMs[J]. *Quarterly Journal of the Royal Meteorological Society*,**131**(612):3103-3122.

Barker H W,Cole J N S,Morcrette J J,*et al*. ,2008. The Monte Carlo independent column approximation:An assessment using several global atmospheric models[J]. *Quarterly Journal of the Royal Meteorological Society*,**134**(635):1463-1478.

Baum B A,Heymsfield A J,Yang P,*et al*. ,2005. Bulk Scattering Properties for the Remote Sensing of Ice Clouds. Part I:Microphysical Data and Models[J]. *Journal of Applied Meteorology*,**44**(12):1885-1895.

Boer E R,Ramanathan V,1997. Lagrangian approach for deriving cloud characteristics from satellite observations and its implications to cloud parameterization[J]. *Journal of Geophysical Research*:Atmospheres,**102**(D17):21383-21399.

Bordi I,Fraedrich K,Ghil M,*et al*. ,2009. Zonal Flow Regime Changes in a GCM and in a Simple Quasi-

geostrophic Model:The Role of Stratospheric Dynamics[J]. *Journal of the Atmospheric Sciences*,**66**(5):
1366-1383.

Cahalan R F, 1989. Overview of fractal clouds[J]. *Advances in Remote Sensing Retrieval Methods*,
A. Deepak Publishing:371-388.

Cahalan R F,Ridgway W,Wiscombe W J,*et al.*,1994. The Albedo of Fractal Stratocumulus Clouds[J]. *J.
Atmos. Sci*,**51**(16):2434-2460.

Cai M,2005. Dynamical amplification of polar warming[J]. *Geophysical Research Letters*,**32**(22):45-81.

Chambers L H,Wielicki B A,Evans K F,1997. Independent pixel and two-dimensional estimates of Landsat-
derived cloud field albedo[J]. *J. Atmos. Sci.*,**54**:1525-1532.

Chun H Y,Song I S,Baik J J,*et al.*,2004. Impact of a Convectively Forced Gravity Wave Drag Parameter-
ization in NCAR CCM3[J]. *Journal of Climate*,**17**(18):3530-3547.

Evans K F,1993. Two-Dimensional Radiative Transfer in Cloudy Atmospheres:The Spherical Harmonic
Spatial Grid Method[J]. *Journal of Atmospheric Sciences*,**50**(18):3111-3124.

Fu Q,1996. An Accurate Parameterization of the Infrared Radiative Properties of Cirrus Clouds for Climate
Models[J]. *Journal of Climate*,**9**(9):2058-2082.

Fu Q,Liou K N,Cribb M C,*et al.*,1997. Multiple Scattering Parameterization in Thermal Infrared Radiative
Transfer[J]. *Journal of the Atmospheric Sciences*,**54**(24):2799-2812.

Hack J J,Caron J M,Danabasoglu G,*et al.*,2006. CCSM CAM3 Climate Simulation Sensitivity to Changes
in Horizontal Resolution[J]. *Journal of Climate*,**19**(19):2267-2289.

Holland M M,Bitz C M,2003. Polar amplification of climate change in coupled models[J]. *Climate Dynam-
ics*,**21**(21):221-232.

Holton J R,Haynes P H,Mcintyre M E,*et al.*,1996. Stratosphere-troposphere exchange[J]. *Reviews of Ge-
ophysics*,**33**(4):403-439.

IPCC, 2007. Climate Change 2007: Impacts, Adaptation and Vulnerability[R]. Contribution of Working
Group II to the Fourth Assessment Report of the Intergovernmental Panel on Climate Change. Cambridge:
Cambridge University Press:478.

Kristjánsson J E,Edwards J M,Mitchell D L,2000. Impact of a new scheme for optical properties of ice crys-
tals on climates of two GCMs[J]. *Journal of Geophysical Research*:Atmospheres,**105**(D8):10063-
10079.

Li L,Wang Y,Wang B,*et al.*,2008. Sensitivity of the Grid-point Atmospheric Model of IAP LASG
(GAMIL1.1.0)Climate Simulations to Cloud Droplet Effective Radius and Liquid Water Path[J].
Advances in Atmospheric Sciences,**25**(4):529-540.

Li J,Huang J,Stamnes K,*et al.*,2015. A global survey of cloud overlap based on CALIPSO and CloudSat
measurements[J]. *Atmos. Chem. Phys.*,**15**:519-536.

Liou K N,2004. 大气辐射学导论[M]. 北京:气象出版社.

Liu H L,Sassi F,Garcia R R,2009. Error Growth in a Whole Atmosphere Climate Model[J]. *Journal of the
Atmospheric Sciences*,**66**(1):173-186.

Mace G G,Benson-Troth S,2002. Cloud-Layer Overlap Characteristics Derived from Long-Term Cloud Ra-
dar Data[J]. *Journal of Climate*,**15**(17):2505-2515.

Oreopoulos L,Norris P M,2011. An analysis of cloud overlap at a midlatitude atmospheric observation facili-
ty[J]. *Atmos. Chem. Phys.*,**11**(12):5557-5567.

Pincus R,Barker H W,Morcrette J J,2003. A fast,flexible,approximate technique for computing radiative
transfer in inhomogeneous cloud fields[J]. *Journal of Geophysical Research*:Atmospheres,**108**(D13).

doi:10. 1029/2002JD003322.

Pincus R,Hemler R,Klein S A,2005. Using Stochastically Generated Subcolumns to Represent Cloud Structure[J]. *Monthly Weather Review*,**134**(12):3644-3656.

Räisänen P,Barker H W,2004a. Evaluation and optimization of sampling errors for the Monte Carlo Independent Column Approximation[J]. *Quarterly Journal of the Royal Meteorological Society*,**130**(601): 2069-2085.

Räisänen P,Barker H W,Khairoutdinov M F,*et al.* ,2004b. Stochastic generation of subgrid-scale cloudy columns for large-scale models[J]. *Quarterly Journal of the Royal Meteorological Society*,**130**(601): 2047-2067.

Räisänen P,Barker H W,Cole J N S,2005. The Monte Carlo Independent Column Approximation's Conditional Random Noise:Impact on Simulated Climate[J]. *Journal of Climate*,**18**(22):4715-4730.

Räisänen P,Järvenoja S,Järvinen H,*et al.* ,2007. Tests of Monte Carlo Independent Column Approximation in the ECHAM5 Atmospheric GCM[J]. *Journal of Climate*,**20**(19):4995-5011.

Räisänen P,Järvenoja S,Järvinen H,2008. Noise due to the Monte Carlo independent-column approximation: short-term and long-term impacts in ECHAM5[J]. *Quarterly Journal of the Royal Meteorological Society*,**134**(631):481-495.

Ronnholm K,Baker M B,Harrison H,1980. Radiative transfer through media with uncertain or variable parameters[J]. *Journal of the Atmospheric Sciences*,**37**(37):1279-1290.

Shi GY,1981. An accurate calculation and representation of the infrared transmission function of the atmospheric constituents[D]. Ph. D. dissertation,Tohoku Univ. of Jpn. ,Sendai,Japan:1-71.

Stohl A,Bonasoni P,Cristofanelli P,*et al.* ,2003. Stratosphere-troposphere exchange:A review,and what we have learned from STACCATO[J]. *Journal of Geophysical Research*:Atmospheres,**108**(D12):469-474. doi:10. 1029/2002JD002490.

Uppala S M,Kållberg P W,Simmons A J,*et al.* ,2005. The ERA-40 re-analysis[J]. *Quar-terly Journal of the Royal Meteorological Society*,**131**(612):2961-3012.

Wang P H,Minnis P,Mccormick M P,*et al.* ,1998. A study of the vertical structure of tropical(20°S~20°N) optically thin clouds from SAGE II observations[J]. *Atmospheric Researchs*,**47**(97):599-614.

Wielicki B A,Welch R M,1986. Cumulus cloud properties derived using Landsat satellite data[J]. *J. Climate Appl. Meteor*,**25**(3):261-276.

Wood R,2012. Stratocumulus clouds[J]. *Monthly Weather Review*,**140**(8):2373-2423.

Wyser K,1998. The Effective Radius in Ice Clouds[J]. *Journal of Climate*,**11**(7):1793-1802.

Xie P,Arkin P A,1997. Global Precipitation:A 17-Year Monthly Analysis Based on Gauge Observations, Satellite Estimates,and Numerical Model Outputs[J]. *Bulletin of the American Meteorological Society*, **78**(11):2539-2558.

Yang P,Wei H,Huang H L,*et al.* ,2005. Scattering and absorption property database for nonspherical ice particles in the near-through far-infrared spectral region[J]. *Applied Optics*,**44**(26):5512-5523.

Zhang H,2002. An Optimal Approach to Overlapping Bands with Correlated k Distribution and Their Application to Radiation Calculation for AGCM[J]. *American Geophysical Union*.

Zhang H,Shi G,Nakajima T,*et al.* ,2006a. The effects of the choice of the k-interval number on radiative calculations[J]. *Journal of Quantitative Spectroscopy & Radiative Transfer*,**98**(1):31-43.

Zhang H,Suzuki T,Nakajima T,*et al.* ,2006b. Effects of band division on radiative calculations[J]. *Optical Engineering*,**45**(1):016002.

Zhang H,Jing X,Li J,2014. Application and evaluation of a new radiation code under McICA scheme in

BCC_AGCM2. 0. 1[J]. *Geoscientific Model Development*,**7**(3):737-754.

Zhang H,Chen Q,Xie B,2015. A new parameterization for ice cloud optical properties used in BCC-RAD and its radiative impact[J]. *J. Quant. Spectrosc. Radiat. Transfer*,**150**:76-86.

Zuidema P,Evans K F,1998. On the validity of the independent pixel approximation for boundary layer clouds observed during ASTEX[J]. *Journal of Geophysical Research*:Atmospheres,**103**(D6):6059-6074.

第7章 云-辐射方案对气候模拟的影响

从第6.2节的结果可知,McICA云-辐射方案的随机误差对BCC_AGCM 2.0模式模拟结果的影响总体上较小,气候模拟结果仍主要与模式的动力框架、物理过程参数化方案等的选择有关。由于新的McICA云-辐射方案与BCC_AGCM 2.0原有云-辐射方案相比有了较大变化,不仅替换了旧的辐射方案,而且对云的微物理和光学性质及云的重叠假定等都进行了较大的更新,这些必然会对气候模拟结果产生一定程度的影响。本章在第6章基础上,将新的云-辐射方案的气候模拟结果与使用原云-辐射方案的模拟结果以及观测(再分析)资料进行了比较,以评估新方案的气候模拟效果,总结新方案的优势和不足之处,目的在于全面了解新方案对BCC_AGCM 2.0带来的改变,为将来云-辐射方案和气候模式的进一步改进和发展提供参考。

7.1 两种云-辐射方案对比

本节给出了新旧云-辐射方案具体的对比。为叙述方便,后文将包含云的次网格结构和Zhang等(2006a,b)以及张华(2016)的BCC_RAD辐射模式的McICA云-辐射方案称为"新方案",将BCC_AGCM 2.0原有的云-辐射方案称为"原方案"。

原方案中气体吸收采用带模式方法计算。长波采用的是吸收率/发射率方程求解(Ramanathan et al.,1986),考虑了0~800、800~1200、1200~2200 cm^{-1} 三个宽波段的平均吸收率/发射率;短波在18个波段范围计算平均透射率(Briegleb,1992)。带模式存在诸多的问题,如不能同时处理气体的非灰吸收和云与气溶胶的多次散射问题(石广玉,1998)等;随着大气辐射模式的不断发展,相关 k-分布方法表现出很大的优越性(Fu et al.,1992;石广玉,1998;张华,1999;Li et al.,2005)。与带模式的长短波各自采用不同技术手段处理气体吸收不同,相关 k-分布方法在长波和短波段采用同样的算法,使整个长短波计算简单易行;而且它能很好地同时处理大气吸收和粒子散射问题。越来越多的天气、气候模式开始采用相关 k-分布方案(Sekiguchi et al.,2008;Sun,2011)。

Zhang等(2006a,2006b)以及张华(2016)通过比较不同的光谱带划分、积分样点的选取,发展了不同谱带划分和 k-分布取样点数的BCC_RAD辐射模式,在保证计算精度的同时,也提高了计算速度,因此适用于对计算速度和精度都有一定要求的大尺度数值模式中。该模式的气候应用版本将波段划分为17个带,其中长波为8个带,短波为9个带,考虑了 H_2O、CO_2、O_3、N_2O、CH_4、CFC-11、CFC-12等7种温室气体和 O_2 的吸收作用以及云和气溶胶的散射和吸收过程。

表7.1列出了新方案和原方案的具体差异:

除了对气体吸收的处理、辐射传输方程的解法等的差异,新方案在云的性质上相对原方案也有了较大变化,包括冰云半径参数化方法、冰云和水云光学性质以及云的垂直重叠方

表 7.1　新方案和原方案的具体对比

	原方案	新方案
长波吸收气体	H_2O,CO_2 和 O_3 CH_4,N_2O,CFC-11,CFC-12	H_2O,CO_2 和 O_3 CH_4,N_2O,CFC-11,CFC-12
短波吸收气体	O_3,CO_2,O_2 和 H_2O	O_3,O_2 和 H_2O
长波波段范围	$0\sim2000\ cm^{-1}$	$0\sim2680\ cm^{-1}$
短波波段范围	$2000\sim50000\ cm^{-1}$	$2110\sim49000\ cm^{-1}$[注1]
谱透射率计算方案	带模式（长波：Kiehl *et al.*，1983；Kiehl *et al.*，1991.短波：Briegleb，1992）	相关 *k*-分布方法（Zhang *et al.*，2006a，2006b）
长波辐射传输解法	累加法（Ramanathan *et al.*，1986；Collins *et al.*，2002）	二流近似（Nakajima *et al.*，2000）
短波辐射传输解法	δ-Eddington 方法（Briegleb，1992）	δ-Eddington 方法（Coakley *et al.*，1983）
云量参数化	诊断方案（Slingo，1987；Hack *et al.*，1993；Kiehl *et al.*，1998；Rasch *et al.*，1998）	诊断方案（Slingo，1987；Hack *et al.*，1993；Kiehl *et al.*，1998；Rasch *et al.*，1998）
云光学性质	长波：Ebert 等（1992）的云发射率计算方法；短波：水云采用 Slingo（1989）方案；冰云采用 Ebert 等（1992）方案	冰云利用 Zhang 等（2015）方案 水云采用 Nakajima 等（2000）方案
云有效半径	冰云：Kristjánsson 等（2000） 水云：Kiehl 等（1994）	冰云：Wyser（1998） 水云：Kiehl 等（1994）
云重叠假定	最大-随机重叠（Collins，2001）	一般（指数衰减）重叠（Hogan *et al.*，2000；Mace *et al.*，2002）
气溶胶-辐射耦合方案	BCC＿AGCM 2.0＿CUACE（Zhang *et al.*，2012）	BCC＿AGCM 2.0＿CUACE（Zhang *et al.*，2012）

注 1：新方案中同时考虑了 $2110\sim2680\ cm^{-1}$ 波段的太阳辐射贡献和地气系统热辐射贡献。

案,现分别叙述如下。

原冰云有效半径参数化方案中冰云的有效半径计算仅随温度而变（Kristjánsson *et al.*，2000），而最新的研究表明其和温度和云冰水含量都有密切关系（Wyser，1998；Heymsfield *et al.*，2006；Liou *et al.*，2008）。Wyser（1998）给出了一种形式简单、能够较好表示冰云有效半径随温度和冰云水含量变化的拟合公式,因此本节利用 Wyser（1998）的方案取代原方案,图 7.1 是两种冰云有效半径参数化方法的比较,可以看出,在温度较高时原方案和新方案有很大的不同。

新方案对云光学性质（光学厚度、单次散射比、非对称因子等）根据 BCC_RAD 的波段重新进行了计算,其中水云光学性质来自 Nakajima 等（2000）；冰云光学性质根据 Fu（1996）的云冰尺度谱分布数据、Yang 等（2005）给出的不同冰云粒子形状的光学性质数据和 Baum 等（2005a,2005b,2007）的不同形状冰云粒子权重计算得到,具体参见（陈琪,2014；Zhang *et al.*,2015；陈琪 等,2017,2018）。

云的重叠假定方面,原方案采用最大-随机重叠假定,相邻云层被认为最大限度地重叠在一起,当两个云层之间有晴空层相隔时,云层之间被认为是随机重叠的,重叠程度较小。新方案则在随机次网格云生成器中（Räisänen *et al.*，2004）采用了最新的一般重叠假定

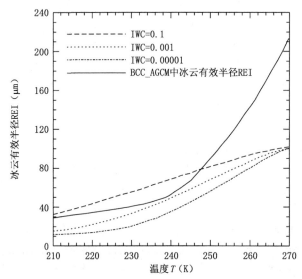

图 7.1　原方案（实线）和新方案（其他线）不同云冰水含量（IWC）下的冰云有效半径（REI）参数化比较
（REI 单位为 μm，IWC 单位为 $g \cdot m^{-3}$）

（General overlap），云层之间的重叠程度随其距离呈指数衰减；这种重叠假定得到的云重叠程度与其采用的重叠参数，抗相关厚度有关，理论上这一参数是随时空变化的，但是由于目前还无法明确给出其时空变化，这里在全球统一采用 2 km，这是目前通过卫星和地面雷达等观测（Barker et al.，2005；Barker et al.，2008）得到的最合理的全球平均值。近年的研究表明，一般重叠假定比最大-随机假定能够得到更接近观测事实的总云量（Hogan et al.，2000；Bergman et al.，2002；Mace et al.，2002）。

　　另外，新方案和原方案采用的气溶胶光学性质由卫晓东（2011）以及卫晓东等（2011）根据 Wiscombe（1980）的 Mie 散射方法和 Hitran 2004（Rothman et al.，2005）气溶胶复折射指数资料，针对新方案和原方案不同的光谱波段划分分别计算得到。

7.2　新方案和原方案的诊断比较分析

　　本节首先诊断分析了在相同大气条件下，新方案和原方案计算得到辐射场的差异，以了解两种辐射方案本身的差异对辐射场计算带来的影响。试验设计如下：在一次气候模拟中，在调用原方案代码的同时，调用新方案的程序代码，二者每次辐射计算所需输入量（大气温压廓线、云量廓线、云凝结量和气溶胶浓度等）完全一致，但仅原方案结果参与模式其他部分的反馈，新方案不参与气候反馈。模式由 4 年，取后 3 年结果进行分析，对于两种方案的诊断比较而言，3 年时间已经具有足够的代表性。原方案和新方案试验分别以 OLD_d 和 NEW_d 表示，"d"表示诊断结果（diagnose）。以下分别从大气顶辐射能量平衡、大气层的辐射加热率差异来看两种方案的差别。

　　图 7.2 给出了两种方案得到的大气顶全球平均长波、短波辐射通量的逐月变化，并与 CERES_EBAF 观测结果（http://ceres. larc. nasa. gov/order_data. php）进行比较。CERES_EBAF 是基于卫星观测的、为气候模式的大气顶能量平衡评估而制定的 11 年（2000—2010

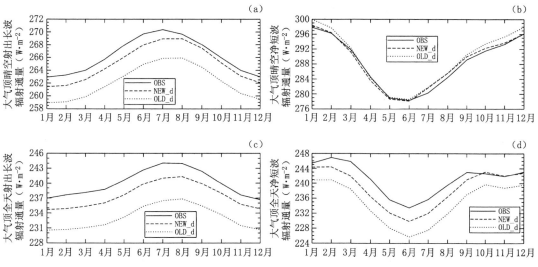

图 7.2 新方案(短划线)、原方案(虚线)和观测(实线)的大气顶晴空(a,b)和全天(c,d)射出
长波辐射通量(a,c)、净短波辐射通量(b,d)的全球平均月变化
(观测值为 CERES_EBAF 资料)

年)气候平均产品,相对之前版本纠正了大气顶净辐射通量和地气系统能量收支的不一致问题,并弥补了原月平均数据中普遍存在的晴空缺测现象。

从长波辐射来看(图 7.2a,c),无论晴空还是全天(即有云)条件,原方案都低估了大气顶射出长波辐射通量(简称 OLR)。新辐射方案计算的晴空和全天 OLR 较原方案整体提高,使其与观测值更加接近。晴空长波辐射的改进表明新方案更好地计算了温室气体长波辐射作用,体现出相关 k-分布在气体吸收处理上的优势。全天长波辐射的改进除了与气体长波吸收的改进有关外,云的长波辐射强迫对其也有一定的贡献,从表 7.2 中长波辐射强迫(LWCF)的对比中看出,原方案得到的 LWCF 比观测值偏高约 2.8 W·m^{-2},新方案使模拟的 LWCF 偏差降低到约 1.3 W·m^{-2}。

从短波辐射来看(图 7.2b,d),新方案模拟的大气顶净短波辐射通量(简称 NSR)也有比较明显的改进。首先是晴空 NSR 的改进(图 7.2b),在北半球秋冬月份(10 月至次年 2 月),原方案大气顶净通量偏大 1~1.5 W·m^{-2},新方案基本上消除了这一误差。晴空短波辐射的改进不仅和大气的吸收作用有关,还主要和地表反照率有关,两种辐射方案虽然采用了相同的地表反照率数据(分别为可见光、近红外波段的直射、漫射反照率),但是两者谱带划分的差异和计算的直射、漫射辐射通量的差异可能使地表实际反射的太阳辐射不同,引起以上计算差别。其次是全天 NSR 的改进(图 7.2d),原方案全年都比观测低估了 5~6 W·m^{-2},新方案的误差则基本上在 3 W·m^{-2} 以内,这主要是因为新方案更好地模拟了云的短波辐射强迫(SWCF)(表 7.2),原方案得到的 SWCF 比观测偏大约 7.3 W·m^{-2}(指绝对值),云的对短波辐射的反射率过高,而新方案 SWCF 误差仅有约 2.6 W·m^{-2},这使新方案模拟的总短波辐射收支更接近观测。

如表 7.2 所示,从长短波能量平衡、云量、云的长短波辐射强迫等来看,新方案都比原方案有较大的改进。需要指出的是,新方案由于采用新的云重叠处理方案,使诊断的总云量比原方案明显增多,更接近 ISCCP 资料的云量水平,但是新方案下云的辐射强迫却比原方案有所减小,这是因为云的辐射强迫不仅与云的覆盖率有关,还与云本身的微物理性质和光学性质有关,新方案对后者也进行了更新(冰云有效半径参数化方法、云滴和冰晶光学厚度、单次散射比、非对称因子等)。综上所述,新方案下总云量、有云和晴空时的大气顶辐射收支都与观测结果更为接近。

表 7.2 模拟与观测的全球年平均云量、辐射通量、云辐射强迫对比(云量单位:%,其余量单位:W·m^{-2})

	CLDTOT	OLRc	OLR	NSRc	NSR	LWCF	SWCF
OLD_d	58.9	262.16	233.09	289.72	235.09	29.06	−54.63
NEW_d	64.3	264.96	237.44	288.80	238.87	27.52	−49.93
OBS	66.7	266.21	239.94	288.56	241.19	26.26	−47.37

注:CLDTOT 为总云量,OLRc 和 OLR 分别为晴空和全天大气顶出射长波辐射通量,NSRc 和 NSR 分别为大气顶净短波辐射通量,LWCF 和 SWCF 分别为大气顶长波和短波云辐射强迫。OBS 为 CERES_EBAF 观测结果。

图 7.3 给出了两种方案下大气顶年平均辐射通量的纬向平均值及其与 CERES_EBAF 观测数据的比较。从长波辐射来看(图 7.3a,c),无论晴空还是全天条件,原方案都低估了南

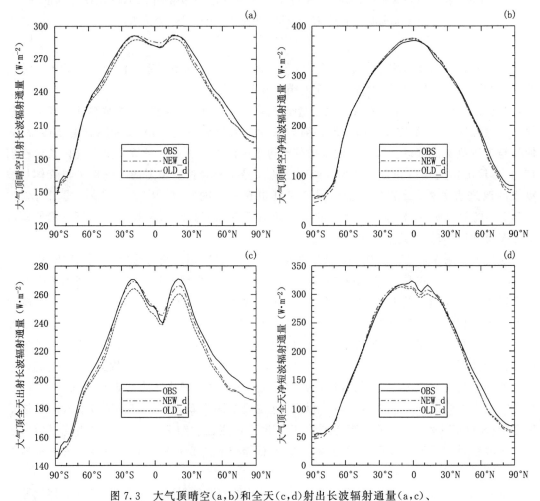

图 7.3 大气顶晴空(a,b)和全天(c,d)射出长波辐射通量(a,c)、

净短波辐射通量(b,d)的纬向年平均分布(单位:W·m^{-2})

(观测值为 CERES_EBAF 资料)

北纬20°附近及整个中纬度地区的OLR,新方案则很好地减小了这一误差,尤其是在南北纬20°附近的辐射通量和观测值非常接近;但是新方案在赤道附近的晴空OLR相对观测值偏高。从短波辐射来看(图7.3b,d),晴空条件两种辐射方案在整个中纬度地区都较好地模拟了大气顶NSR,在低纬度地区都略微高估了NSR,而最大的模拟误差在极地附近,模拟值都相对观测值有所偏低,新方案更为明显;全天条件下,新方案在热带地区相对原方案有一定提高,但是比观测值仍然偏小,高纬度地区的模拟偏差仍比较明显。虽然新方案对全球平均辐射平衡的模拟有较大提高,但是在不同的地区又有不同的表现,了解以上区域能量收支的差异也同样重要,这将为今后区域气候分析和模式改进提供参考依据。

辐射加热率(长波加热率有时也称冷却率)是指一定厚度大气内的总辐射收支对大气温度的改变趋势,它是影响大气温度、动力的重要因素。图7.4和图7.5给出了新方案和原方案大气加热率的诊断比较,从图7.4a,b和图7.5a,b中可以看出,两者计算的辐射加热率的分布型基本上相似,但两者的差别也很明显(图7.4c和图7.5c),长、短波辐射加热率的差别都主要在地面到200 hPa高度的对流层中。

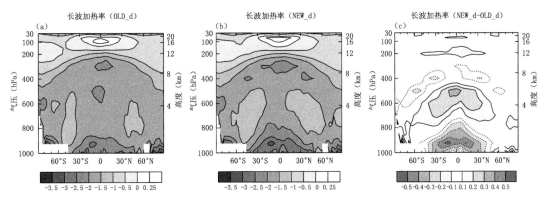

图7.4　原辐射方案(a)和新方案(b)年平均长波加热率的纬度-高度分布及其差别(c,新方案－原方案)
(c中负值以虚线表示,正值以实线表示。单位:K·d^{-1})

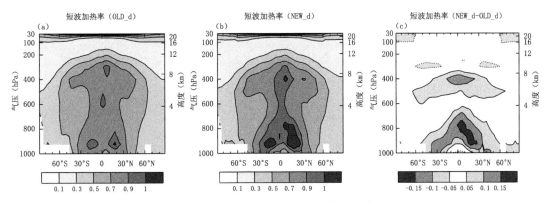

图7.5　同图7.4,但为短波辐射加热率

从图7.4c来看,新方案长波加热率在45°S~45°N区域的近地面层比原方案明显减小(或称长波冷却率增大),在800~500 hPa高度有所增加,再向上又有微弱的减小。新方案短波辐射加热率以比原方案增加为主。但是对流层中短波辐射的加热作用是次要的,新方

案对总辐射加热率(短波加热率＋长波加热率)的改变基本上和长波辐射加热率的情形相似(图略)。

7.3 两种辐射方案模拟的气候场的比较

从以上诊断分析可以看出,新方案更好地表现了大气顶的能量平衡,相对原方案有了明显的改进,同时也使不同区域的辐射收支和辐射加热率相对原方案有所变化。在模式中引入新方案时,辐射通量和大气层辐射加热率的改变将与模式其他部分相互反馈,气候模拟结果是这种反馈过程的综合反映。在上节诊断分析基础上,本节主要讨论新辐射方案的引入对所模拟的气候场的影响。试验设计如下:利用两种方案进行两组模拟试验,积分时间都为18年,取后17年的结果进行分析,新方案结果标记为"NEW_c",原方案结果标记为"OLD_c"("c"表示辐射和模式其他部分耦合,以和诊断分析相区别)。在以上模拟中,海温都取观测的同期月平均值(Hurrell *et al.*,2008)。

7.3.1 辐射场

上一节辐射场的诊断分析是在原方案参与气候反馈的条件下进行的,当新方案和模式中其他物理过程相互作用时,由于相应的气候场也发生改变,辐射场的结果可能与诊断分析时的结果有所不同,因此,首先对新方案下经过气候反馈以后的辐射场特征进行分析。

类似图7.2和图7.3,图7.6和图7.7分别给出了NEW_c和OLD_c试验模拟的大气顶辐射通量的逐月变化和纬向分布。可以看出,无论是逐月变化还是纬向分布,新方案模拟结果都呈现出和诊断分析结果基本相同的特征,无论晴空还是有云条件,相对原方案的改善仍然比较明显。但是从图7.6和图7.7中也能分辨出气候反馈的作用,比如新方案对长波辐射的模拟(图7.7a,c)在高纬度地区比诊断分析的结果偏低,这可能是新方案在高纬度地区短波辐射模拟偏低所致(如图7.3所示),地表净短波辐射收入减少可能引起地表温度降低,

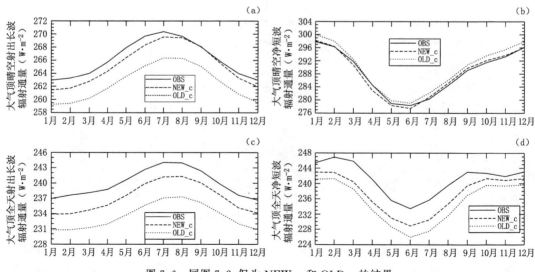

图 7.6　同图 7.2,但为 NEW_c 和 OLD_c 的结果

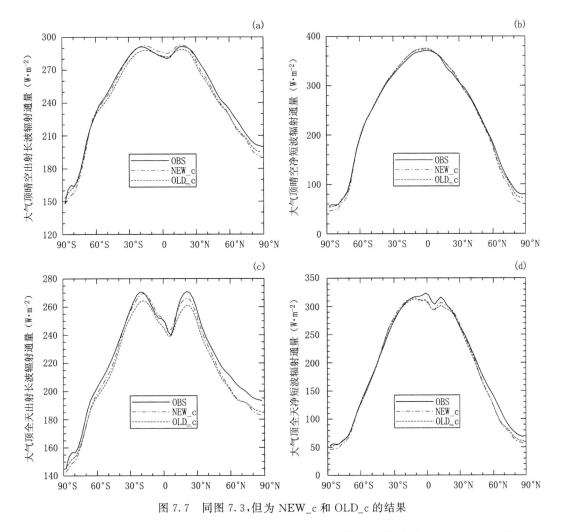

图 7.7　同图 7.3,但为 NEW_c 和 OLD_c 的结果

使地表射出长波辐射减少;再如,图 7.6d 中全天短波辐射通量的改进不如图 7.2d 明显,这和云的气候反馈有关,从表 7.3 中可知,NEW_c 模拟的总云量相对诊断结果增多,因此,长、短波辐射强迫都比诊断结果有一定程度的增强,可见云的反馈对辐射场有重要的调节作用。新方案模拟的全球平均 OLR 误差由原方案的约 6.5 W·m^{-2} 降低到了约 2.8 W·m^{-2},NSR 误差由原方案的约 5.9 W·m^{-2} 降低到了约 3.7 W·m^{-2}。

表 7.3　同表 7.2,但模式结果为 NEW_c 和 OLD_c 的结果(云量单位:%,其余量单位:W·m^{-2})

	CLDTOT	OLR_c	OLR	NSR_c	NSR	LWCF	SWCF
OLD_c	58.9	262.52	233.48	290.00	235.29	29.04	−54.71
NEW_c	65.3	265.25	237.11	288.48	237.47	28.13	−51.01
OBS	66.7	266.21	239.94	288.56	241.19	26.26	−47.37

图 7.8 和图 7.9 进一步比较了模拟和观测的大气顶射出长波辐射通量和净短波辐射通量的全球分布,以了解新方案对不同地区辐射收支的影响。从上文分析可知,新方案模拟的大气顶射出长波辐射通量在中低纬度地区都有明显改进,但是从图 7.8 的全球分布来看,并

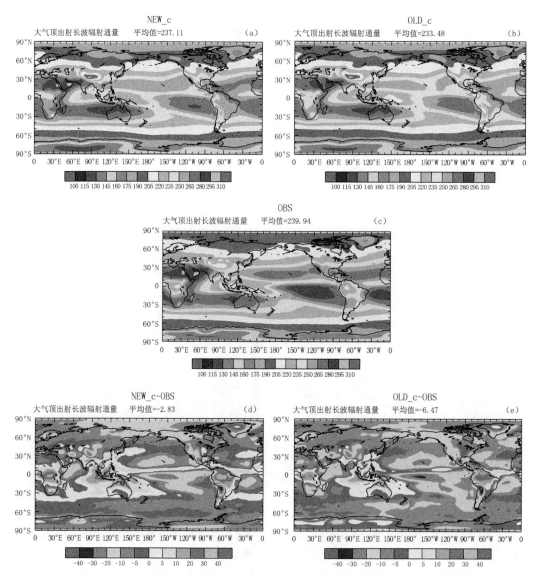

图 7.8 新方案(a)、原方案(b)模拟的和 CERES_EBAF(c)观测的 OLR 以及新方案(d)、
原方案(e)和 CERES_EBAF 的差(单位:W·m^{-2})

不是所有中低纬度地区都是改进的:对于广大中纬度地区和副热带太平洋和大西洋,原方案低估了大气顶 OLR,新方案则明显减小了这种误差;而对于热带三个对流旺盛的区域(西太平洋群岛、非洲中部、南美亚马孙区域),原方案模拟的 OLR 偏多,新方案更增大了这种高估。短波辐射通量(图 7.9)同样存在这种中低纬度地区负偏差得到减小、正偏差有所增大的现象。可见,虽然从全球平均辐射收支来看新方案相对原方案有了较大改进,但是对区域尺度的辐射收支的模拟还不够完善,未来还应更好地考虑不同地区的差别,这主要需要通过更好地给出云的重叠特征来实现,本试验中新方案还未考虑云重叠结构的时空变化。

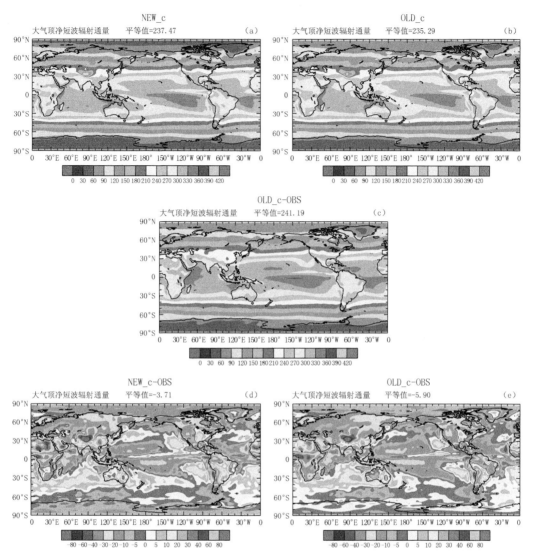

图 7.9　同图 7.8,但为 NSR

7.3.2　云量和云水含量

图 7.10 是新方案、原方案模拟的总云量和 ISCCP 观测的总云量比较。总体来看,原方案相对 ISCCP 低估了约 8%的全球总云量,其中主要是对南北纬 30°～60°总云量有明显低估,而在赤道附近部分区域和高纬度地区则有所高估。与原方案相比,新方案总体提高了云量水平,使全球平均云量偏差减小到仅有约 1.4%,这和所用的重叠假定有较大关系。新方案在采用一般重叠假定下,简单利用全球平均的抗相关厚度值(2 km)即可以使模拟的总云量接近观测水平,相比原最大-随机重叠方案有较大改进,这和以往的研究结果是一致的(Barker *et al*.,2008)。

从全球分布来看,新方案在南北纬 30°～60°总云量的增加使其和观测更为接近,而热带地区总云量的增加反而增大了模拟误差,这从图 7.11 能更直观地看出来。这是因为新方案目前所用的一般重叠假定没有考虑云重叠特征的时空变化,利用全球统一的重叠参数导致热带地区云量偏多和中纬度地区云量偏少。未来需要进一步研究抗相关厚度的时空变化规律并在模式中实现,以期在维持较好的整体总云量水平的同时更好地表现总云量的地区分布特征。

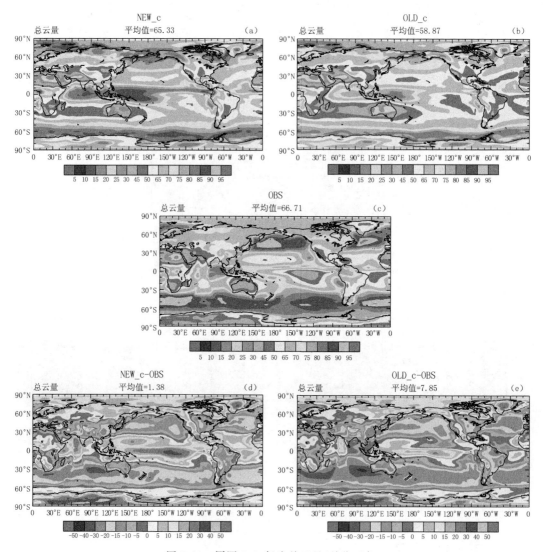

图 7.10 同图 7.8,但为总云量(单位:%)

图 7.12 是新方案和原方案模拟的纬向平均云量的纬度-高度分布及其差值,从中可以看出云量在垂直方向上的变化。与原方案相比,新方案模拟的南北纬 60°之间的低层云(约 700 hPa 以下高度)有所增多,向上是一个云量减少的区域,再向上的中高层云又有所增加。这种云量变化主要是新、原方案辐射加热率的差异造成的;BCC_AGCM 2.0 中每层云量是通过相对湿度诊断得到的,而相对湿度受温度的影响较大,新方案辐射加热率首先对模拟的大气温度产生影响,在大气温度降低的区域,云更容易生成和维持,反之亦然。伴随云量垂直变化的是云水路径在垂直方向上的变化,如图 7.13 所示。云量和云水路径的变化对辐射场以及其他气候场将产生重要的影响。

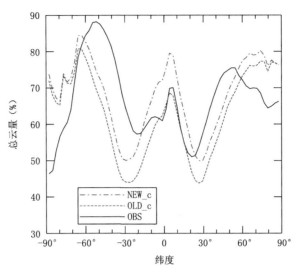

图 7.11　新方案、原方案和 ISCCP 观测的年平均总云量的纬向平均分布

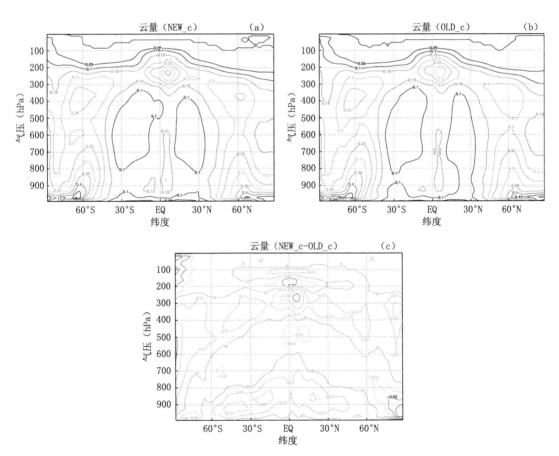

图 7.12　新方案(a)和原方案(b)年平均云量的纬度-高度分布及新方案与原方案的差(c)

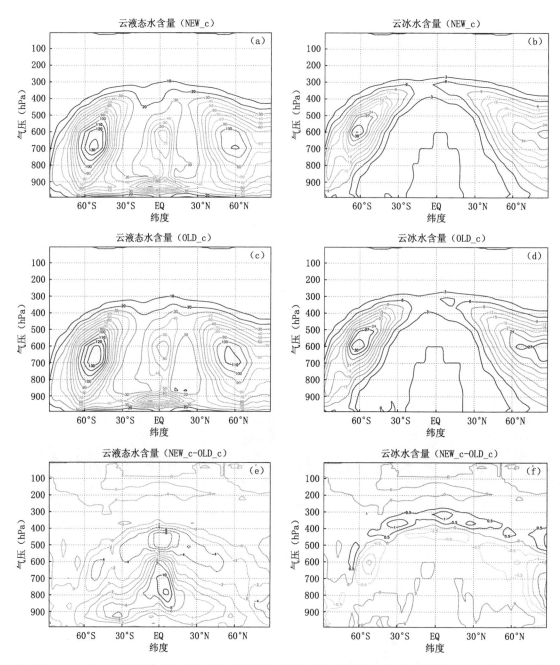

图 7.13　a、c、e(b、d、f)分别为新方案和原方案模拟的云液态水含量(云冰水含量)及两者之差(单位:g·m^{-2})

7.3.3　大气和地表温度

　　图 7.14 是新方案、原方案模拟和 ERA-40 再分析资料(Uppala *et al.*,2005)的年平均大气温度的纬度-高度分布以及模拟与 ERA-40 资料、新方案与原方案之差。从模拟的温度垂直分布来看,两种方案都比较好地模拟了大气层的温度结构。但是新方案对温度场的垂直分布的影响也较明显,从新方案和原方案的差(图 7.14f)可以看出,新方案模拟的 800~

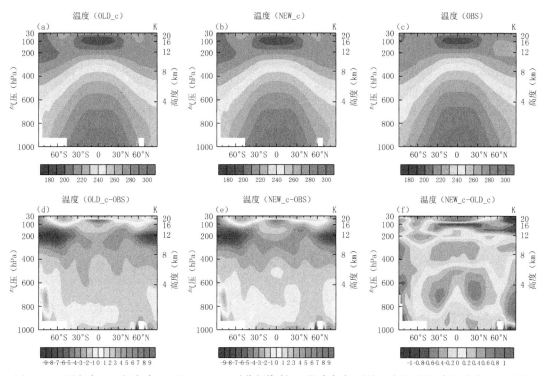

图 7.14　原方案(a)、新方案(b)及 ERA-40 再分析资料(c)的大气年平均温度的纬度-高度分布和原方案与 ERA-40 之差(d)、新方案与 ERA-40 之差(e)、新方案与原方案之差(f)。单位:K

500 hPa 对流层中层温度比原方案有所增高(热带地区最高增加约 0.8 K,北极上空最高增加约 1 K),近地面层温度有微小的降低。因为原方案模拟的对流层温度普遍偏低,新方案对对流层中层大气温度的增高一定程度上减小了模拟偏差,但是温度负偏差仍然没有完全消除(图 7.14e)。

　　大气垂直温度的变化主要受两种方案辐射加热率差异的影响,与图 7.4 对比可知,总的来说,新方案比原方案加热率小的区域(如地面至 800 hPa),模拟的温度也略微降低,而新方案加热率较大的区域(如热带地区 800～500 hPa),模拟的温度也有所增高。不同的是,温度偏差的大值出现在南北 30°附近的副热带区域上空,而加热率偏差则出现在赤道上空,这主要是因为赤道上空有较强的对流交换,抑制了温度偏差的过度发展;而副热带地区大气层结相对比较稳定,加热率偏差造成的温度差异得以维持和加剧。同样的情形出现在平流层大气中(这里指气压小于 100 hPa 的区域),这里大气更为稳定,加热率的很小偏差也会因累积作用,表现为温度场的明显变化。由此可见,云-辐射方案可通过辐射加热率对大气温度产生重要的影响。

　　从对流层顶到平流层中下层温度的冷偏差现象是 GCM 模拟普遍存在的问题(IPCC,2007),从图 7.14e 可以看出,虽然新方案模拟的对流层温度比原方案有所改善,但在对流层顶和平流层中下层仍然存在同样问题,特别是在高纬度和极地区域 200 hPa 附近的冷偏差仍然比较突出,需要将来改进模式的其他物理过程和动力过程,以及依靠高精度卫星资料的获取来纠正这里的模拟偏差。

　　从图 7.14f 还可以看出,在两极地区的近地面层,虽然由新方案诊断的加热率变化基本为正,但是经过气候反馈以后的温度反而降低,这很可能与新方案模拟的地表短波净收支误差有关,如前所述,新辐射方案在高纬度地区的净短波辐射通量偏小,因此,减少了该地区的净短波能量收入,长期的累积作用导致大气温度较原方案偏冷。这可能与冰雪表面的高反照率有关,从地表温度变化更能看出这种关系,图7.15给出了两种方案模拟的地表温度与ERA-40再分析资料的差,可以看出,新方案模拟的两极及青藏高原地区地表温度都较原方案更为偏低,这些区域的共同特征是地表冰雪覆盖较多,短波反照率较高。可见,如何提高上述区域的辐射计算准确度,是新方案未来应该解决的问题之一。

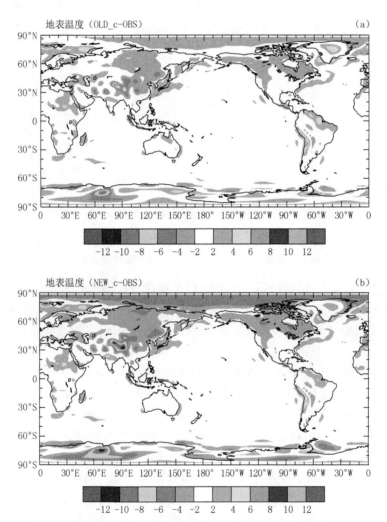

图 7.15　原方案(a)、新方案(b)与 ERA-40 地表温度的偏差。单位:K

7.3.4　海平面气压

海平面气压和很多气候状态有关,能够反映近地面层的大气环流特征,常用来评估气候模式近地层气候的模拟性能。图7.16给出了模拟和ERA-40再分析资料的年平均海平面气压以及模拟与ERA-40资料、新方案与原方案的差。图中可以看出,新方案和原方案都比较好地模拟出了主要的高低压中心的位置,比如各大洋上的副热带高压、阿留申低压和冰岛低压、环南极洲低压带等；但对于气压强度的模拟存在一定的偏差，如两种方案都低估了 50°S 附近的气压，而高估了青藏高原的高压强度。相比原方案，新方案一定程度上减小了对 50°S 压强的低估；但同时也增加了对青藏高原压强的高估，这和新方案在青藏高原模拟的温度偏低有关。即使如此，两种辐射模式之间的偏差相对模式和观测值之间的偏差来说仍比较小，总的来说，新方案对海平面气压的模拟准确度是可以接受的。

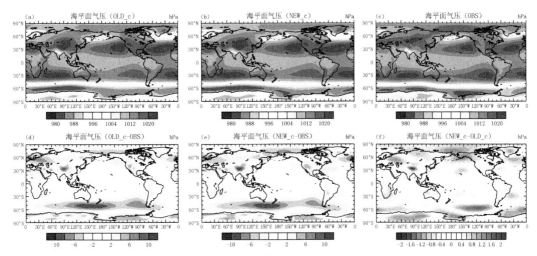

图 7.16　原方案、新方案及 ERA-40 再分析资料的海平面气压全球分布（a、b、c）和原方案与 ERA-40 之差（d）、新方案与 ERA-40 之差（e）、新方案与原方案之差（f）

7.3.5　热带对流

热带大气控制着地球约 50% 的表面面积，热带大气运动和热带天气气候情况对全球范围的天气气候变化都有影响（叶笃正 等，1988）。热带大气运动的一个显著特征是对流活动的强度和广度都比较大，积云对流、热带气旋以及更大尺度的热带辐合带等重要的热带大气系统都伴随有很强的大气垂直运动（刘式适 等，1991）。

图 7.17 和图 7.18 分别给出冬、夏季模拟和 ERA-40 再分析资料的热带地区大气垂直速度以及模拟和观测之差。从图 7.17c 可以看出，冬季热带对流中心位置在 0°～10°S 附近，有 10°S 的 400 hPa 高度和 5°N 左右的 800 hPa 高度两个最强垂直速度中心。两种方案都模拟出了 0°～10°S 的对流中心，但是都存在对流强度比 ERA-40 偏大、最大风速出现高度偏低、与对流活动相联系的南北两支下沉运动也比 ERA-40 偏大等模拟偏差。与原方案相比，新方案的以上偏差有所减小，与 ERA-40 更为接近。

夏季对流中心移至 10°N 附近，对流运动占据了约 0°～20°N 范围（图 7.18c）。两种方案都比较好地模拟出了对流活动的位置，但是对对流强度的模拟还有较大偏差，主要模拟误差在于高估了 10°～20°N 范围的对流强度和 30°N 附近和 0°～10°S 的下沉运动。与原方案相比，新方案一定程度上减小了上述模拟误差，有比较明显的改进。

新方案对热带大气对流运动的改进与前文所述的新方案对热带大气辐射加热率和大气温度垂直分布的改进有关，对流层温度层结的改进使模拟的大气层结稳定度有所改善，因此，对流活动的模拟偏差也得到减小。

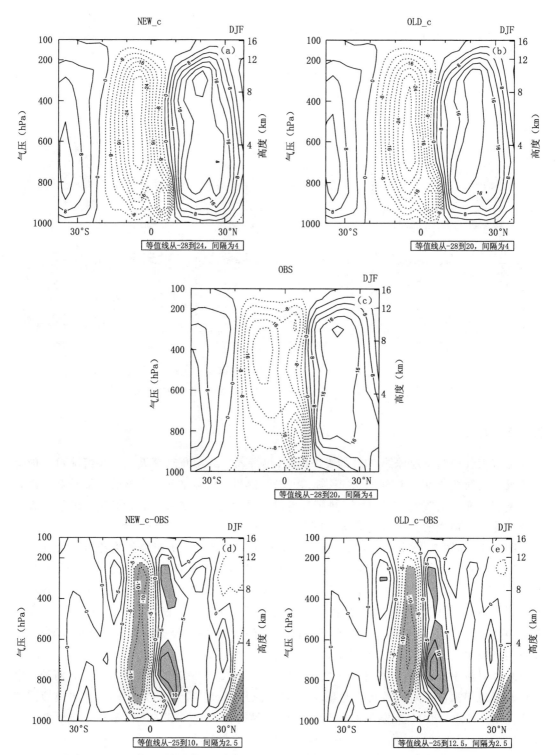

图 7.17 新方案(a)、原方案(b)和 ERA-40 再分析资料(c)的垂直速度以及新方案(d)、
原方案(e)和 ERA-40 的差(单位:hPa·d⁻¹)

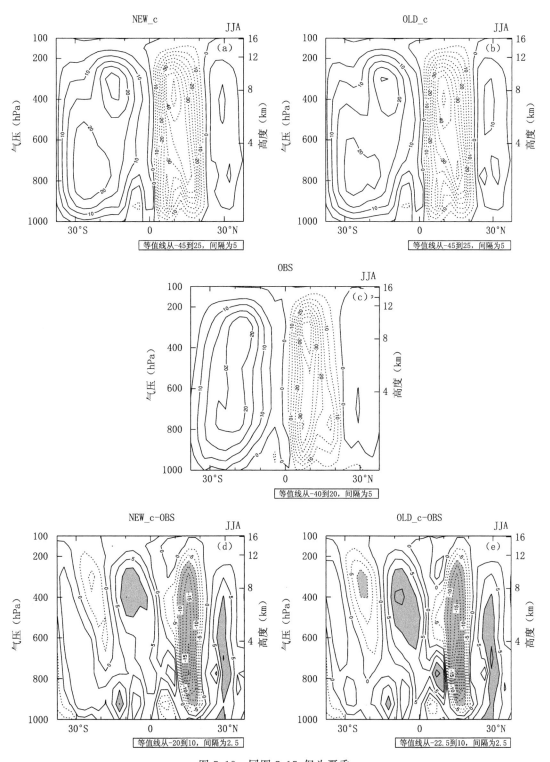

图 7.18　同图 7.17,但为夏季

7.3.6　水汽含量和分布

正如前文所述,BCC_AGCM 2.0 模式引入新方案以后,大气辐射收支、特别是长波冷却率变化明显,使得大气热力状况有了明显变化,这种改变必将影响蒸发、降水等地气系统的水循环过程,使大气中水汽状况有所改变。水汽是一个很重要的物理量,与能量的转换和传输、水在地球不同圈层的交换等有密切联系,因此,对水汽状况的准确模拟是评价模式模拟性能的重要参考。大气中水汽状况的重要表征量是比湿,图 7.19 给出了新方案、原方案和 ERA-40 再分析资料大气比湿的纬向年平均分布以及模拟与 ERA-40 资料、新方案与原方案的差。原方案模拟的热带地区中低对流层比湿明显偏小,大气比实际状况偏干,这与原方案的水汽长波辐射传输处理有很大关系(Collins et al.,2002)。从图 7.19 e~f 可见,由于新方案更好地处理了长波辐射传输,改善了对大气热力状况的模拟,使得热带大气比湿的模拟误差也有了比较明显的纠正。

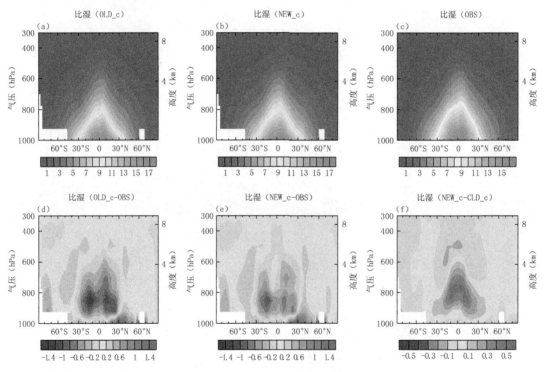

图 7.19　同图 7.14,但为大气比湿(单位:g·kg^{-1})

7.3.7　感热和潜热通量

BCC_AGCM2.0 模式相对于 NCAR/CAM3 模式的一个比较明显的改进之处是对于地表潜热、感热通量系统性偏差的纠正(Wu et al.,2010)。图 7.20 将新辐射方案下的潜热、感热通量与原方案进行比较,以揭示新方案是否对其模拟状况发生了改变。从图 7.20a 中可以看出,新、原方案的地表潜热通量保持了很好的一致性,从低值到高值区域新辐射方案的引入都没有使其发生明显偏移。图 7.20b 表明新、原方案的感热通量也基本上保持了较好的一致性,除了在高值区域(>90 W·m^{-2})和低值区域(<-10 W·m^{-2})较原方案略微偏低。从感热通量全球分布图(图略)来看,高值区域主要在热带大陆(非洲和南美洲)东岸,而低值区域主要在两极和青藏高原地区。感热通量与地表温度关系密切,新方案在以上区域的地表温度均有一定程度的减小,这是新方案在这些地区感热通量偏小的原因,这些变化是新方案引入后造成的不利影响。但是总体上,新方案模拟的感热、潜热通量没有相对原方案发生明显的偏移,地-气系统的热力交换仍然维持了原方案的状态。

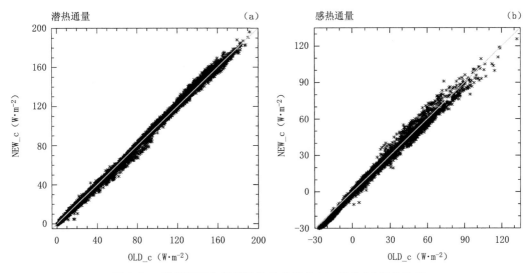

图 7.20　新旧辐射方案模拟的地表潜热(a)、感热(b)通量比较

7.3.8　降水

降水是气候模式比较难以准确模拟的气候变量之一。图 7.21 给出了新方案、原方案模拟和 XIE-ARKIN 观测资料(Xie et al.,1997)的年平均降水率分布以及模拟与观测、新方案与原方案的差。从图 7.21(a,d)可以看出,原方案基本上模拟出了降水率的主要分布,比如赤道辐合带(ITCZ)降水、南太平洋辐合带(SPCZ)降水以及印度洋的季风降水;但是也存在明显的模拟偏差,如菲律宾和印尼群岛以东太平洋、印度西侧和孟加拉湾降水明显偏强,北太平洋西岸的副高西侧的北伸降水带、印度洋中部和亚马孙—赤道大西洋降水的明显偏弱。新方案模拟的降水率基本上保持了原有的分布特征(图 7.21b,e),辐射方案的改变对降水总体分布的影响比较小。即使如此,新方案模拟的降水率在局部地区也发生了较为明显的变化,如:赤道东太平洋降水有所增加、赤道大西洋降水有所增加、非洲中部降水有所减少和北太平洋西岸降水带延伸范围有所增大。与观测资料对比发现,这些变化都一定程度上减少了模式的模拟误差。

图 7.22 是冬季和夏季两种方案和 XIE-ARKIN 资料观测的年平均降水率的纬向平均分布,可以看出新方案和原方案模拟的降水季节变化也基本上是一致的,其共同的特征有:赤道辐合带降水在冬季偏多、夏季偏少;北半球中纬度地区冬季降水偏多、夏季降水偏少;南半球 $50°\sim60°$S 降水冬夏都偏多。

总之,虽然新方案下局部地区降水的模拟误差有所减小,但是新方案和原方案对降水的

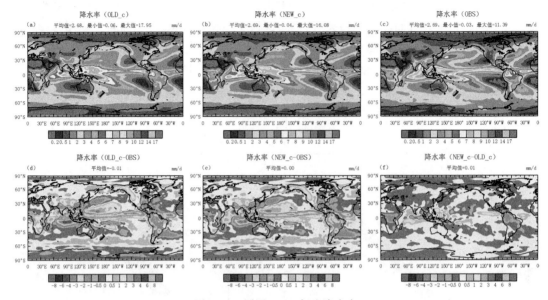

图 7.21　同图 7.16,但为降水率

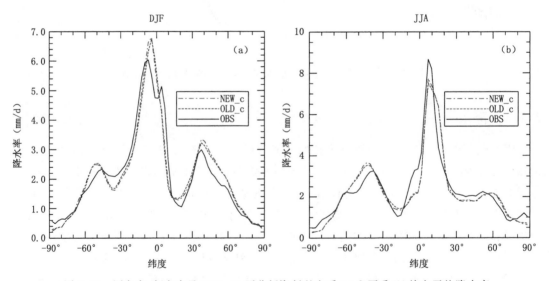

图 7.22　原方案、新方案及 ERA-40 再分析资料的冬季(a)和夏季(b)纬向平均降水率

模拟是比较一致的,要使降水的模拟有较大的改进,单靠辐射方案本身的改进显然是不够的,还需要对模式中更多物理过程的进行完善和改进。以上结果更大的意义在于:新方案的引入与模式其他部分能够较好的协调,说明新方案在 BCC_AGCM 2.0 模式中的应用是基本成功的,这为将来利用本模式开展其他研究工作提供了支撑。

参考文献

陈琪,2014. 新的冰云辐射参数化方案的建立及其对大气辐射计算的影响[D]. 北京:中国气象科学研究院.

陈琪,张华,荆现文,等,2017. 冰晶粒子不同形状假定对辐射收支和气候的影响[J]. 气象学报,75(4):
　607-617.

陈琪,张华,2018. 不同形状冰晶权重假定对冰云光学和辐射特性的影响[J]. 气象学报,76(2):279-288.

荆现文,2012. 气候模式中一种新的云-辐射处理方法的研究及应用[D]. 北京:中国气象科学研究院.

荆现文,张华,2012. McICA 云-辐射方案在国家气候中心全球气候模式中的应用与评估[J]. 大气科学,36
　(5):945-958.

刘式适,刘式达,1991. 大气动力学[M]. 北京:北京大学出版社,536.

石广玉,1998. 大气辐射计算的吸收系数分布模式[J]. 大气科学,22(4):659-676.

王璐,周天军,吴统文,等,2010. BCC 大气环流模式对亚澳季风年际变率主导模态的模拟[J]. 气象学报,67
　(6):973-982.

卫晓东,2011. 大气气溶胶的光学特性及其在辐射传输模式中的应用[D]. 北京:中国气象科学研究院.

卫晓东,张华,2011. 非球形沙尘气溶胶光学特性的分析[J]. 光学学报,31(5):7-14.

叶笃正,李崇银,王必魁,1988. 动力气象学[M]. 北京:科学出版社,340.

张华,1999. 非均匀路径相关 k-分布方法的研究[D]. 北京:中国科学院大气物理研究所:169.

张华,2016. BCC_RAD 大气辐射传输模式[M]. 北京:气象出版社.

Barker H W,Räisänen P,2005. Radiative sensitivities for cloud structural properties that are unresolved by
　conventional GCMs[J]. *Quarterly Journal of the Royal Meteorological Society*,131(612):3103-3122.

Barker H W,Cole J N S,Morcrette J J,et al.,2008. The Monte Carlo Independent Column Approximation:
　an assessment using several global atmospheric models[J]. *Quarterly Journal of the Royal Meteorologi-
　cal Society*,134(635):1463-1478.

Baum B A,Heymsfield A J,Yang P,et al.,2005a. Bulk Scattering Properties for the Remote Sensing of Ice
　Clouds. Part I:Microphysical Data and Models[J]. *Journal of Applied Meteorology*,44(12):1885-1895.

Baum B A,Yang P,Heymsfield A J,et al.,2005b. Bulk Scattering Properties for the Remote Sensing of Ice
　Clouds. Part II:Narrowband Models[J]. *Journal of Applied Meteorology*,44(12):1896-1911.

Baum B A,Yang P,Nasiri S,et al.,2007. Bulk Scattering Properties for the Remote Sensing of Ice
　Clouds. Part III:High-Resolution Spectral Models from 100 to 3250 cm^{-1}[J]. *Journal of Applied Mete-
　orology and Climatology*,46(4):423-434.

Bergman J W,Rasch P J,2002. Parameterizing Vertically Coherent Cloud Distributions[J]. *Journal of the
　Atmospheric Sciences*,59(14):2165-2182.

Briegleb B P,1992. Delta-Eddington approximation for solar radiation in the NCAR community climate mod-
　el[J]. *Journal of Geophysical Research*:Atmospheres,97(D7):7603-7612.

Coakley J A,Cess R D,Yurevich F B,1983. The Effect of Tropospheric Aerosols on the Earth's Radiation
　Budget:A Parameterization for Climate Models[J]. *Journal of the Atmospheric Sciences*,40(1):116-
　138.

Collins W D,2001. Parameterization of Generalized Cloud Overlap for Radiative Calculations in General Cir-
　culation Models[J]. *Journal of the Atmospheric Sciences*,58(21):3224-3242.

Collins W D,Hackney J K,Edwards D P,2002. An updated parameterization for infrared emission and ab-
　sorption by water vapor in the National Center for Atmospheric Research Community Atmosphere Model
　[J]. *Journal of Geophysical Research*:Atmospheres,107(D22):4664.

Ebert EE,Curry J A,1992. A parameterization of ice cloud optical properties for climate models[J]. *Journal
　of Geophysical Research*:Atmospheres,97(D4):3831-3836.

Fu Q,Liou K N,1992. On the Correlated k-Distribution Method for Radiative Transfer in Nonhomogenecous
　Atmospheres[J]. *Journal of the Atmospheric Sciences*,49(22):2139-2156.

Fu Q, 1996. An Accurate Parameterization of the Solar Radiative Properties of Cirrus Clouds for Climate Models[J]. *Journal of Climate*, **9**(9):2058-2082.

Hack J J, Boville B A, Briegleb B P, *et al.*, 1993. Description of the NCAR Community Climate Model (CCM2)[R]. Technical Report. NCAR/TN-382+STR, National Center for Atmospheric Research:120.

Heymsfield A J, Schmitt C, Bansemer A, *et al.*, 2006. Effective Radius of Ice Cloud Particle Populations Derived from Aircraft Probes[J]. *Journal of Atmospheric & Oceanic Technology*, **23**(3):361.

Hogan R J, Illingworth A J, 2000. Deriving cloud overlap statistics from radar[J]. *Quarterly Journal of the Royal Meteorological Society*, **126**(569):2903-2909.

Hurrell J W, Hack J J, Shea D, *et al.*, 2008. A New Sea Surface Temperature and Sea Ice Boundary Dataset for the Community Atmosphere Model[J]. *Journal of Climate*, **21**(19):5145-5153.

IPCC, 2007. Climate Change 2007: Impacts, Adaptation and Vulnerability[R]. Contribution of Working Group II to the Fourth Assessment Report of the Intergovernmental Panel on Climate Change. Cambridge: Cambridge University Press, 478.

Kiehl J T, Ramanathan V, 1983. CO_2 radiative parameterization used in climate models: Comparison with narrow band models and with laboratory data[J]. *Journal of Geophysical Research*: Oceans, **88**(C9): 5191-5202.

Kiehl J T, Briegleb B P, 1991. A new parameterization of the absorptance due to the 15-mum band system of carbon dioxide[J]. *Journal of Geophysical Research*: Atmospheres, **96**(D5):9013-9019.

Kiehl J T, Hack J J, Briegleb B P, 1994. The simulated Earth radiation budget of the National Center for Atmospheric Research community climate model CCM2 and comparisons with the Earth Radiation Budget Experiment(ERBE)[J]. *Journal of Geophysical Research*: Atmospheres, **99**(D10):20815-20827.

Kiehl J T, Hack J J, Bonan G B, *et al.*, 1998. The National Center for Atmospheric Research Community Climate Model: (CCM3)[J]. *Journal of Climate*, **11**(6):1131-1150.

Kristjánsson J E, Edwards J M, Mitchell D L, 2000. Impact of a new scheme for optical properties of ice crystals on climates of two GCMs[J]. *Journal of Geophysical Research*: Atmospheres, **105**(D8):10063-10079.

Li J, Barker H W, 2005. A Radiation Algorithm with Correlated-k Distribution. Part I: Local Thermal Equilibrium[J]. *Journal of Atmospheric Sciences*, **62**(2):286-309.

Li J, Huang J, Stamnes K, *et al.*, 2015. A global survey of cloud overlap based on CALIPSO and CloudSat measurements[J]. *Atmos. Chem. Phys.*, **15**:519-536.

Liou K N, Gu Y, Yue Q, *et al.*, 2008. On the correlation between ice water content and ice crystal size and its application to radiative transfer and general circulation models[J]. *Geophysical Research Letters*, **35**(13): 195-209.

Mace GG, Benson-Troth S, 2002. Cloud-Layer Overlap Characteristics Derived from Long-Term Cloud Radar Data[J]. *Journal of Climate*, **15**(17):2505-2515.

Nakajima T, Tsukamoto M, Tsushima Y, *et al.*, 2000. Modeling of the radiative process in an atmospheric general circulation model[J]. *Applied Optics*, **39**(27):4869-4878.

Oreopoulos L, Norris P M, 2011. An analysis of cloud overlap at a midlatitude atmospheric observation facility[J]. *Atmos. Chem. Phys.*, **11**(12):5557-5567.

Pincus R, Barker H W, Morcrette J J, 2003. A fast, flexible, approximate technique for computing radiative transfer in inhomogeneous cloud fields[J]. *Journal of Geophysical Research*: Atmospheres, **108**(D13): 909-924.

Räisänen P, Barker H W, Khairoutdinov M F, *et al.*, 2004. Stochastic generation of subgrid-scale cloudy columns for large-scale models[J]. *Quarterly Journal of the Royal Meteorological Society*,130(601):2047-2067.

Ramanathan V,Downey P,1986. A nonisothermal emissivity and absorptivity formulation for water vapor [J]. *Journal of Geophysical Research*:Atmospheres,91(D8):8649-8666.

Rasch P J,Kristjánsson J E,1998. A Comparison of the CCM3 Model Climate Using Diagnosed and Predicted Condensate Parameterizations[J]. *Journal of Climate*,11(7):1587-1614.

Rothman L S,Jacquemart D,Barbe A,*et al*.,2005. The HITRAN,2004 molecular spectroscopic database [J]. *Journal of Quantitative Spectroscopy & Radiative Transfer*,96(2):139-204.

Sekiguchi M,Nakajima T,2008. A *k*-distribution-based radiation code and its computational optimization for an atmospheric general circulation model[J]. *Journal of Quantitative Spectroscopy and Radiative Transfer*,109(17-18):2779-2793.

Slingo J M,1987. The Development and Verification of A Cloud Prediction Scheme For the Ecmwf Model [J]. *Quarterly Journal of the Royal Meteorological Society*,113(477):899-927.

Slingo A,1989. A GCM Parameterization for the Shortwave Radiative Properties of Water Clouds[J]. *Journal of the Atmospheric Sciences*,46(10):1419-1427.

Sun Z,2011. Improving transmission calculations for the Edwards-Slingo radiation scheme using a correlated-k distribution method[J]. *Quarterly Journal of the Royal Meteorological Society*,137(661):2138-2148.

Uppala S M,Kallberg P W,Simmons A J,*et al*.,2005. The ERA-40 re-analysis[J]. *Quar-terly Journal of the Royal Meteorological Society*,131(612):2961-3012.

Wang P H,Minnis P,Mccormick M P,*et al*.,1998. A study of the vertical structure of tropical(20°S~20°N) optically thin clouds from SAGE II observations[J]. *Atmospheric Researchs*,47(97):599-614.

Wiscombe W J,1980. Improved Mie scattering algorithms[J]. *Appl. Opt.*,19(9):1505-1509.

Wood R,2012. Stratocumulus clouds[J]. *Monthly Weather Review*,140(8):2373-2423.

Wu T,Yu R,Zhang F,*et al*.,2010. The Beijing Climate Center atmospheric general circulation model:description and its performance for the present-day climate[J]. *Climate Dynamics*,34(1):123-147.

Wyser K,1998. The Effective Radius in Ice Clouds[J]. *Journal of Climate*,11(7):1793-1802.

Xie P,Arkin P A,1997. Global Precipitation:A 17-Year Monthly Analysis Based on Gauge Observations, Satellite Estimates,and Numerical Model Outputs[J]. *Bulletin of the American Meteorological Society*, 78(11):2539-2558.

Yang P,Wei H,Huang H L,*et al*.,2005. Scattering and absorption property database for nonspherical ice particles in the near-through far-infrared spectral region[J]. *Applied Optics*,44(26):5512.

Zhang H,Nakajima T,Shi G,*et al*.,2003. An optimal approach to overlapping bands with correlated *k* distribution method and its application to radiative calculations[J]. *Journal of Geophysical Research*:Atmospheres,108(D20):ACL 10-1.

Zhang H,Shi G,Nakajima T,*et al*.,2006a. The effects of the choice of the k-interval number on radiative calculations[J]. *Journal of Quantitative Spectroscopy & Radiative Transfer*,98(1):31-43.

Zhang H,Suzuki T,Nakajima T,*et al*.,2006b. Effects of band division on radiative calculations[J]. *Optical Engineering*,45(1):016002.

Zhang H,Wang Z,Wang Z,*et al*.,2012. Simulation of direct radiative forcing of aerosols and their effects on East Asian climate using an interactive AGCM-aerosol coupled system[J]. *Climate Dynamics*,38(7-8): 1675-1693.

Zhang H,Peng J,Jing X,*et al*.,2013. The features of cloud overlapping in Eastern Asia and their effect on cloud radiative forcing[J]. *Sci. China Earth Sci*,56(5):737-747.

Zhang H, Jing X, Li J, 2014. Application and evaluation of a new radiation code under McICA scheme in BCC_AGCM2. 0. 1[J]. *Geoscientific Model Development*, **7**(3):737-754.

Zhang H, Chen Q, Xie B, 2015. A new parameterization for ice cloud optical properties used in BCC-RAD and its radiative impact[J]. *Journal of Quantitative Spectroscopy and Radiative Transfer*, **150**:76-86.

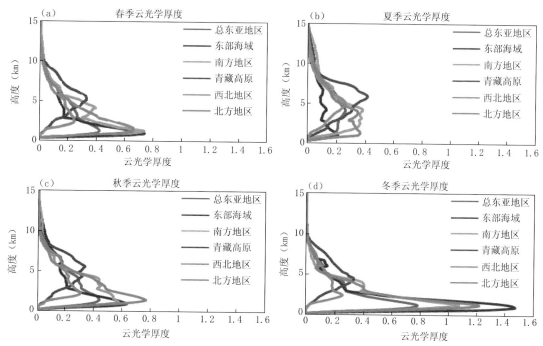

图 2.28 2007—2010 年不同区域内云光学厚度垂直分布的季节变化

(图 a、b、c、d 分别表示云光学厚度在春、夏、秋、冬季的垂直分布)

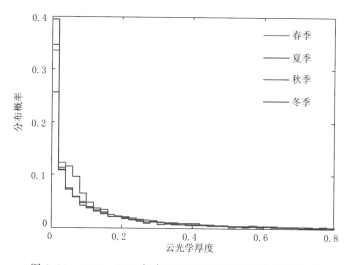

图 2.29 2007—2010 年东亚地区云光学厚度的 PDF 分布

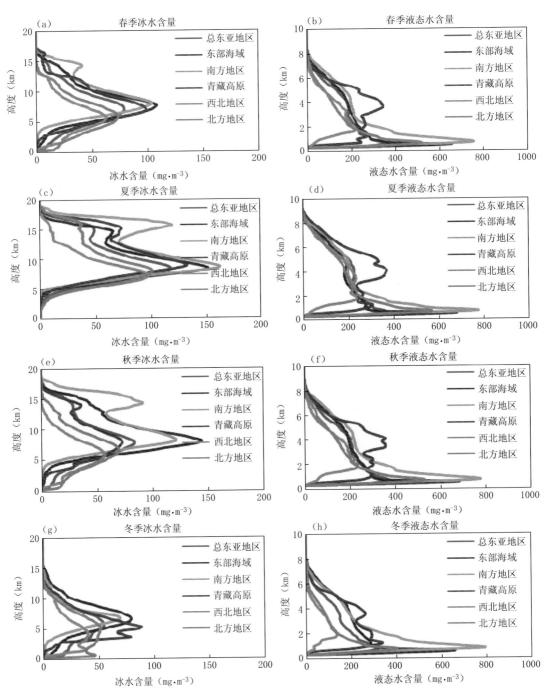

图 2.39　2007—2010 年不同区域内冰水含量(左)、液态水含量(右)垂直分布的季节变化

(a、c、e、g 分别表示冰水含量在春、夏、秋、冬季的垂直分布,b、d、f、h 分别表示

液态水路径在春、夏、秋、冬季的垂直分布,单位:mg·m^{-3})

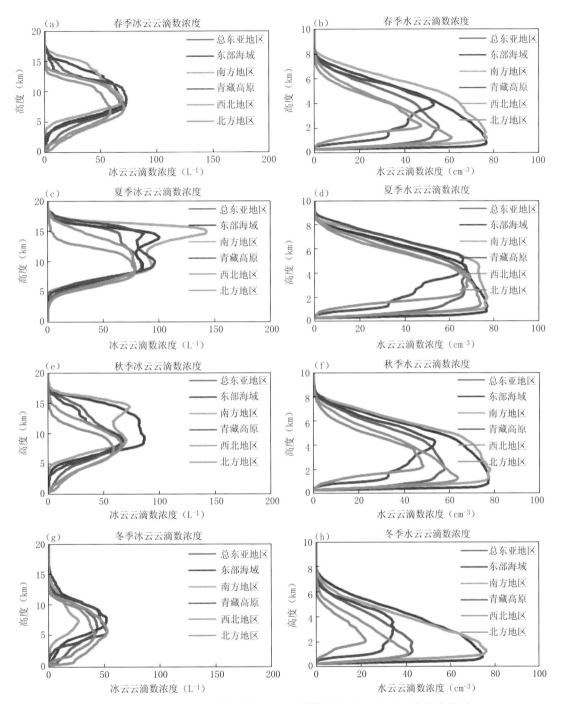

图 2.40　2007—2010 年不同区域内冰云云滴数浓度(左)、水云云滴数浓度(右)
垂直分布的季节变化

(a、c、e、g 分别表示冰云云滴数浓度在春、夏、秋、冬季的垂直分布,单位:L^{-1};

b、d、f、h 分别表示水云云滴数浓度在春、夏、秋、冬季的垂直分布,单位:cm^{-3})

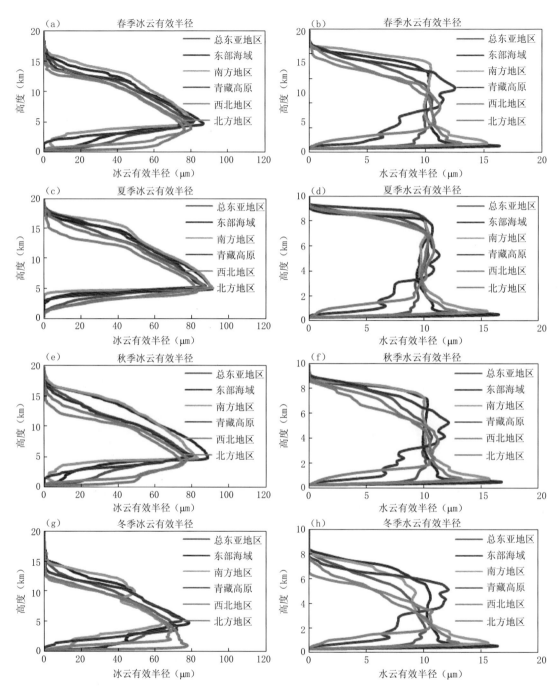

图 2.41　2007—2010 年不同区域内冰云有效半径(左)、水云有效半径(右)

垂直分布的季节变化

(a、c、e、g 分别表示冰云有效半径在春、夏、秋、冬季的垂直分布,

b、d、f、h 分别表示水云有效半径在春、夏、秋、冬季的垂直分布,单位:μm)

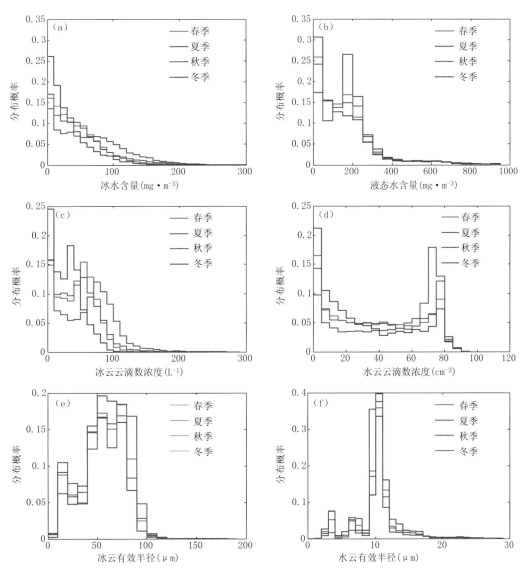

图 2.42　2007—2010 年东亚地区云微物理的 PDF 分布

（a、b 分别表示冰水含量、液态水含量的 PDF 分布；c、d 分别表示冰云云滴数浓度、
水云云滴数浓度的 PDF 分布；e、f 分别表示冰云有效半径、水云有效半径的 PDF 分布）

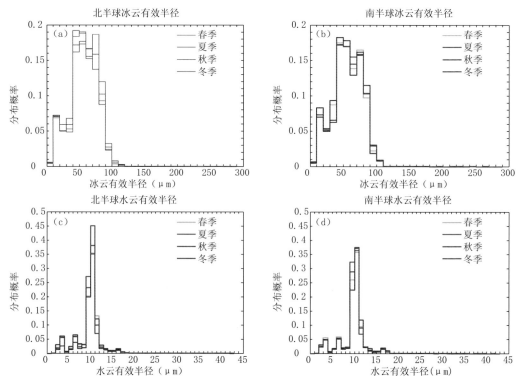

图 2.50　2007—2010 年南北半球冰(水)云有效半径的 PDF 分布的季节变化

(a、b、c、d 分别代表北半球冰云有效半径、南半球冰云有效半径、

北半球水云有效半径和南半球水云有效半径,单位:μm)

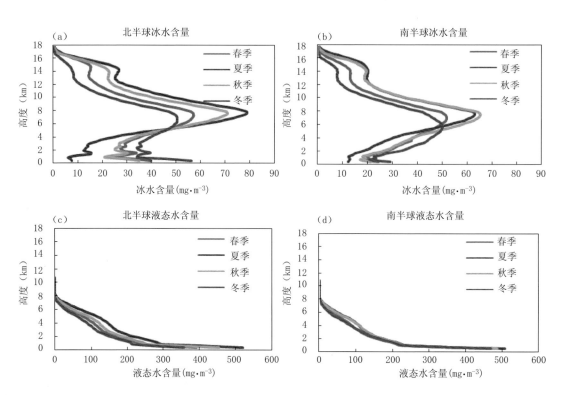

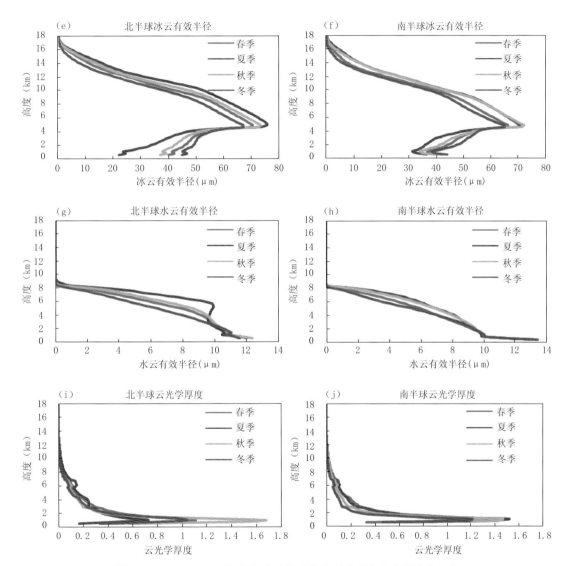

图 2.52　2007—2010 年南北半球各云微物理量垂直分布的季节变化

（a、c、e、g、i 分别表示北半球冰水含量、液态水含量、冰云有效半径、水云有效半径、

云光学厚度垂直分布的季节变化，b、d、f、h、j 分别表示南半球上述物理量垂直分布的季节变化）

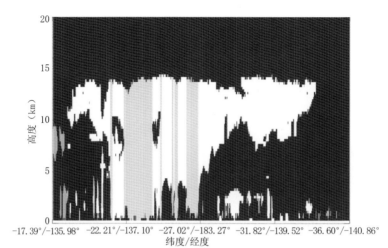

图 2.70　2007—2010 年深厚云系统个例

[白色和黄色格点组成的部分为深厚云系统

（黄色为深厚云核），蓝色为晴空格点，而绿色表示其他云格点］

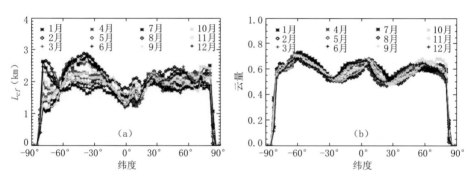

图 5.12　L_{cf}^{*}（a）和云量（b）在 12 个月份的纬向分布

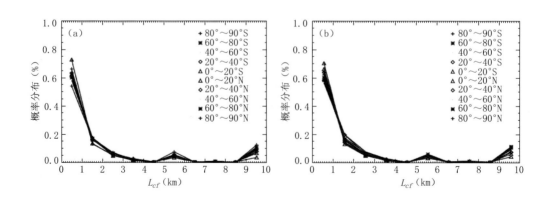

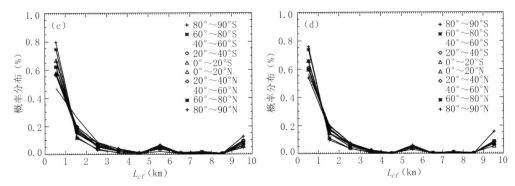

图 5.13　L_{cf}^{*} 的概率分布

(a)1 月；(b)4 月；(c)7 月；(d)10 月

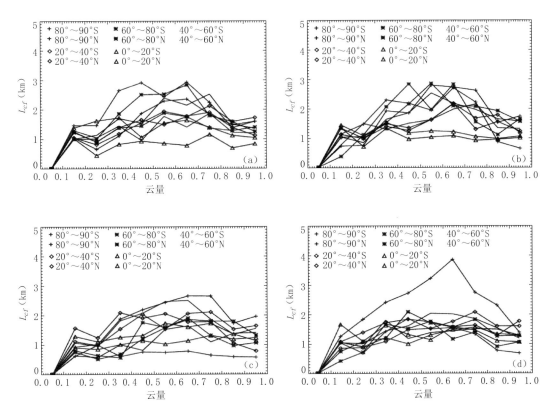

图 5.14　云量与 L_{cf}^{*} 之间的关系

(a)1 月；(b)4 月；(c)7 月；(d)10 月

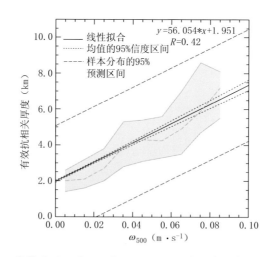

图 5.25　热带地区(30°S～30°N)500 hPa 上升区域垂直速度与有效抗

相关厚度 L_{cf}^{*} 之间的线性关系

[黑色实线为线性拟合线,并给出了拟合公式,蓝色虚线和红色虚线分别为均值的95%

信度区间和样本分布的95%预测区间,黄色区域表示用于拟合的样本

分布的中值(灰色虚线)和四分位距(interquartile range)]